125 JAHRE AUTOMOBILE

HARALD HAMPRECHT

OPEL LOVE

Delius Klasing Verlag

K – A – D. Die drei großen Buchstaben stehen für Kapitän, Admiral, Diplomat. Die Großen Drei! Die eiligen drei Könige. Ein Dreigestirn, das 1964 sein Debüt gibt. Auch auf Vorstandsparkplätzen und vor Luxushotels.

GG-DL 52

Nur Fliegen ist schöner! Der GT ist eine Legende. Opel präsentiert den rassigen Sportwagen 1968. Mit dem GT Concept von 2016 übersetzt Opel ihn in die Zukunft. Für beide gilt: Manchmal ist man schon angekommen, bevor man überhaupt losgefahren ist.

OPEL LOVE

»Tradition ist nicht die Anbetung der Asche, sondern die Weitergabe des Feuers.«

Jean Jaurès

Hamprecht: Seit Jahrzehnten ganz nah dran an der Marke, den Menschen und Modellen.

OPEL, die deutsche Traditionsmarke mit dem Blitz im Logo, feiert 2024 ein stolzes Jubiläum: 125 Jahre Automobilbau. Mehr als 75 Millionen Fahrzeuge haben die Mitarbeiter in dieser Zeit gefertigt. Über zwölfeinhalb Dekaden hinweg machen diese Automobile unabhängig – einige sogar abhängig. Auf die sympathische Art.

Grund genug also für einen Blick in den Rückspiegel der Marke. Sie zählt bereits seit 1862 zu den deutschen Industrie-Größen – mit Nähmaschinen, Fahrrädern, Motorrädern und sogar Kühlschränken. Eine Marke, die viele Höhen und Tiefen durchlebt hat. Die für zahllose Menschen viel mehr ist als nur ein Anbieter von Mobilität: Ein Opel ist für sie nicht nur Gefährt, sondern Gefährte. Opel ist Lebensgefühl, erfüllt Sehnsüchte, bietet Zusammenhalt wird manchmal sogar zur Obsession. Für die Fans der Marke ist Opel pure Emotion, ja echte Liebe. Wie sich das äußert – und woher das kommt? Das beschreibt OPEL LOVE!

Das vorliegende Werk widmet sich dem fein designten Blech. Den Serienmodellen, darunter Ikonen wie Kapitän, Admiral, Diplomat, Manta, Monza, Commodore und GT, bei denen Endorphine täglich Ausschüttungstermin haben. »Jeder Kompass braucht eine Einnordung. Um eine Marke wie Opel zu begreifen, musst du die Ikonen der Vergangenheit verstehen«, bringt es der langjährige Opel-Designer Friedhelm Engler auf den Punkt.

OPEL LOVE beleuchtet auch die dunklen Kapitel der Modellhistorie, wie den Sintra, die Chevette und den Vectra C. Sie haben nicht dazu geführt, dass Kunden direkt beim ersten Anblick das Portemonnaie in der Tasche aufgesprungen ist.

Dieses Buch zeigt unvergessene Rennwagen, wie das »Grüne Monster« und die »Schwarze Witwe«. Und vergessene Prototypen, wie das Opel Ei und den Strolch. Den 37 wichtigsten Konzeptfahrzeugen widmet diese Liebeserklärung einen ganz besonderen Platz. Sie sind schon immer ein Beleg für die visionäre Schaffenskraft der Ingenieure und Designer – und Visionen für die Mobilität der Zukunft. Sie sind Publikumsmagnete auf den Motorshows, den Fashion Weeks der Automobilindustrie. Sie tragen wohlklingende Namen wie CD (»Coupé Diplomat«), Genève, Experimental GT, Aero GT, Tech1, GT2, Junior, Twin, Maxx oder Trixx. Zuletzt sorgt Opel im Sommer 2023 auf der IAA in München für Aufsehen – mit dem Opel Experimental.

OPEL LOVE widmet sich nicht nur den Modellen, sondern auch den Menschen, die diese berühmte Marke lieben. Jenen, die untrennbar mit ihnen verbunden sind und den deutschen Traditionshersteller ausmachen, von den Gründern Sophie und Adam Opel und ihren Söhnen über ihre (Ur-)Enkel im Hier und Jetzt. Von den Firmenlenkern im Laufe der Zeit über die Chefdesigner – die Rockstars aus Rüsselsheim – bis hin zu den Handelspartnern wie Albert Still, der den größten Opel-Händler-Betrieb weltweit erschaffen hat.

Bergsteiger-Ikone Reinhold Messner startet in einem Schlitten auf eine Expedition, den ihm Opel-Ingenieure entwickelt hatten, und vertraut heute noch auf SUV und Transporter der Rüsselsheimer. Walter Röhrl schreibt Motorsport-Geschichte auf dem Blitz: Der längst legendäre Rallye-Fahrer startet seine Profi-Karriere 1973 bei Opel, gewinnt 1974 in einem Ascona den Europameister-Titel, kehrt Opel 1977 den Rücken und kommt 1982 für eine Saison zurück, um mit einem Ascona 400 Rallye-Weltmeister zu werden.

Sänger komponieren Oden an ihre Opel – wie Herbert Grönemeyer mit »Kadett«, Reinhard Mey mit dem »schneeweißen 51er Kapitän« sowie Moses Pelham – Vater des Deutschrap – mit »Insignia«.

OPEL LOVE porträtiert aber auch weniger berühmte Mitarbeiter und unbekannte Fans. Menschen mit Sammelleidenschaft wie die Brüder Degener, die das größte private Opel-Museum der Welt in der Eifel eröffnen: ein Pilgerort namens »DOM« – Degener Opel Museum – nicht nur für die treuen Clubmitglieder der »Alt Opel Interessengemeinschaft«.

»Opel – das ist eine große Familie«, sagt Designchef Mark Adams. »Unsere Marke ist schon immer von der außergewöhnlichen Leidenschaft und dem Stolz vieler angetrieben worden. Das ist unsere Superpower«, meint Designer Karim Giordimaina. »Opel ist schon immer Kult«, so Designer Carsten Aengenheyster. »Opel ist mein Leben«, erklärt »Opelaner« Jens Cooper. Und das sind nur fünf der Liebeserklärungen an die Marke. OPEL LOVE! ///

IAA-1969

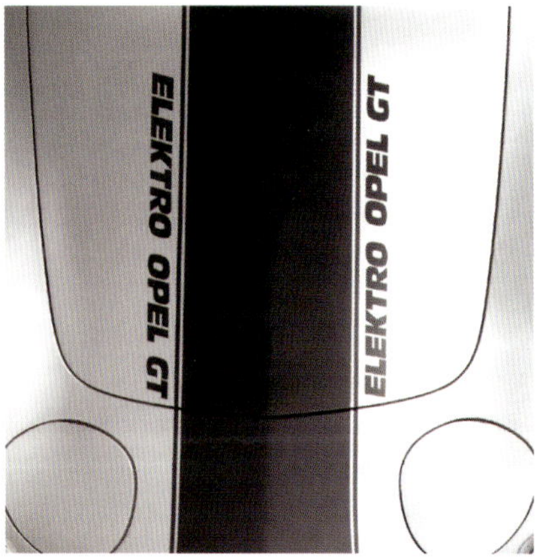
ELEKTRO OPEL GT
ELEKTRO OPEL GT

OPEL

INHALT

DISRUPTION LIEGT IN DEN OPEL-GENEN

Adam Opel und seine Familie haben Disruption gelebt: Sie haben das Unternehmen regelmäßig neu erfunden – mit Nähmaschinen, Fahrrädern, Motorrädern und ab 1899 auch Automobilen.

Sophie und Adam Opel: Sie heiraten am 17. November 1868 – also sechs Jahre, nachdem Adam seine erste Nähmaschine baute.

1885 produzieren
300 Arbeiter 18.000
Nähmaschinen.

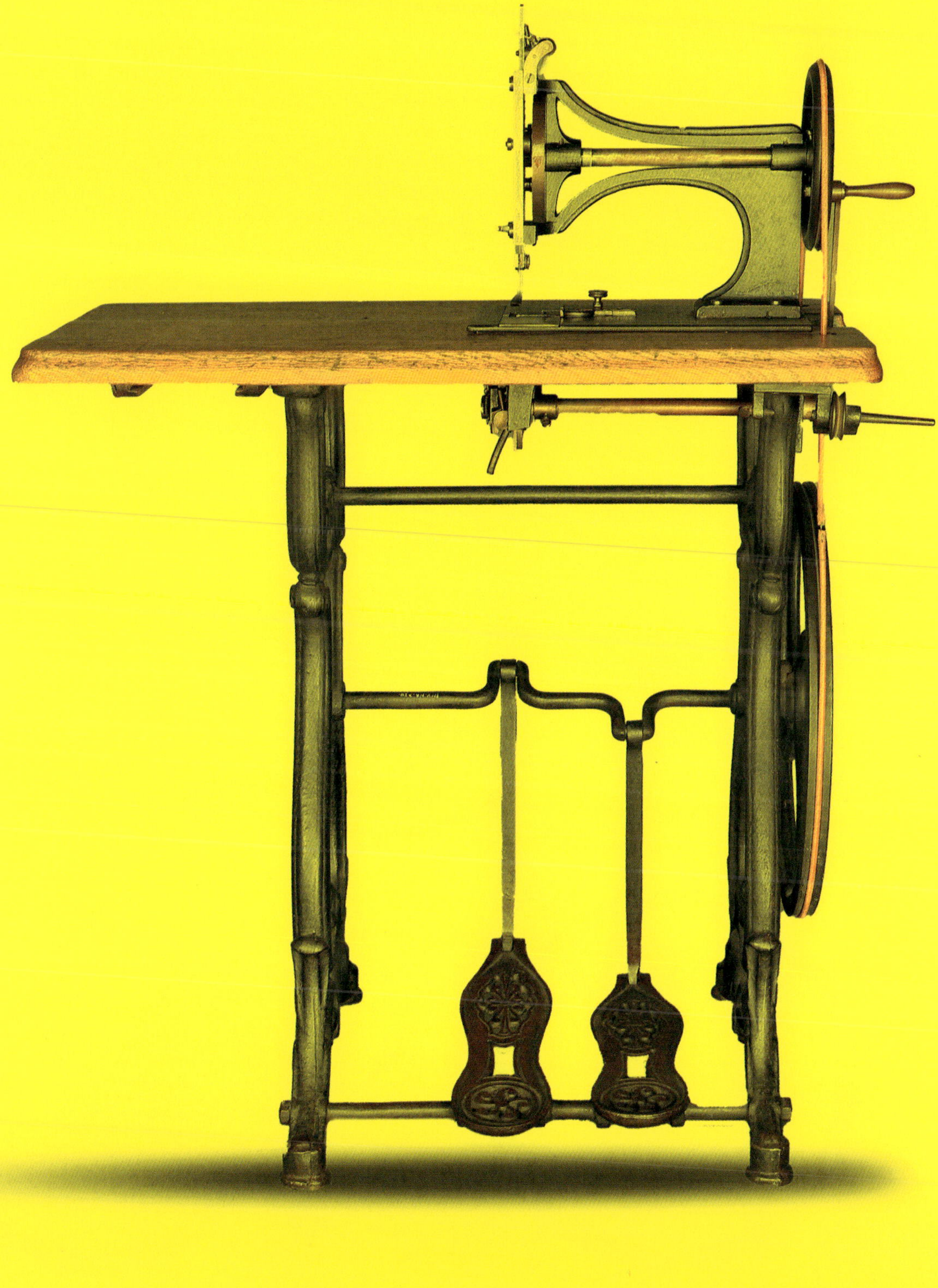

VON NÄHMASCHINEN ZUM FAHRRAD

Als ältester Sohn des Schlossermeisters Philipp Wilhelm Opel wird Adam Opel am 9. Mai 1837 in Rüsselsheim geboren. Der berühmteste Sohn der Stadt geht nach seiner Schlosserlehre auf ausgedehnte Wanderschaft mit Aufenthalten in Lüttich, Brüssel, London und Paris, wo er alles Wissen sammelt, das er für sein eigenes Geschäft braucht: Ende August 1862 kehrt er – im Alter von 25 Jahren – zurück ins 2.000-Einwohner-Dorf Rüsselsheim und startet mit der Montage von Nähmaschinen im Elternaus seines Vaters, der damit so rein gar nichts anzufangen weiß.

Nähmaschinen sind zu jener Zeit ein wahrhaft disruptives Geschäft. Auch seine Nachbarn schließen Adam dafür nicht in ihr Nachtgebet ein. Als der junge Unternehmer eine seiner ersten Nähmaschine nach Flörsheim bringen will, empfangen ihn die Leute am anderen Ufer des Mains nicht mit offenen Armen. Sondern mit Sensen und Dreschflegeln. Sie fürchten, die Maschine würde den Menschen arbeitslos machen. German Angst!

1863 kann Adam Opel im ausgedienten Kuhstall eines Onkels seine erste eigene Fertigungsstätte einrichten. Bruder Georg versorgt ihn von Paris aus mit Stählen, Schiffchen, Nadeln sowie kompletten Nähmaschinen für den Weiterverkauf. 1868 heiratet Adam die Gastwirtstochter Sophie Marie Scheller, die sich nicht nur um den Haushalt, sondern auch um die Buchführung kümmert. Im gleichen Jahr baut Opel eine neue Fabrik mit zweigeschossiger Fertigungshalle, Dampfmaschine und angrenzendem Wohn- und Bürohaus. 1885 verlassen rund 18.000 Maschinen das Werk. Das Unternehmen entwickelt sich zu einem der größten Nähmaschinenproduzenten in Deutschland und exportiert nach ganz Europa.

Bei einem seiner Besuche in Paris im Jahr 1884 beeindruckt Adam Opel das dort bereits populäre Fahrrad. Kaum zurück in Rüsselsheim denkt er über eine eigene Fertigung nach – auch wegen der Fahrrad-Begeisterung seiner fünf Söhne. So schafft sich Opel ein

Im Jahr 1886 überzeugen Adams Söhne ihren Vater, »Knochenrüttler« zu bauen; das erste Hochrad rollt vom Hof. Schon bald folgen Dreiräder und »Sicherheits-Niederräder«.

zweites geschäftliches Standbein. Im Frühjahr 1886 rollt das erste in Rüsselsheim gefertigte Hochrad vom Hof. Schon bald erweitert die Familie die Modellpalette um Dreiräder und »Sicherheits-Niederräder«. 1888 weiht sie die erste Fabrikhalle ein, die der Zweiradproduktion vorbehalten ist. Bereits 1889 sind bei Opel mehr als 1.000 Menschen beschäftigt, die neben Nähmaschinen jährlich 2.200 Hoch- und Niederräder bauen.

1895 stirbt Adam Opel an Typhus. Sophie Opel führt das Unternehmen fortan gemeinschaftlich mit den Söhnen. Und zwar höchst erfolgreich: 1898 stellen 1.200 Beschäftigte fast 25.000 Nähmaschinen und 15.000 Fahrräder her. Und ab 1899 dann Automobile: Nicht Namensgeber Adam ist es also, der die Familie in die Ära des Automobilbaus geführt hat. Vielmehr erkennen die Opel-Söhne das Potenzial des Automobils und überzeugen ihre Mutter. Sophie ist »ein genialer Kaufmann – und wollte nichts Anderes sein«, urteilt Pfarrer Emil Fuchs um 1900. Sie ist damit für Opel das, was Bertha für Benz ist.

Im August 1911 zerstört ein verheerendes Großfeuer weite Teile des Werks inklusive der kompletten Nähmaschinenproduktion. Aus den Trümmern werden Bauteile zusammengesucht, um die Jubiläumszahl von einer Million produzierten Nähmaschinen zu erreichen. Ein Wiederaufbau der Nähmaschinenfertigung indes bleibt aus. Opel konzentriert sich fortan aufs Fahrradgeschäft.

Bald vertreiben 15.000 Händler Räder aus Rüsselsheim. Mit der Fahrradproduktion trägt Opel wesentlich zur Massenmobilisierung der Bevölkerung in Deutschland bei.

1926 avanciert Opel zum größten Zweiradproduzenten der Welt. Alle sieben Sekunden verlässt ein Rad die Fertigung. Spätestens sieben Stunden nach Bestellung ist ein Rad versandfertig. Im Jahr des 75. Firmenjubiläums, 1937, endet schließlich die Fahrradproduktion nach 2.621.965 hergestellten Rädern. Opel verkauft die Fahrradfertigung an NSU und konzentriert sich fortan auf das profitablere Automobilgeschäft. /////

Die fünf Opel-Brüder Carl, Wilhelm, Heinrich, Fritz und Ludwig (von rechts nach links) tragen – mit mehr als 560 Radrenn-Siegen – maßgeblich zur Popularität der Marke bei.

MOTORZWEIRÄDER

Opel mischt Anfang des 20. Jahrhunderts auch erfolgreich im Motorrad-Geschäft mit. »Motorzweirad« nennt Opel 1901 sein erstes Motorrad; das schmale hochbeinige Gefährt kann seine Abstammung vom Fahrrad nicht verleugnen. Mit fast 2 PS Leistung fährt es bis zu 40 km/h schnell. Und erzielt auf dem Markt gute Erfolge – auch dank seines Preises von 700 Mark.

Weitere Modelle folgen. 1928 zieht Opel im sächsischen Brand-Erbisdorf die bislang größte Motorradfertigung auf. Letztes Modell ist die avantgardistische Motoclub 500 (Foto). Schon bei seiner Weltpremiere auf der IAMA in Berlin 1928 steht sie auf roten Reifen. Es ist das erste Motorrad mit Pressstahlrahmen. Ihr Entwickler Ernst Neumann-Neander beschichtet den Rahmen dauerhaft galvanisch mit Cadmium, statt ihn klassisch schwarz zu lackieren. Das senkt die Produktionskosten und dient dem Korrosionsschutz. Der rote Sitz hinter dem gewölbten Kuppeltank wird Clubsessel genannt; dank Luftkissen und Blattfedern bietet er hohen Komfort.

Die Produktion der Motoclub läuft 1931 aus und markiert damit auch das Ende der Motorradproduktion bei Opel. Obwohl sich moderne Prototypen in der Erprobung befinden, drängt der neue Eigentümer General Motors auf die Einstellung des defizitären Produktionszweigs. Damit endet nach knapp 6.000 Einheiten und fast 20 Modellen die Motorradproduktion bei Opel. ///

Type:
1234
Komb.
Sicherheitsglas
STOCKHOLM
Pos.

DIE AUTOMOBILE

1899

1945

ALLER ANFANG IST ER

Bauzeit 1899 – 1901
Stückzahl 65
Motor Einzylinder, im Heck liegend, 2,5 kW (3,5 PS), 1.545 cm^3
Leergewicht 520 kg
Preis 2.000 Mark
Varianten Zweisitzer mit 4 PS, Viersitzer mit 5 PS, Jagdwagen mit 6 PS, Omnibus mit 8 PS und zehn Sitzen, Lastwagen »Koloss von Rüsselsheim«

Der Beginn einer Ära. Die ewige Nummer 1. Das erste Automobil von Opel. Das ist der Patent-Motorwagen »System Lutzmann«. Die Ähnlichkeit mit einer Pferdekutsche ohne Deichsel ist nicht zu leugnen.

Gefertigt wird der erste Opel ab 1899 in Rüsselsheim, aber nicht dort entwickelt. Vielmehr – wie der Name schon verrät – verlassen sich die Opel-Witwe Sophie und ihre Söhne auf den Autopionier Friedrich Lutzmann. Kennengelernt haben die Brüder den Erfinder und Konstrukteur 1897. Und zwar bei der ersten deutschen Automobil-Ausstellung am 30. September 1897 in Berlin. Auf der Prachtstraße »Unter den Linden« stehen vor dem mondänen Hotel Bristol acht Motorkutschen Spalier – von den Ausstellern namens Benz, Daimler, Kühlstein und Lutzmann. Wilhelm und Fritz Opel haben den richtigen Riecher für das nächste große Geschäft, für den sich anbahnenden Mega-Trend, wie man heute sagen würde. Hier sind sie mit Lutzmann verabredet – einem Gründungsmitglied des Mitteleuropäischen Motorwagen-Vereins, dem ersten Automobilclubs Deutschlands.

Dem Treffen folgen zwei Besuche an Lutzmanns Stammsitz in Dessau. Am 21. Januar 1899 kommt es zum Vertrag: Opel übernimmt Lutzmanns »Anhaltische Motorwagenfabrik« für 116.687 Mark und steigt damit ins Automobil-Geschäft ein. Friedrich Lutzmann bleibt als Direktor für Kraftwagenbau im Unternehmen, die gesamte Produktion wird aus Sachsen-Anhalt nach Hessen verlagert – inklusiver aller Maschinen, Werkzeuge, Materialien, Kundendaten und einem großen Teil der Arbeiter.

Zeit wird nicht verschwendet. Schon im Februar 1899 verlässt der erste Wagen die Rüsselsheimer Produktionshallen. Sein Antrieb: ein im Heck liegender Einzylinder. Die Kraftübertragung zur Hinterachse übernehmen Zweiganggetriebe, Treibriemen und Kette. Die Höchstgeschwindigkeit liegt bei 20 km/h – jedenfalls auf ebener Straße. Bis Sommer 1901 entstehen in Rüsselsheim hauptsächlich Zweisitzer. Insgesamt 65 Exemplare werden zusammengebaut.

Im ersten Motorwagen-Prospekt aus der zweiten Hälfte des Jahres 1899 bewirbt Opel auch einen Viersitzer namens »Duc« und einen Lastwagen, ein weiterentwickelter Lutzmann Pfeil 6. »Koloss von Rüsselsheim« tauft ihn die zeitgenössische Presse.

Doch bald folgt ein jähes Ende. Sophie Opel und ihre Söhne erkennen nicht zuletzt beim Besuch des Automobilsalons in Paris im Jahr 1901, dass die Konstruktionen Lutzmanns veraltet sind und nicht mit den modernen Konstruktionen aus Deutschland und Frankreich mithalten können. Daher orientiert sich die Familie neu und startet eine Zusammenarbeit mit einem französischen Pionier des Automobilbaus: Alexandre Darracq. Lutzmann verlässt das Unternehmen – nicht im besten Einvernehmen.

In der Sammlung Opel Classic in Rüsselsheim befindet sich der wahrscheinlich letztgebaute Opel-Patentmotorwagen System Lutzmann, ein verdeckloser 2+2-Sitzer. Das Adam Opel Haus in Rüsselsheim steht seit 1998 am Friedrich-Lutzmann-Ring. ///

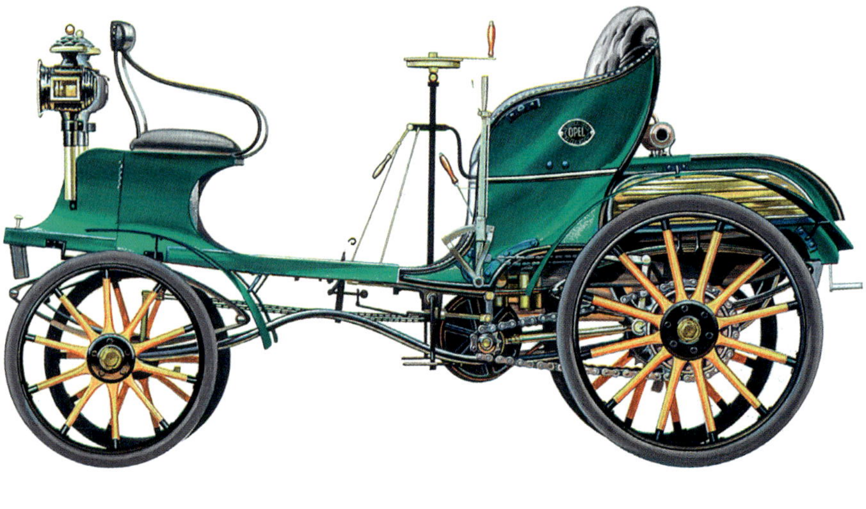

Die ewige Nummer 1: Höchstgeschwindigkeit 20 km/h.

VIVE LA COOPÉRATION!

Bauzeit 1902 – 1903
Stückzahl <100
Motor Einzylinder, stehend, 7 kW (9 PS), 1.281 cm³
Leergewicht 550 – 575 kg
Einstiegspreis 5.900 RM

Alexandre Darracq ist ein französischer Unternehmer, der als Wegbereiter des preiswerten Automobils zählt. Der gelernte Zeichner betätigt sich zunächst ebenfalls im Nähmaschinen- und Fahrradbau, bevor er sich ab 1899 auf Automobile konzentriert. Im Jahr 1904 liefert er rund zehn Prozent der französischen Automobilproduktion.

Bereits 1902 startet Opel eine Kooperation mit dem Darracq und produziert künftig Voiturette-Modelle – also leichte Kleinwagen – unter dem Markennamen Opel-Darracq. Diese Zusammenarbeit gilt als eines der ersten erfolgreichen Joint Ventures der Branche. Ein erstes Beispiel einer deutsch-französischen Erfolgsgeschichte, der noch einige weitere folgen sollen.

Die Antriebstechnik des Opel-Darracq 9 PS weist bereits Konstruktionsprinzipien auf, die bis heute üblich sind: Der Frontmotor treibt über ein mehrstufiges Wechselgetriebe und eine Kardanwelle die Hinterachse an. Ein Differential gleicht dabei die Drehzahlunterschiede der beiden Räder bei Kurvenfahrt aus. Der Aufbau des Viersitzers besteht aus massivem Eichenholz. Darunter steckt ein stabiler Leiterrahmen aus Stahlrohren, der die Antriebsaggregate, die Achsen und die Karosserie trägt. Türen und Windschutzscheibe fehlen noch völlig. Als Wetterschutz dient ein Klappverdeck. Schoßdecken halten Wind und Regen zumindest notdürftig ab.

Unter der geschwungenen Motorhaube arbeitet ein kompaktes Einzylinder-Triebwerk mit 1,3 Liter Hubraum. Zylinderkopf und -block bilden eine Einheit und ruhen auf einem geschlossenen Aluminium-Kurbelgehäuse. »Die Schnelligkeit von 45 bis 50 km/h in der Stunde genügt vollständig für Touristen wie auch für Rennfahrer«, heißt es im Prospekt von 1902. Vertragshändler gibt es zu der Zeit noch nicht. Käufer holen ihr Auto selbst im Werk ab. Reparaturen erledigen sie selbst. Alle 10 bis 15 Kilometer führen sie dem Motor per Handpumpe ein paar Tropfen Öl zu, damit alles wie geschmiert läuft.

Im ersten Produktionsjahr liefern die Rüsselsheimer 64 Einheiten an die Kundschaft aus. Zwei Jahre später stellen die Rüsselsheimer mit dem **Opel-Darracq 30/32 PS** ihren ersten Wagen mit Vierzylindermotor vor.

Die Zusammenarbeit mit Darracq beenden die Opel-Brüder einseitig – und zur Verärgerung des französischen Partners – im Jahr 1908. Grund: Der Lizenzbau französischer Automobile allein ist für die Opel-Brüder auf Dauer unbefriedigend. Vor allem Fritz und Wilhelm – beide Absolventen Technischer Hochschulen – entwickeln Ehrgeiz, zerlegen die Lizenzbauten bis auf die letzte Schraube und nutzen das Wissen für ihre eigenen Konstruktionen. Schon ab 1907 weist in den Prospekten aus Rüsselsheim nichts mehr auf den französischen Namen hin. ///

Opel-Darracq 9 PS: Ergebnis einer deutsch-französischen Zusammenarbeit.

DA SIND WIR EIGEN

Produktionszeit 1904 – 1905
Motor Zweizylinder-Reihenmotor mit 8,8 kW (12 PS), 1.885 cm^3 Hubraum
Leergewicht 700 kg
Einstiegspreis 6.000 RM
Karosserievarianten Phaeton, Tonneau, Coupé

Parallel zur Zusammenarbeit mit Darracq präsentiert Opel im Herbst 1904 seine erste Eigenkonstruktion, den 10/12 PS – den ersten Mittelklassewagen der Marke und das erste Modell der Rüsselsheimer mit einem Zweizylinder. Die Namensgebung folgt einem klaren Muster: Die erste kleinere Zahl bezeichnet bei allen Autotypen die Steuer-PS (berechnet nach einer komplizierten Formel), die größere Zahl die effektive Motorleistung.

Äußerlich unterscheidet sich der neue Opel vor allem durch den senkrecht aufragenden Wabenkühler mit Ventilator und Wasserpumpe und größeren 800 x 85 Rädern vom kleineren Darracq. Kotflügel und Trittbretter sind zudem voneinander getrennt. Der Rahmen besteht aus Stahlblech-U-Profilen und ist mit Holz armiert. Der Aufbau hat die klassische Tonneau-Form mit vier schalenförmigen Sitzen. 1906 offeriert Opel zusätzlich ein Tonneau Grand Luxe, ein Coupé und ein Aufbau »Tulpenform«.

Die Motoren werden mit einer Drehkurbel gestartet, die vorn aus dem Kurbelgehäuse herausragt. Bald führen die Hessen für das Modell den ersten Vierzylinder ein – im Prinzip ein aus zwei Zweizylindermotoren gekoppeltes Triebwerk mit 20 bis 24 PS. ///

10/12 PS: Die erste echte Opel-Eigenkonstruktion.

LUXUSGEFÄHRT MIT MOTORSPORT-GENEN

Im Jahr 1905 steckt das Autofahren noch in den Kinderschuhen; Opel ist mit einer Jahresproduktion von 358 Motorwagen einer der großen Hersteller in Deutschland. Der Opel 16/18 PS trägt zum Erfolg des neuen Fortbewegungsmittels bei. Die Ingenieure pflanzen dem Luxusgefährt einen fortschrittlichen 18-PS-Vierzylindermotor ein. Ausgestattet ist er mit elektrischer Zündung und Wasserkühlung.

»Die breite und lang gestreckte Form in Verbindung mit der Anbringung aller schweren Organe unterhalb des Rahmens geben dem Fahrzeug eine vorzügliche Stabilität, auf welche Weise die Fahrer die größtmögliche Sicherheit genießen. Diese Vorteile treten ganz besonders bei dem neuen Muschelrahmen hervor, bei welchen die ganze Maschinerie noch etwas tiefer als gewöhnlich zu liegen kommt«, heißt es im Modell-Katalog. Diese Eigenschaften tragen dazu bei, dass der 16/18 PS viele Jahre lang im Motorsport besonders erfolgreich ist.

Ende 1906 wird bereits das erste Produktionsjubiläum gefeiert: Der 1.000ste Opel-Motorwagen verlässt das Rüsselsheimer Werk – darin enthalten sind rund 500 Darracq-Lizenz-Fahrzeuge. Damit ist jedes siebte Auto in Deutschland ein Opel.

Bauzeit 1905–1906
Motor Vierzylinder, 18 PS, 3.054 cm³ Hubraum
Varianten Fünfsitzigen Tonneau grand luxe, Tonneau Tulpenform mit Sesselsitzen, Doppel-Phaeton mit verlängertem Chassis
Einstiegspreis 10.500 Mark

16/18 PS: Ein echter Renner mit 60 km/h Höchstgeschwindigkeit.

DOPPEL-PHAETON ZUM PREIS EINES EINFAMILIENHAUSES

Der Opel 10/18 PS ist ein typischer Vertreter der »Messing-Autos«, genannt nach dem häufig verbauten Werkstoff. Der Käufer hat die Wahl zwischen dem Doppel-Phaeton (zwei hintereinander angebrachte Sitzreihen), der Limousine, dem Landaulet (überdachter Fahrersitz vor einem per Verdeck zu öffnendem Fahrgastbereich) oder der Droschke (Taxi-Version mit Trennscheibe zwischen Fahrer und Fahrgast).

Die Kunden, die sich für 8.500 Mark so ein Automobil leisten können, leiden nicht unter dem Risiko der Altersarmut. »Die Summe entspricht zu der Zeit dem Gegenwert eines geräumigen Einfamilienhauses. 1907 beträgt der Stundenlohn eines Arbeiters ganze 50 Pfennig, die Arbeitswoche hatte 50 Stunden«, erzählt Bart Buts. Der belgische Opel-Fan nennt eine Sammlung von acht Messing-Opel sein Eigen, darunter ein Doktorwagen und zwei Spitzkühler.

Wie seinerzeit üblich hat der Motorwagen 10/18 PS einen Leiterrahmen aus Stahl mit Holzaufbau, auf den die Blechteile genagelt werden. Die 81 Zentimeter hohen Holzspeichenräder mit 8.10 x 90 Pneumatics sorgen für gute Fahreigenschaften und die notwendige Bodenfreiheit auf schlechten Straßen.

Bauzeit 1908 – 1909
Motor Vierzylinder, 2.545 cm³, 18 PS
Leergewicht 850 kg
Einstiegspreis 8.500 Mark

10/18 PS: Leiterrahmen aus Stahl, Aufbau aus Holz.

DOKTORWAGEN

Bauzeit 1909 – 1910
Motor Reihen-Vierzylinder, 1.029 cm³, 6 kW (8 PS)
Leergewicht 525 kg
Einstiegspreis 3.950 Mark

Opel 4/8 PS: Beliebt bei Ärzten, Apothekern und Rechtsanwälten.

Nur zehn Jahre nach dem Einstieg in den Automobilbau gelingt Opel endgültig der Durchbruch in diesem neuen Geschäft – mit der Einführung des Modells 4/8 PS. Mit dem zweisitzigen Cabriolet wird aus dem einem Luxus- ein Gebrauchsgegenstand. Denn nachdem motorisierte Kutschen zunächst nur die »Spielzeuge des Geldadels« sind, folgen nun kompakte Autos für den Mittelstand. Sprich: Mit dem Opel 4/8 wird das Automobil erstmals einer größeren Käuferschicht verfügbar.

Das Erfolgsrezept des wendigen Wagens: der günstige Preis von 3.950 Mark, weniger als die Hälfte des bisher günstigsten Opel Motorwagens 10/18 PS, geringe Betriebskosten, eine robuste Konstruktion und einfache Bedienung. Schnell bekommt das Modell den Beinamen »Doktorwagen«: Zu den neuen Kunden des 4/8 PS zählen vor allem »Selbstfahrer«, wie Ärzte und Tierärzte auf Hausbesuchen, oder Apotheker, Rechtsanwälte und Handelsreisende, die das »Wagnis Kraftfahrzeug« aufgrund hoher Kosten – unter anderem für einen Chauffeur – und technischer Schwächen bislang scheuen.

Technisches Highlight: der in einem Block gegossene, wassergekühlte Vierzylindermotor – damals ein Novum für Opel. Die Höchstgeschwindigkeit liegt bei 45 km/h. Mehr lassen die schlechten Straßen und fehlende Verkehrsregeln ohnehin nicht zu. Der Motor verbraucht rund 7,5 Liter Benzin auf 100 Kilometern. Türen gibt es keine. Eingestiegen wird über geschwungene Trittbretter. Als Wetterschutz dient eine lederne Kniedecke.

Die wirtschaftliche Bedeutung für Opel ist immens: 1902 wird der 100. Opel gebaut, 1906 sind es bereits 1.000. Der Doktorwagen katapultiert den Absatz in neue Höhen und erlaubt es, die Produktion binnen eines Jahres zu verdoppeln. Und zwar profitabel: Ein Baukastensystem aus vorgefertigten Karosserien, Fahrgestellen und Motoren senkt die Fertigungskosten signifikant.

TORPEDO

Bauzeit 1909–1920
Motor Vierzylinder, 1.539 cm³, 16 PS
Einstiegspreis 5.750 Mark

Das Jahr 1909 geht durch bedeutende Pioniertaten in die Geschichte ein: Im April erreicht der US-Marineoffizier Robert Edward Peary als erster Mensch den Nordpol. Im Juli überfliegt der Franzose Louis Blériot den Ärmelkanal. Henry Ford baut in einem Jahr 19.000 Einheiten seines 1908 eingeführten Modell T, der »Tin Lizzy«, zum konkurrenzlos niedrigen Preis von 850 Dollar (rund 3.000 Mark). Opel kommt im gleichen Jahr gerade mal auf 845 Fahrzeuge und die gesamte deutsche Industrie auf knapp 9.500. Wilhelm Opel beobachtet diese Produktivität auf einer Amerika-Reise mit eigenen Augen. Und beginnt mit den Plänen für eine Erweiterung des Werks Rüsselsheim.

Derweil beginnt sich im Karosseriebau ein neuer Stil durchzusetzen: die »Torpedo«-Linie. Benannt nach dem leicht ansteigenden, sanft gerundeten Übergang zwischen Motorhaube und Spritzwand. Durch diese Linienführung lässt sich der Luftwiderstand beträchtlich senken und die Fahrleistungen steigen. Ein typischer Vertreter der neuen Linie ist der elegante 6/16 PS, der in verschiedenen Versionen bis 1920 gebaut wird – als offener Zweisitzer, als Limousine und Landaulet sowie als offener Viersitzer. Das Lenkrad auf der rechten Seite ist in dieser Zeit noch die Norm. Außenbords angebracht sind Schalthebel, Handbremse und Reserverad. Die Lampen sind nicht mehr rechts und links vom »Kutschbock« aufgesteckt, sondern zwischen Kühler und Kotflügeln montiert. Das schräg aufsteigende Bootsheck wird zum Markenzeichen.

Interessante Details sind etwa die damals übliche Auspuffklappe auf der linken Seite kurz hinter dem Vorderrad, durch die der Fahrer außerhalb geschlossener Ortschaften die Abgase direkt ins Freie bläst. In der Stadt kommt der komplette Auspuff inklusive Schalldämpfer zum Einsatz. Und wer Fußgänger auf sich aufmerksam machen muss, kann mit der Ballhupe ein Signal geben.

Das Armaturenbrett nimmt in diesen Zeiten langsam Formen an: Links ist eine Zeituhr positioniert, mittig der Tacho mit Geschwindigkeitsanzeige und Kilometerzähler. Das Druckmanometer hinter dem Lenkrad zeigt, wie viel Luftdruck die Handpumpe an der Lenksäule liefert, um den Kraftstoff aus den zwei Tanks unter den Sitzen zum Vergaser gelangen zu lassen. Mit der Höchstgeschwindigkeit von 60 km/h bei nur 600 Kilogramm Gewicht gehört der Wagen zu den schnellsten seiner Klasse. ///

Opel 6/16 PS Doppel-Phaeton mit Torpedo-Karosserie (1911).

PUPPCHEN

Die Opel-Brüder arbeiten unter Hochdruck am robusten, erschwinglichen Volksauto für die breiten Massen. Doktorwagen und 6/16 PS Torpedo sind erst der Anfang. Deswegen verkürzen die Rüsselsheimer das Fahrgestell des bewährten 6/16 PS, reduzieren den Radstand und vereinfachen die Karosserie. Der neuen Kreation verpassen sie zudem noch den 1,4-Liter-Vierzylinder des Standardmodells 5/12 PS und begrenzen so die Jahressteuer auf einen Minimalbetrag von 35 Reichsmark. Das Modell kommt unter dem Namen 5/14 auf den Mark – und zwar als offener Zweisitzer, als Landaulet oder als Limousine. Die offene Viersitzer-Ausführung wird in der Werbung »Puppchen« genannt, sprich kleine Puppe. Im Volksmund gilt der Name aber bald für alle Varianten – wegen seines putzigen Aussehens und der unproblematischen Handhabung. In kürzester Zeit avanciert das »Puppchen« zum populärsten Modell im Portfolio.

Beim neuen Kompaktwagen handelt es sich um einen offenen Viersitzer mit einem großen Segeltuchverdeck. Im zusammengeklappten Zustand liegt das Verdeck auf dem runden Heck wie ein großer Matrosenkragen. Der 5/14 PS hat – als Kostenspar-Maßnahme – nur eine einzige Tür, die links hinten angebracht ist. Der flache, gerundete Kühler wird von einer polierten Messing-Einfassung umrahmt.

Baujahr 1914 – 1920
Motor Vierzylinder-Viertakt-Reihenmotoren mit Aluminium-Kurbelgehäuse, 1.394 cm³, ab 1916 1.570 cm³, 14 PS
Leergewicht 585 kg (nur Chassis)
Einstiegspreis 7.300 Mark (offener Viersitzer)

HUXEL

Sein 55-jähriges Firmenjubiläum feiert Opel 1912 – und bringt den 5/12 PS mit seiner für diese Zeit typischen Torpedoform auf den Markt. Angeboten wird er als Zweisitzer ohne Windschutz für 4.000 Mark, mit Windschutz für 4.200 Mark, als Landaulet und Limousine mit zwei Sitzen für 5.200 Mark. Einen dritten Sitz mit hoher Rückenlehne gibt es im Materialkasten für 100 Mark mehr.

Die Modellreihe 5/12 PS erfährt erst deutlich nach ihrem Produktionsende eine große Würdigung: 1949 sucht Opel im Rahmen einer Werbeaktion rund um den 100.000. Olympia das älteste Opel-Fahrzeug auf Deutschlands Straßen. Der rheinhessische Winzer Fritz Huxel gewinnt die »Suchaktion«. Hocherfreut tauscht er seinen betagten 5/12 PS gegen das nagelneue Jubiläumsmodell ein. Seinen »Alten Fritz« nutzte er als Schlepper in den Weinbergen.

Doch nach den ersten Ausfahrten in die Hanglagen seiner Weinberge muss Huxel feststellen, dass sich der neue Olympia mit seiner geringen Bodenfreiheit als Geländefahrzeug nicht eignet. Der alte Wagen muss zurück. Bei Opel kommt es zu einer schnellen Lösung: Fritz Huxel darf den Olympia behalten und bekommt auf Lebenszeit seinen 5/12 PS zurück. Den nutzt er noch bis 1962 für seine Weinberg-Exkursionen und widmet ihm sogar ein eigenes Weinetikett.

Bauzeit 1912 – 1914
Motor Vierzylinder , 14,5 PS, 1.300 cm³ Hubraum
Einstiegspreis 4.000 Mark

5/12 PS: Opel lässt die Puppchen tanzen.

5/12 PS: Für Touren durch Weinberge geeignet.

VOM WINDE UMWEHT

AUTOMOBIL-DESIGN

... ist ein Ausdruck des sich ständig wandelnden Zeitgeists. So wie andere Kunstformen auch ist es von Stil-Epochen geprägt. Wie die Kunst unterliegt das Design wirtschaftlichen, sozialen, politischen, kulturellen und ideologischen Einflüssen.

Der »Bootsstil«, der das Automobil-Design ab 1912 prägt, ist eng verbunden mit der Politik verschiedener Nationen, die ihre Vormachtstellung auf den Weltmärkten durch den Ausbau ihrer Seestreitkräfte absichern wollen. Die 20er und 30er sind geprägt vom Stil der Vernunft und Stromlinienformen. In der Nachkriegszeit dominiert die kompakte Pontonform und der Traumwagenstil als Symbol des »American Way of Life«.

Ende der 1950er Jahre wird das amerikanisch beeinflusste Design abgelöst. Die danach folgende Emanzipation des europäischen Automobildesigns bemüht sich um eine neue Sachlichkeit. Der 1951 in Darmstadt gegründete Rat für Formgebung charakterisiert die neue Richtung des Automobildesigns mit Begriffen wie Formschlichtheit, Funktionsgerechtigkeit, gute Proportionierung der Gesamtform, überzeugende räumliche Lösung und ruhige Flächen ohne Zierrat.

Die Öl- und Wirtschaftskrise der 70er Jahre führt zur Entwicklung der aerodynamisch optimierten Keilform – zunächst mit kantigen, später mit weichen Übergängen. Die Erkenntnis macht sich breit, dass die Aerodynamik eines Autos hervorragende Möglichkeiten bietet, Kraftstoffverbrauch und Fahrgeräusche zu minieren und die Fahrzeug-Sicherheit zu erhöhen.

Mit den »Torpedo«-Karosserien unternimmt Opel schon 1911 erste Schritte in Richtung Windschlüpfigkeit. Kein Wunder, dass sie im Jahre 1912 für die Idee eines Mainzer Tüftlers sehr aufgeschlossen sind und in dessen Auftrag umsetzen: ein Stromlinienwagen, der als »Opel Ei« in die Geschichte eingehen wird.

Baujahr 1912
Stückzahl Unikat
Höchstgeschwindigkeit 95 km/h
Kosten 120.000 RM

Der wohlhabende Erfinder Max Lochner bringt all seine Kenntnisse über den »Luftfahrzeugbau« in seinen Entwurf ein, der ein aerodynamisches Ausrufezeichen setzt. Kosten des Einzelstücks: 120.000 Reichsmark – getragen von Lochner selbst. Die Opel-Karosseriebauer rund um Josef Riedl agieren in diesem Fall also rein als Auftragsfertiger. Sie nutzen ein 13/30 PS-Fahrgestell als Basis. Das Resultat kann sich sehen lassen. Das Opel-Unikat schafft beachtliche 95 km/h und ist damit um ein Drittel schneller als das Serienmodell.

Das »Ei« ist ein Unikat und einer der wenigen Wagen mit strömungsgünstig geformter Karosserie in jener Zeit. Die Windschutzscheibe ist aerodynamisch flach angestellt und hat eine Pfeilung. Selbst das Heck ist elegant verrundet und macht seinem Namen alle Ehre. Der recht große Fahrzeug-Querschnitt ist fast kreisrund ausgelegt. Passagiere können im Ei aufrecht und mit Hut einsteigen und auch während der Fahrt stehen. Nach Ausbruch des Ersten Weltkrieges wird das rot lackierte Einzelstück vom Militär beschlagnahmt – und ist seitdem verschwunden. /

Opel Ei: Stromlinienwagen auf Basis des 13/30 PS.

SPITZKÜHLER

Bauzeit 1921–1922
Motor Vierzylinder, 2.042 cm^3, 25 PS
Einstiegspreis 120.000 RM
(offener Zweisitzer)

Nach Ende des Ersten Weltkriegs (1914–1918) nimmt Opel 1919 die Produktion wieder auf. Zunächst mit Fahrrädern, dann folgen Autos in einem vereinfachten Programm an bewährten Modellen der Vorkriegszeit.

Auf der ersten deutschen Nachkriegs-Automesse im September 1921 zeigt Opel erstmals neue Typen. Neben zwei Sechszylindermodellen wird auch der 8M21 präsentiert, der sich mit seinem Namen von den zu dieser Zeit üblichen PS-Bezeichnungen abhebt. Der damaligen Auto-Mode folgend, ist der 8M21 mit einem v-förmig zulaufenden Kühler versehen. Diese »Spitzkühler« sollten an den Bug von Schnellbooten erinnern und die Wagen schon im Stand schnell aussehen lassen.

Der 8M21 war als offener Viersitzer und als Limousine erhältlich. Die offene Version konnte durchaus sportliche Ambitionen bedienen. In den frühen 1920er Jahren nahm Opel mit dem Modell erfolgreich an Motorsportveranstaltungen teil. Siege werden unter anderem bei der Weserbergfahrt, bei Herkules-Bergrennen sowie bei den Bergrennen von Baden-Baden und am Krähberg erzielt. Sogar beim legendären Schweizer Klausenpassrennen ist der Opel-Werksfahrer Carl Jörns 1923 mit einem 8M21 erfolgreich. ///

8M21: Die v-förmig zulaufenden Kühler erinnern an Schnellboote.

LAUBFROSCH

Bauzeit Mai 1924 – Juni 1931
Stückzahl fast 120.000
Motor Reihen-Vierzylinder, 12 PS, 951 cm³, später 1.018 cm³
Einstiegspreis 4.500 Rentenmark

4/12 PS: Später folgen Varianten mit 14, 16, 18 und 20 PS.

Das Jahr 1924 markiert die Geburtsstunde des »Autos des kleinen Mannes« – mit dem ersten Großserienfahrzeug eines deutschen Herstellers, das nicht in aufwendiger Manufaktur-Fertigung hergestellt wurde, sondern auf einem Fließband in Rüsselsheim. Genauer gesagt in der größten Automobilfabrik in Deutschland, die zudem die größte Fahrradfabrik der Welt ist. Ein historischer Meilenstein der Motorisierung: der Opel 4/12 PS.

Anfangs ist das Modell nur als offener Zweisitzer mit grünem Lack erhältlich. Klein und grün statt groß und schwarz wie die üblichen Automobile zu dieser Zeit. Schnell erhält der 4 PS so den Spitznamen »Laubfrosch«.

Die rationellen Arbeitsprozesse sind Grundlage für den günstigen Preis von 4.500 Mark. Vor Einführung der Fließarbeit ist in Deutschland eine Tagesproduktion von maximal 20 Fahrzeugen üblich. Mit dem 4/12 PS gelingt Opel 1924 der Sprung auf täglich 125 Wagen. Alle viereinhalb Minuten springt ein Laubfrosch vom Band – gefertigt von 4.000 Beschäftigten. Ab Oktober 1924 kommen weitere Karosserievarianten hinzu, ebenfalls nur in jeweils einer Lackfarbe. Die Limousine ist dunkelblau und der Lieferwagen dunkelrot. Höchstgeschwindigkeit: 60 km/h.

Der Opel 4 PS wird vom Start weg Deutschlands beliebtester Kleinwagen: Fast 120.000 »Wagen für Jedermann« stellt Opel von Mai 1924 bis Juni 1931 her. Ein wichtiger Baustein für einen großen Meilenstein: Opel wird der größte deutsche Automobilproduzent.

Böse Zungen behaupten, der Laubfrosch sei ein Plagiat des französischen Citroën 5CV. Deutsche Gerichte weisen den Plagiatsvorwurf zurück – wegen einer anderen Form des Kühlergrills. Zudem ist die Standardlackierung unterschiedlich – grün statt das Zitronengelb bei Citroën. Die bekannte Redewendung »Dasselbe in Grün« findet in diesem Streit einen Deutungsversuch.

Heute sind die 4-PS-Modelle unter Oldtimerfreunden gesuchte Raritäten. In Europa gibt es noch rund 100 fahrbereite Exemplare, die von ihren Besitzern liebevoll gepflegt werden. ///

MEISTERWERK

Baujahr 1928 – 1929
Motor Achtzylinder, 81 kW (110 PS), 5.972 cm³ Hubraum
Höchstgeschwindigkeit 130 km/h
Einstiegspreis 32.500 RM

Ein Opel für die Oberklasse, positioniert noch über den schon großen Sechszylindermodellen 12/50 PS und 15/60 PS, ein Wettbewerber zum Horch 8 und zu US-amerikanischen Luxus-Modellen: Das ist der Opel 24/110 PS Regent. Wilhelm von Opel präsentiert ihn auf der Berliner Automobilausstellung im Jahr 1928 der staunenden Öffentlichkeit. Der Anspruch ist eindeutig: »Er ist nicht billig und nur wenige Glücksgesegnete werden ihn sich leisten können. Er ist ein fürstlicher Wagen, ein königlicher Wagen. Darum hat ihn Opel auch mit Recht ›Regent‹ genannt.«

Das technische Highlight des mindestens 5,40 Meter langen und 2,2 Tonnen schweren Flaggschiffs: sein Achtzylinder-Reihenmotor mit 5.972 cm³ Hubraum, der 110 PS (81 kW) bei 3.200 min^{-1} abgeben kann. Dieser Motor ist der erste und einzige von Opel selbst konstruierte Achtzylinder in einem Serienautomobil und basiert auf einem Rennmotor von 1921. Darauf sind die Rüsselsheimer stolz, wie ein Verkaufsprospekt zeigt:

»Der Opel Achtzylinder, den Deutschlands größte Automobil-Fabrik als letzte Neuheit auf die Internationale Automobil-Ausstellung 1928 nach Berlin bringt, ist das Ergebnis siebenjähriger Erfahrung auf dem Gebiete des Achtzylinder-Baues. Opel hat als erste deutsche Firma bereits 1921 einen Achtzylinder konstruiert, der in verschiedenen Rennen – besonders im Eifelrennen 1922 – erprobt wurde. (...) Opel hat damit den stärksten deutschen Achtzylinder geschaffen. Schon der Laie, der vielleicht nicht so wie der Fachmann das sinnvolle Verhältnis zwischen Hub und Bohrung zu würdigen versteht, wird aus den Zahlen ersehen, dass es sich hier um Dimensionen handelt, die ungeheure Kräfte wirksam machen müssen. In der Tat ist der

Regent: Der Opel für die Oberklasse zum Preis von zehn 4-PS-Kleinwagen.

Opel Achtzylinder ein Motorblock in Reihe, ein Kolossalgebäude in vier wuchtigen Stockwerken, die gebildet sind von dem Fundament des Unter- und Oberhauses und der langen Flucht der acht Zylinder, die ein abnehmbarer Kopf bekrönt. (...) Doppelte Zündungen mit insgesamt 16 Flugmotorenkerzen lassen das Gas in einem für Höchstleistung konstruierten Hochkompressionskopf mit weicher, aber ungeheurer Gewalt abbrennen. Genial – in ihrer verblüffenden Einfachheit, genial – ist die Umlauf-Druckschmierung, die das kleinste und entfernteste Organ unter reichlichem Öl hält.«

Flaggschiff: 5,40 Meter lang, 2,2 Tonnen schwer, 130 km/h schnell.

»Er ist ein fürstlicher Wagen, ein königlicher Wagen. Darum hat ihn Opel auch ›Regent‹ genannt.«

Herrschaftlich: acht Zylinder, sechs Liter Hubraum, 110 PS.

Auch das Chassis findet eindeutige Würdigung: »Imponierend das Chassis, dessen mächtiger Stahlrahmen sich eng an den Boden anzuschmiegen scheint und so eine unvergleichlich tiefe Schwerpunktlage ermöglicht! Das seit Jahren quälende Problem hat endlich Lösung hier gefunden, eine Karosserie zu schaffen, die niedrig gehalten, im Raume dennoch volle Weiten und Höhen zulässt. Da der Schwerpunkt zwischen den Achsen verlegt ist, wird jene unübertreffliche Lage in den Kurven überboten, die schon bei den früheren Opel-Modellen begeistertes Lob hervorriefen. Selbst bei schnellster Fahrt lässt sich der geschlossene Achtzylinder mit der gleichen Leichtigkeit steuern, wie ein offener Sportwagen. (...) Der Opel-Achtzylinder wird für immer ein überragendes Meisterwerk bleiben durch die Tiefe und einfache Klarheit seiner technischen Ideen, durch den schöpferisch genialen Formwillen in der Gestaltung. Fürwahr, letzte Möglichkeiten sind erschöpft, letzte Möglichkeiten einer Baukunst, die hier eine geradezu triumphale Apotheose gefunden haben.«

Als Höchstgeschwindigkeit gibt Opel 100 km/h an – trotz des hohen Gewichts von 2,2 Tonnen. Mit dem gegen 1.000 Mark Aufpreis erhältlichen zuschaltbaren Schnellgang von Maybach erhöht sich die Höchstgeschwindigkeit auf 130 km/h.

Opel bietet zum Fahrgestell für den Preis von 14.000 Reichsmark (RM) unterschiedliche Karosserien an, wie den offenen siebensitzigen Tourenwagen Phaeton für 18.500 RM, einen Roadster für 19.000 RM und eine Pullmann-Limousine für 20.000 RM. Das entspricht dem Wert von zehn Opel 4-PS-Kleinwagen. Der Name Regent wird später auch für die Luxusvarianten des 1931 vorgestellten Sechszylindermodells Opel 1,8 Liter verwendet.

Von dem Wagen mit Achtzylinder-Reihenmotor existiert kein einziges Exemplar mehr. Auf Weisung des neuen Eigentümers General Motors werden alle 25 ausgelieferten Wagen zurückgekauft; alle papiergestützten Datenträger und artverwandten Werbemittel mit Bezug zum Modell werden vernichtet. Unter Aufsicht. Konkurrenz für die Konzerneigene Marke Cadillac wird nicht geduldet.

/

KLEIN, ABER OHO

Bauzeit 1931–1935
Stückzahl 101.563
Motor Vierzylinder, 1.186 cm³, 23 PS
Höchstgeschwindigkeit 85 km/h
Einstiegspreis 1.790 RM

Der Nachfolger des Laubfrosch heißt schlicht 1,2 Liter. Entfallen ist die Steuer-PS-Angabe in der Modellbezeichnung, stattdessen konzentriert man sich komplett auf den Hubraum. Seine Erfolgsgeschichte beginnt 1931 mit der Ankündigung in der Werkszeitung *Opel Geist*: »Ein neuer Maßstab des Automobilwerkes – von Opel gebaut – von Opel erprobt.«

Die Konstrukteure haben sich vorgenommen, einen wirtschaftlichen und leistungsfähigen Kleinwagen mit allen Vorzügen großer Modelle zu konstruieren. Entwickelt wird der 1,2 Liter gemeinsam mit der neuen Konzernmutter General Motors. Und der Plan geht auf: Tatsächlich bringt die Öffentlichkeit dem neuen »Volks«-Opel größte Aufmerksamkeit entgegen. 101.563 Käufer entscheiden sich zwischen 1931 und 1935 für einen 1,2 Liter in einer der sieben Modellvarianten – Limousine, Cabriolet und Mischformen. Insbesondere der offene Viersitzer besticht durch seine sportliche Eleganz.

Klare Linienführung, ruhige Farbkombinationen und edle Einfachheit. Dies entspricht genau den Kundenwünschen in Zeiten, in denen sich die Weltwirtschaftskrise noch deutlich auf das Leben auswirkt.

Der 1,2 Liter besticht durch edle Einfachheit.

AMERICAN FLAIR

Bauzeit 1931–1933
Stückzahl 32.285
Motor Sechszylinder, 1.790 cm³, 23,5 kW (32 PS) & (ab 1933) 24,6 kW (33,5 PS)
Einstiegspreis 2.190 RM (Chassis)

Das neue Mitteklasse-Modell des Jahres 1931 heißt 1,8 Liter. Der Nachfolger des 8/40 PS begeistert auf Anhieb Händler, Publikum und Presse. Selbst zurückhaltende Fachjournalisten kommen ins Schwärmen, so schreibt etwa die Zeitschrift *Motor Kritik*: »Achtung, Achtung! Der 1,8-Liter-GM-Opel-Sechszylinder ist da und ab Februar lieferbar. Das Gegenteil einer Enttäuschung: ein verbesserter Chevrolet.«

Der schmucke, luxuriös ausgestattete Wagen zeigt eine amerikanische Gestaltungslinie. Angetrieben wird von einem neu konstruierten, leistungsstarken und laufruhigen Sechszylindermotor, dem kleinsten seiner Zeit. Höchstgeschwindigkeit: 90 km/h.

Zwischen 1931 und 1933 verkauft Opel insgesamt 32.285 Exemplare in sechs Versionen, von der viersitzigen Limousine bis zur zweisitzigen Cabrio- oder Coupé-Version. Ab 1932 gibt es eine zusätzliche, luxuriösere Variante namens 1,8 Liter Regent. Dieser Name soll an den 1928 hergestellten Luxuswagen erinnern; technisch entspricht er dem 1,8-Liter-Basismodell. Erhältlich ist er auch als viertürige Pullman-Limousine und als zweitüriger Roadster.

Opel 1.8 Liter: American Way of Drive.

FAHRFREUDE IM MONDSCHEIN

Bauzeit 1932–1933
Stückzahl 51
Motor Sechszylinder, 1.790 cm³, 33,5 PS
Höchstgeschwindigkeit 95 km/h
Leergewicht 810 kg
Preis 3.895 RM

Auf Basis der der erfolgreichen 1,8-Liter-Baureihe schneidert der Kölner Karosseriebauer Deutsch eines der schönsten und exklusivsten Fahrzeuge in der Opel-Modellgeschichte, den Moonlight-Roadster. Deutsch produziert nur 51 Exemplare, drei sind bis heute bekannt.

Seinen Namen verdankt der Zweisitzer einer Fahrzeuggattung, die in Nordamerika zur Zeit der Prohibition eine große Rolle spielt. Alkoholschmuggler bauen sich für ihre Fahrten sprintstarke, niedrige Roadster, die nachts mit Vollgas unter den für Lastwagen konzipierten Zollschranken durchschlüpfen können. Zwar fließt der Alkohol in Deutschland schon wieder legal, als Opel den Roadster auf den Markt bringt. Bei Mondschein wird in dem Sportwagen eher gekuschelt als geschmuggelt. Seinen Namen trägt der in »Mondsteingrau« lackierte Klassiker dennoch zurecht. Denn sein Design ist verführerisch. Das Sportcabriolet ist flacher als jeder andere Opel dieser Zeit und eine Augenweide: mit vergittertem Grill vor der langen Haube, der gepfeilten Windschutzscheibe, den entgegen der Fahrtrichtung angeschlagenen Türen und dem eleganten Bootsheck mit der scharfen Bügelfalte.

Wie seine Großserienbrüder verfügt der Moonlight über einen erstaunlichen Antriebskomfort mit seidenweich laufendem Motor, kräftigem Antritt und gleichmäßiger Leistungsentfaltung mit einer Geschwindigkeit von bis zu 100 km/h. Das agile Fahrwerk, die äußerst direkte Lenkung und die standfeste Vierrad-Seilzugbremse mit Servo-Wirkung garantieren ein großes Fahrvergnügen, ganz gleich ob auf kurvenreichen Bergpassagen oder in der Großstadt. Daran hätte auch Al Capone in Chicago seinen Spaß gehabt. ///

Der Moonlight Roadster betört durch sein Design.

VOLKSWAGEN

Bauzeit 1935–1937
Stückzahl 65.864
Motor Reihen-Vierzylinder, Hubraum 1.066 cm³, 17 kW (23 PS)
Einstiegspreis anfangs 1.650 RM, später nur 1.450 RM

1935 geht als ein Rekordjahr in die Unternehmensgeschichte ein: Mit 102.293 gebauten Fahrzeugen produziert Opel erstmals eine sechsstellige Zahl an Autos in nur zwölf Monaten – als erster deutscher Automobilhersteller überhaupt. Ein Schlüssel zu diesem Erfolg ist der im November 1935 vorgestellte P4. Bis zum Ende der Produktion im Dezember 1937 rollen 65.864 Opel P4 aus dem Rüsselsheimer Werk. Damit ist der P4 der erste echte »Volkswagen« aus deutscher Produktion.

Opel bedient mit dem P4 den Wunsch nach »Mobilität für alle«: ein kompaktes, vollwertiges Auto für vier Personen – daher auch sein Name – zu einem unschlagbar günstigen Preis von zunächst 1.650 Reichsmark; das entspricht rund sechs durchschnittlichen Monatsgehältern. Der pragmatische P4 ist der Vorgänger des ersten Kadett von 1936 und Nachfolger des populären 1,2 Liter. Viele Konstruktions- und Bauelemente übernimmt er; äußerlich hat er sich auch nur leicht verändert. Die Ingenieure reduzieren den Hubraum des Motors, erhöhen dafür aber die Verdichtung. Höchstgeschwindigkeit: 85 km/h. Lieferbar sind anfangs nur zwei Farben, grau und dunkelblau, jeweils mit schwarzen Kotflügeln. Das Dachmittelteil besteht bei Standard- und Spezial-Limousine aus einem fest installierten Kunststoffeinsatz.

Das Standardmodell ist eine zweitürige Limousine mit dem charakteristischen Ersatzrad am Heck. Daneben gibt es die besser ausgestattete Spezial-Limousine – erkennbar an den Stoßstangen und am Ersatzrad auf dem rechten Kotflügel – sowie ein Cabrio. Das zusammenlegbare Verdeck der Cabrio Limousine ist aus hellgrauem Segeltuch mit einem Rückfenster aus Glas. Im Gegensatz zum ebenfalls 1935 vorgestellten Olympia hat das neue Einstiegsmodell der Marke einen U-Profil-Rahmen mit blattgefederten Starrachsen, Vierrad-Seilzugbremsen und eine aufgesetzte Karosserie in Holz- und Stahlbauweise.

P4: Für vier Personen – daher auch sein Name – ermöglicht er »Mobilität für alle«.

OLYMPIAREIF

Bauzeit 1935–1937
Stückzahl 81.661
Motor Vierzylinder, Hubraum 1.288 cm³, 24 PS
Einstiegspreis 2.500 RM

Olympia: Sportlich ist auch die Höchstgeschwindigkeit von 95 km/h.

Auf der 25. Internationalen Automobil- und Motorrad Ausstellung (IAMA) 1935 in Berlin stellt Opel das Modell Olympia vor. Seinen Namen verdankt es der Begeisterung für die Olympischen Spielen 1936 in Berlin und Garmisch-Partenkirchen. Das Modell schreibt ein Stück innovativer Technikgeschichte. Es ist der erste deutsche Serienwagen mit einer selbsttragenden Ganzstahl-Karosserie. Es machte mit Kampfpreisen ab 2.500 Mark die Liga der 1,3-Liter-Modelle für viele bezahlbar. Und Opel zum größten Autobauer Europas.

Seine neue Bauweise ist revolutionär für den gesamten Automobilbau und findet bis heute Anwendung. Die neue Konstruktion ermöglicht im Produktionsprozess erstmals die sogenannte »Hochzeit« zwischen Karosserie und Aggregaten. Der gesamte Produktionsablauf geht so schneller und effizienter vonstatten und ebnet der Sicherheitskarosserie moderner Prägung den Weg in die Großserie. Das Resultat: geringes Gewicht, bessere Fahrleistung, geringerer Verbrauch und höhere Sicherheit für die Passagiere durch eine steife Fahrgastzelle.

Mit diesen Pluspunkten und der Ausrichtung auf Komfort macht sich der Liebling der Mittelschicht schnell einen Namen als Reisewagen. Die Olympia-Karosserie glänzt auch in Sachen Sicherheit: So hat sie erstmals eine Sollbruchstelle im Bereich des vorderen Gabelprofils; ein Vorläufer der heutigen Knautschzonen.

Im Olympischen Jahr 1936 erreicht Opel mit dem Wagen eine Jahresproduktion von 37.127 Einheiten. Damit avanciert die Adam Opel AG mit insgesamt rund 121.000 verkauften Fahrzeugen zum größten Automobilproduzent Europas. Und betreibt in Rüsselsheim die modernste Gesenkschmiede der Welt und das größte Karosserie-Presswerk Europas. Ein Olympia ist 1936 auch das 500.000. Automobil, das Opel seit Beginn des Automobilbaus im Jahr 1899 ausliefert.

Olympiareif sind auch die Marketing-Aktionen: Als erstes Automobil überhaupt wird der Opel auf dem Luftweg über den Südatlantik nach Rio de Janeiro transportiert – im Laderaum des gigantischen Zeppelins Hindenburg. Wenige Monate später wählt Opel den zukunftsweisenden Zeppelin zum Markenlogo. Und im Juni 1936 fahren zwei Olympia nach Griechenland, um den Fackelstaffellauf vom Stadion des alten Olympia bis nach Berlin zu begleiten. Insgesamt 3.075 praktisch problemfreie Kilometer – inklusive automobiler Marterstrecken. Meilensteine, die dazu beitragen, dass der 1936 erstmals verwendete Werbespruch »Opel, der Zuverlässige« in den allgemeinen Sprachgebrauch eingeht. ///

ALLIGATOR INKLUSIVE

Bauzeit 1937 – 1940
Stückzahl 87.200
Motor Vierzylinder, Hubraum 1,5 Liter, 27 kW (37 PS)
Einstiegspreis 2.675 RM

Die zweite Generation des Olympia folgt Ende 1937 und unterscheidet sich vom Vorgängermodell besonders in seiner Fahrleistung und in seinen Raumverhältnissen. Darüber hinaus hat er ein neues Gesicht. Und statt mittig angeschlagener Motorhaubenhälften bekommt der nun lieferbare Opel eine in einem Stück zu öffnende »Alligatorhaube«.

Öffnet der Alligator sein Maul, zeigt sich darin ein neu entwickelter 27 kW (37 PS) starker 1,5-Liter-OHV-Benziner.

Öffnet der Alligator sein Maul, zeigt sich darin ein neu entwickelter 27 kW kW/37 PS starker 1,5-Liter-OHV-Benziner. Der neue Motor liefert 37 PS gegenüber dem alten mit 24 PS. Die 42 Prozent mehr Leistung machen sich in einer auf 112 km/h gestiegenen Endgeschwindigkeit bemerkbar. Damit ist er »autobahntauglich«.

Viel Lob von Fachwelt und Kunden erfahren Zuverlässigkeit, Lebensdauer und Laufkultur der Opel-Motoren. Der neue Olympia wird in drei Ausführungen angeboten: als zwei- und viertürige Limousine sowie als zweitürige Cabrio-Limousine. Im Jahr 1940 ist der Olympia das bis dahin meist gebaute deutsche Auto aller Zeiten. Dann verordnet die Reichsregierung, dass die Herstellung ziviler Fahrzeuge zu beenden ist. Die Produktion eines leicht überarbeiteten Modells wird erst im Dezember 1947 wieder aufgenommen. ///

1940 ist der Olympia das bis dahin meistgebaute deutsche Auto.

SO BEGINNEN LEGENDEN

Wir schreiben das Jahr 1936. Die Olympischen Spiele finden im von Nationalsozialisten regierten Deutschland statt, in Garmisch-Partenkirchen sowie in Berlin. Und in Rüsselsheim läuft die erste Kadett-Generation vom Band. Die erste von nunmehr zwölf Generationen Kompaktklasse. Opel kann damit als erster Hersteller das Konzept eines kompakten, familientauglichen und erschwinglichen Automobils umsetzen.

Technisch wie preislich ist der erste Kadett eine Sensation. Denn er verfügt wie der Olympia über eine selbsttragende Ganzstahlkarosserie. Das Blechgerippe macht ihn deutlich leichter (755 Kilo) und sicherer als eine klassische Konstruktion aus Fahrgestell und Holzaufbau. Zur Serienausstattung zählen hydraulische Vierradbremsen, Fahrtrichtungsanzeiger sowie ein von innen zugänglicher Reisegepäckraum. Alles für nur 2.100 Mark. Der bewährte Baukasten macht's möglich, etwa das Fahrwerk aus dem Olympia und der Vierzylinder Graugussmotor des direkten Vorgängers P4.

Der flotte Viersitzer fährt sich mit Höchstgeschwindigkeit 100 km/h in die Herzen des Publikums. Die *Kölnische Zeitung* urteilt: »Genauso flink, wendig und gehorsam auf alle Befehle des Fahrers, wie man es von einem karrieremachenden Kadetten erwartet.« Heinrich Nordhoff (1899 – 1968), damals technischer Berater der Verkaufsabteilung, später Vorstandschef der VW-Werke, bringt es auf den Punkt: »Das Ziel war die Schaffung eines Wagens, der bei niedrigem Preis, bequemsten Raumabmessungen und höchster Wirtschaftlichkeit seinen Insassen alle Annehmlichkeiten und die volle Leistung eines wirklich modernen Wagens bietet. Wir haben an keiner Stelle Konzessionen gemacht.« In einem Prospekt stellt Opel die Autobahntauglichkeit heraus: »Frohe Fahrt im schneidigen KADETT! Er hat ›Stehvermögen‹ – er hält durch! Sein ständiges Bestreben: schneller sein als die anderen, ausdauernder!« Im Dezember 1937 präsentiert Opel eine Überarbeitung mit einem markanten Kühlergrill im Art-Déco-Stil und einem Zeppelin als Markenzeichen.

Die Produktion stellt Opel im Mai 1940 ein. Und dennoch lebt der Kadett weiter: 1945 werden seine Produktionsanlagen beschlagnahmt. Als Moskwitsch-400 und -401 wird er in der Sowjetunion bis 1956 gebaut. Opel lässt den Namen des Seeoffiziersanwärters erst 1962 wieder aufleben. ///

Bauzeit 1936 – 1940
Stückzahl 72.657
Motor Reihen-Vierzylinder, 1,1 Liter, 17 kW (23 PS)
Karosserievarianten
zwei- und viertürige Limousine; zweitürige Cabrio-Limousine
Einstiegspreis
2.100 RM

Kadett: Mehr als fünf Jahrzehnte nutzt Opel den Namen des Seeoffiziersanwärters.

OPEL UND STROLCH

Kadett Strolch: Nach 70 Jahren wiederauferstanden.

Opel arbeitet 1938 an der Idee eines offenen Kadett-Zweisitzers. Natürlich nicht als kraftprotzender Sportwagen für die oberen Zehntausend, sondern – Opel-typisch – als Roadster fürs Volk.

Als Basis dient deshalb das Einstiegsmodell KJ38 mit 1,1-Liter-Vierzylinder mit 23 PS, Dreigang-Getriebe und einer Höchstgeschwindigkeit von 98 km/h. Der 755 kg leichte Prototyp mit Ganzstahlkarosserie wird von der Versuchsabteilung gebaut. Das dokumentiert die Konstruktionszeichnung mit der Nummer 2555339. Geheime Fotos entstehen, ein Verkaufsprospekt wird gedruckt – in freudiger Erwartung der Serienproduktion des 3,62 Meter langen Roadsters.

Doch dann kommt der Zweite Weltkrieg, überall in Deutschland wird die Industrie-Produktion auf militärischen Bedarf umgestellt. Der Prototyp verschwindet. Die Fotos werden weggelegt, mit dem Vermerk »Kadett Zweisitzer Strolch«, so der werksinterne Spitzname. Der Volksroadster-Prospekt schlummert 70 Jahre lang einen Dornröschenschlaf. Dann werden die alten Dokumente durch Zufall wiederentdeckt und das Opel Classic-Team baut den »Strolch« im Jahr 2009 auf Basis der Zeichnungen nach. Mithilfe eines Spezialisten werden die alten Fotos einer Grauwertanalyse unterzogen und die Karosseriefarbe wird als ein Rot-Ton identifiziert. Darin strahlt der Strolch fortan auf Oldtimer-Shows im ganzen Land und kommt so doch noch zu später Ehre – wenn auch nur als Unikat. ///

SUPER-HELD

Baujahr 1937 – 1938
Motor 2,5-Liter-Sechszylinder, 55 PS
Aufbau zweitürige Limousine, viertürige Limousine, viersitziges Cabriolet, Sonderkarosserien wie das 2+2-sitzige Gläser Sport-Cabriolet
Grundpreise 3.350 bis 4.200 RM

Gläser, Deutsch, Hebmüller, Buhne, Erdmann & Rossi oder Autenrieth. So heißen die Karosserie-Manufakturen, die Mitte der 30er Jahre des vergangenen Jahrtausends in voller Blüte stehen. Das Erfolgsrezept dieser Betriebe basiert auf einer überzeugenden Kombination: Die tausendfach erprobte Großserientechnik in Serienmodellen garantiert höchste Zuverlässigkeit, ihre darauf basierenden kleinen Sonderserien höchste Exklusivität. Vor allem der Dresdner Blech-Couturier Gläser entwirft und baut begnadete Automobile auf Opel-Basis. Ein typisches Beispiel ist das Roadster-ähnliche Super 6 Sport-Cabriolet.

Das 1,3 Tonnen leichte Cabrio ist dank des 2,5-Liter-Sechszylinders 115 km/h schnell.

Im Februar 1937 präsentiert Opel auf der Berliner Automobilausstellung den neuen Super 6. Der Sportwagen-Cabriolet von Gläser ist das elegante Schmuckstück dieser Sechszylinder-Baureihe. Er besticht mit voll versenkbarem Verdeck, durch seine harmonische Linienführung und die ausgewogenen Proportionen. Die Frontpartie entspricht der Serie, das Heck fällt flach ab. Unter einer Klappe beherbergt es die Notsitzbank, den »Schwiegermutter-Sitz«. Das behelfsmäßige Passagierabteil kann über eine kleine Leichtmetall-Steighilfe auf dem hinteren Kotflügel bestiegen werden. Deutlich leichter gestaltet sich das Belegen der vorderen Sitzgelegenheiten durch die weit öffnenden, hinten angeschlagenen »Selbstmörder-Türen«.

Wie bei allen Modellen sorgt auch im Gläser Cabrio ein moderner Sechszylinder-Reihenmotor mit 2,5 Liter Hubraum für Vortrieb. Das Aggregat gehört zur neuen Generation der Kurzhub-Motoren, die ein nahezu quadratisches Bohrung/Hub-Verhältnis aufweisen. Vorteil dieser Bauweise: Die niedrige Kolbengeschwindigkeit senkt den Verschleiß und erhöht damit die Lebensdauer des Triebwerks. Damit reagiert Opel auf die verschärften Betriebsbedingungen, denen die Fahrzeuge ausgesetzt sind. Die Höchstgeschwindigkeit beträgt stattliche 115 km/h; allerdings ist von größerer Bedeutung die Dauergeschwindigkeit von 100 km/h. Erstmals verwendet Opel hier ein Prädikat, das bis heute in der Marken-DNA verankert ist: »autobahnfest« – neudeutsch »autobahnproof«.

Zusätzlich verfügen die Triebwerke erstmals über obenliegende Ventile. Brandneu ist auch die automatisch geregelte Gemischvorwärmung und eine Thermostat-Regelung im Kühlkreislauf, die für einen gleichbleibenden Wärmehaushalt sorgt. Da das 55 PS starke Triebwerk fulminante Sprints und die beachtliche Höchstgeschwindigkeit ermöglicht, widmen sich die Ingenieure auch eingehend Fahrwerk und Bremsanlage. So hält die Opel-Synchron-Federung mit hydraulischen Stoßdämpfern im 1,32-Tonnen-Sportwagen Einzug. Verzögert wird nun mit Metallguss-Bremstrommeln an allen vier Rädern, die Übertragung der Pedalkraft erfolgt ebenfalls hydraulisch. Wie viel Exemplare der begnadeten Kombination aus gediegenem Super 6-Komfort und formvollendeten Cabrio-Vergnügen entstehen, ist nicht überliefert. ///

Super 6 Gläser Sport-Cabrio: Nur Schwiegermütter mögen es nicht.

DAS FLAGGSCHIFF

Baujahr 1937 – 1939
Stückzahl 6.404
Motor Sechszylinder, 3.626 cm³, 75 PS
Einstiegspreis 6.500 RM

»**Alles** was sich ein anspruchsvoller Automobilist nur wünschen kann, findet er in ihm vereint«, verspricht Opel mit Blick auf das Flaggschiff seiner Flotte namens Admiral. Positioniert ist der Wagen über dem ebenfalls im Februar 1937 auf der IAMA präsentierten Opel Super 6. Er glänzt mit gehobener Ausstattung und einen Sechszylindermotor mit 3,6 Litern Hubraum.

Ab Werk ist der Oberklasse-Wagen als geschlossene, viertürige Limousine, als Pullman-Limousine und auch als viertüriges Cabriolet lieferbar. Zeitgenössisch sind die Stilelemente des Art Déco an dem eleganten Oberklasse-Wagen und an der Armaturentafel. Im Opel-Modellprogramm von 1937 heißt es: »Die Hintersitze sind für drei Personen eingerichtet, sodass der Admiral ein besonders bequemer Reisewagen ist.« Der zuverlässige 3,6-Liter-Motor begeistert durch seinen seidenweichen Lauf. »Sein Geschwindigkeitsmaximum liegt bei über 130 Stundenkilometern, die Autobahn erweist so recht sein Können, also die Möglichkeit, hohe Dauergeschwindigkeiten für lange Zeit unbeschadet beizubehalten.« Zeitweise hat das Opel-Spitzenmodell in der automobilen Oberklasse einen Marktanteil von 25 Prozent.

Ein letztes Mal können Kunden auch ein Fahrgestell einschließlich Haube, Kotflügel, Spritzschutz und Windschutzscheibe ordern, das dann bei Hebmüller oder Gläser zu einem zweitürigen Cabriolet umgebaut wird.

Nach Kriegsende wird die Rüsselsheimer Fertigung von 3,6-Liter-Motoren nicht für eine Neuauflage des Admiral verwendet werden. Es gibt schlicht keinen Markt für solche Luxusgüter. Erst 1964 bringt Opel einen völlig neuen Admiral.

Admiral: Sechszylindermotor, 3,6 Liter Hubraum, 130 km/h Höchstgeschwindigkeit.

NIMM MICH MIT, KAPITÄN, AUF DIE REISE

Baujahr 1938–1940
Volumen 25.374
Motor Reihen-Sechszylinder, 2.473 cm³, 41 kW (55 PS)
Einstiegspreis 3.575 Mark

Sechs Millionen Reichsmark hat Opel in dieses Auto investiert, drei Jahre arbeiten Ingenieure und Designer intensiv an Entwicklung und Serienreife. Ab November 1938 läuft er dann endlich in Rüsselsheim vom Band und im Frühjahr 1939 präsentiert Opel ihn auf den Automessen in Berlin und Genf der Öffentlichkeit: den Kapitän.

Er ist der letzte vor dem Zweiten Weltkrieg konstruierte Pkw. Opel führt damit auch bei großen Wagen die selbsttragende Ganzstahl-Karosserie ein, mit all den Vorteilen bei der Herstellung, Gewicht, Kraftstoffverbrauch und passivem Insassenschutz. Opel ist damit weltweit führend.

Ab Werk sind drei Versionen lieferbar: die viertürige Limousine sowie ein Zweitürer und ein daraus abgeleitetes Cabrio. Alle drei Karosserieformen finden für ihre elegante und klare Linienführung bei Presse und Kundschaft große Anerkennung. Der 2,5-Liter-Sechszylinder leistet 55 PS, die den 1.230 Kilogramm schweren Wagen auf 126 km/h beschleunigen.

Opels Chefstratege Heinrich Nordhoff – VW-Boss wurde Nordhoff erst nach dem Zweiten Weltkrieg – weiß, was gesellschaftliche Aufsteiger wollten: außen voluminösen Pomp fürs Prestige, innen viel Platz, Kofferraum, maximalen Komfort und unter der Haube eine ebenso hubraumstarke wie zuverlässige Sechszylinder-Maschine.

Von 1938 bis 1940 gebaut werden 25.374 Exemplare, darunter auch 4.563 Werkscabrios. Mehr als die Hälfte der Produktion exportiert Opel. Für ausländische Märkte wird dabei oft der Name des Vorgängers genutzt, Super Six. Der Preis mit 3.575 Mark ist äußerst populär gehalten.

Im Oktober 1940 ist ein viertüriger Kapitän das einmillionste Opel-Automobil. Auf politischen Druck wird nach dem Jubiläumsexemplar die Pkw-Serienproduktion bei Opel ausgesetzt. Erst 1948 – deutlich nach Kriegsende – wird die Produktion des Spitzenmodells in fast unveränderter Form wieder aufgenommen. ///

Kapitän (1938): Der letzte vor dem Zweiten Weltkrieg konstruierte Opel-Pkw.

Die Transporter

Der »Coloss von Rüsselsheim« auf Basis des Patentmotorwagens »System Lutzmann«.

ALLER LASTER ANFANG

Opel baut anfangs auch Anhänger.

Mit dem Beginn der Automobilisierung Ende des 19. Jahrhunderts löst sich ein Problem: Plötzlich ist man bei Transporten nicht mehr von der Muskelkraft von Pferden abhängig. Statt Heu vom Futterhandel kaufen die Automobilpioniere Benzin aus der Apotheke, denn Tankstellen gibt es noch nicht. Schon vom ersten Opel-Patentmotorwagen »System Lutzmann« entsteht »ein Coloss von Motorfrachtwagen, welchen die hiesige Firma Adam Opel für ein größeres Weingeschäft baute«, so die Lokalzeitung *Main-Spitze*. Verglichen mit den heutigen 40-Tonner-Kolossen ein sehr leichtes Nutzfahrzeug – 5 PS stark und rund 20 km/h schnell.

1902 und 1903 entstehen ein paar wenige Lieferwagen auf Opel-Darracq-Basis. 1904 startet Opel dann mit eigenen Nutzfahrzeugen durch. 1907 wird der erste vollwertige Lkw ins Programm genommen: Der Dreivierteltonner hat serienmäßig Luftreifen sowie Kardanantrieb und ist wahlweise mit Zwei- oder Vierzylindermotoren lieferbar.

Mit dem Ersten Weltkrieg halten vom Militär vorgegebene firmenübergreifende Normen für den Bau von »Regel-Lastwagen« bis zu vier Tonnen Einzug. Die robusten Opel »Regel-Lastwagen« werden bis in die frühen 1920er verkauft. Ab 1923 entsteht eine neue Nutzfahrzeug-Palette aus kleineren Leichtlastwagen mit einer Zuladung von ein bis zwei Tonnen.

Im November 1930 wird dann der Opel Blitz geboren. Aus dem Modellnamen entsteht das weltberühmte Zeichen, das bis heute die Marke prägt. Und er wird zum Grundstein für eine lange Reihe erfolgreicher Opel-Nutzfahrzeuge; erst 1987 geht der letzte Opel mit Blitz-Schriftzug in den Ruhestand, nachdem knapp eine halbe Million Fahrzeuge in den Werken Rüsselsheim, Brandenburg und Luton gebaut werden – als wirtschaftliche, sichere und zuverlässige Begleiter für den Transport von Lasten aller Art.

Opel 8/14 PS Warenlieferungs- und Geschäftswagen von 1907.

Im November 1930 wird der Opel Blitz geboren. Der Grundstein für eine lange Reihe erfolgreicher Opel-Nutzfahrzeuge.

Der Name für den Schnelllastwagen des Modelljahrs 1931 ist das Ergebnis eines deutschlandweiten Preisausschreibens. »Wir suchen einen Namen, den wir in der ganzen Welt berühmt machen wollen! Der neue Lastwagen soll seinen Siegeszug durch Deutschland und über Deutschlands Grenzen hinaus unter einem Namen antreten, der ihn als deutsches Fabrikat kennzeichnet und gleichzeitig Ausdruck seiner überlegenen Qualität ist«, ruft Dr. Wilhelm von Opel in ganzseitigen Zeitungsannoncen auf.

FÜR KRAFT UND LEISTUNGSFÄHIGKEIT

Aus rund 1,5 Millionen Einsendungen fällt die Wahl auf »Blitz« – bekannt bereits ab 1889 für Fahrräder aus den Opel-Werken und nun Synonym für die nächsten sechs Jahrzehnte Opel-Nutzfahrzeugbau. Für Dr. Wilhelm von Opel ist es ein Name, »der in gleicher Weise Ursprung, Kraft und Leistungsfähigkeit unseres neuen Erzeugnisses versinnbildlicht«.

Leistungsfähigkeit ist auch großes Thema bei der Präsentation des frisch getauften Opel Blitz: Zwei Grundmodelle mit einer Nutzlast von 1,5 bis zwei Tonnen, drei unterschiedliche Radstände sowie zwei Motoren erfüllen die Kundenwüsche. Das Versprechen, ein wahrer »Schnelllastwagen« zu sein, lösen ein 2,6-Liter-Vierzylinder und beim Blitz »6« der 3,6-Liter-»Marquette«-Sechszylinder ein.

In den folgenden Jahren wird das Angebot ständig und erfolgreich verfeinert. Die Karriere der neuen Blitz-Lkw ist so überwältigend, dass das Unternehmen 1935 ein 850.000 Quadratmeter großes Werk für die Nutzfahrzeug-Produktion in Brandenburg an der Havel aufbaut. Im Juli 1937 verlässt in Brandenburg bereits der 25.000. Blitz-Schnelllastwagen die Montagelinie. Der Dreitonner erhält den modernen 3,6-Liter-Sechszylinder des Opel Admiral – mit 75 PS und einer Höchstgeschwindigkeit von 90 km/h. Im immerhin 80 km/h schnellen Eintonner kommt der 1,5-Liter-OHV-Vierzylinder des Opel Olympia mit 37 PS zum Einsatz. Zehn Jahre nach der Einweihung des neuen Werks kommt die Blitz-Fertigung in Brandenburg zum Erliegen. Die Bausubstanz ist nach schweren Luftangriffen zerstört, die verbliebenen Produktionsanlagen gehen als Reparationsleistungen in die Sowjetunion.

NEUBEGINN WEST

Der Neubeginn im Rüsselsheimer Stammwerk beginnt im Juli 1946 mit einem Lastwagen, genauer gesagt mit einem Blitz 1,5 Tonner Sechszylinder 2,5 Ltr. Schnelllastwagen. Preis für den Pritschenwagen mit zulässigem Gesamtgewicht von 3,4 Tonnen: 6.600 Mark. 839 Blitz-Schnelllastwagen werden noch bis Jahresende 1946 produziert, bis zum Produktionsende im Dezember 1951 sind es 37.117 Stück.

Der Bulli-Urahn kommt aus Rüsselsheim

Opel entwickelt in den 30er Jahren einer serienreifen Kleintransporter in Frontlenker bauweise – viele Jahre, bevor sich das Konzep mit flacher, nicht vorstehender Front weltwei verbreitet. Erst im Sommer 2022 taucher entsprechende Belege auf. Der Projektname ist auf der Rückseite der Fotos mit Bleistif vermerkt: 1.5-23 COE. Die Ziffern weisen au den Hubraum (1.488 cm³) und den ungefähren Radstand hin (2.400 mm). Das Kürzel COE steht für »Cab Over Engine«, zu deutsch Frontlenker.

Die Frontlenker-Bauweise sorgt gegen über dem damals verbreiteten Haubenwa gen-Design mit weit vorstehender Motor haube und anschließender Fahrerkabine fü kompaktere Außenmaße bei gleich großem Laderaum. Das kommt der Wirtschaftlichkei und der Wendigkeit zugute. Die Karosserie ist – von Trennwand, Ladeboden und einem Teil des Dachs abgesehen – in fortschrittliche Ganzstahl-Bauweise ausgeführt.

Die Gründe, warum der fortschrittliche Lieferwagen nicht in Serie geht, liegen wohl ir den deutschen Kriegsvorbereitungen. Leichte Nutzfahrzeuge sind als nicht-kriegswichtig eingestuft, Opel muss damit rechnen, dass die Regierung die Einstellung erzwingt.

Der große Bruder des 1,5-Tonners, der Dreitonner, wird bereits seit August 1944 nur noch von Daimler-Benz als Lizenznachbau Typ L 701 gebaut. 1949 bekommt der L 701 einen Nachfolger und Opel übernimmt alle bis dato unverkauften Wagen sowie sämtliche Restteile. Bis 1954 entstehen so in Rüsselsheim die letzten 467 Exemplare des berühmten Lastwagens – jetzt wieder unter seinem ursprünglichen Namen und mit Blitz-Logo am Bug.

Panoramabus auf Opel-Basis von Kässbohrer mit einem 2,5-Liter-Reihen-Sechszylinder (58 PS).

Opel Blitz Panoramabus

Busse auf Opel-Basis sind seit 1907 beliebte Fahrzeuge für Ausflugsreisen. Auch von der 1952 vorgestellten Blitz-Generation mit Ganzstahlfahrerhaus und »Alligator-Haube« gab es zahlreiche Reisebus-Versionen. Opel liefert Fahrgestell, Achsen und Antriebsstrang; Gestaltung und Fertigung des Aufbaus wird Karosserieherstellern überlassen – etwa Drögmöller, Ludewig, Vetter oder Voll. Der von Kässbohrer aus Ulm für 17 Fahrgäste ausgelegte Panoramabus (Foto) aus dem Jahr 1954 mit einem 2,5-Liter-Reihen-Sechszylinder (58 PS) verfügt über große Seitenscheiben und zusätzliche Oberlichter, die den Reisenden einen hervorragenden Rundumblick ermöglichen.

WAGEN FÜR DAS WIRTSCHAFTSWUNDER

Der Nachfolger des altehrwürdigen 1,5 Tonners namens Blitz 1,75 to begeistert in ganz Europa mit seinem frischen Design. Mit breitem Grill und geschwungenen Kotflügeln greift er gekonnt die typisch amerikanische Formensprache der 50er Jahre auf. Sein 2,5-Liter-Sechszylinder leistet inzwischen 58 PS – der betont ruhig laufende Limousinen-Motor beschert dem Blitz eine Sonderstellung auf einem von rauen Lkw-Triebwerken bestimmten Markt. Der Clou des 1955er Modells ist die erhöhte Ladekapazität: Mit zwei Tonnen Nutzlast kann er mehr zuladen, als er wiegt. Rund 20.000 Exemplare verlassen pro Jahr das Werk. Bis zum Modellwechsel 1960 werden es insgesamt 89.767 Stück.

Die Blitz-Generation für die Swinging Sixties überzeugt mit einem neuen 2,6-Liter-Sechszylinder sowie einer modernen Kabinen-Konzeption mit kurzer schräg abfallender Motorhaube. Das Design des »Schnelllastwagens neuen Typs« gilt als unauffällig elegant. Zur IAA 1965 präsentiert sich der Blitz mit gelungenem Facelift – die Kabine ziert nun eine ausdrucksvollere Frontpartie. Ein 70 PS starker Vierzylinder ergänzt das Angebot. Dieser 1,9-Liter-Benziner entstammt einer neuen Motorengeneration, die 1965 auch im Rekord B debütiert. Im 2,1- und 2,4-Tonner kommt 1966 ein neuer Reihen-Sechszylinder hinzu, der den Blitz-Lastwagen auf 110 km/h beschleunigt.

Ende der 60er Jahre gehört der Opel Blitz noch immer zu den beliebtesten Leichtlastwagen auf dem deutschen Markt, fast jeder zweite Lkw mit Benzinmotor bis zu drei Tonnen Nutzlast kommt von Opel. 1969 ergänzt das Unternehmen das Angebot um einen Diesel. Zwischen 1965 und 1975 werden insgesamt 47.368 Fahrzeuge mit Benzinmotor und 7.374 mit Selbstzünder gebaut. Am 10. Januar 1975 endet die Produktion in Deutschland: Nach 417.211 in Rüsselsheim und Brandenburg gefertigten Blitz-Lastwagen wird die Baureihe eingestellt.

Doch der Name ist weiterhin präsent: Bereits rund zwei Jahre zuvor, im März 1973, hat sich ein pfiffiger Kleintransporter zum Opel-Nutzfahrzeugprogramm gesellt – der Opel Bedford Blitz. Opel konzentriert sich in den 1970er Jahren verstärkt auf das Pkw-Programm und verlagert die Produktion von Nutzfahrzeugen ins britische Werk Luton. Der mit einem sparsamen Rekord-Dieselmotor und spritzigen Vauxhall-Benzinmotoren lieferbare Bedford Blitz überzeugt mit einer ebenen durchgehenden Ladefläche, großen Türen und dem freistehenden Armaturenbrett. Als Basis für Wohnmobile erreicht er Marktanteile von mehr als 20 Prozent. Darüber hinaus nimmt Opel auch schwere Bedford-Lkw mit zulässigen Gesamtgewichten von bis zu 10,2 Tonnen unter dem Namen Blitz ins Opel-Programm. Mit aufgefrischtem Design und neuem 2,3-Liter-Dieselmotor ist der Bedford Blitz-Transporter von 1980 bis 1987 erneut für viele Jahre Rückgrat des Opel-Nutzfahrzeugprogramms. Mit seinem Produktionsende verabschiedet sich der Name »Blitz« nach über 57 Jahren aus dem aktiven Dienst. Doch sein Vermächtnis lebt in jedem Opel weiter: das weltberühmte Logo. ///

RAKETEN, RALLYES UND REKORDE

Sportlicher Wettkampf liegt in den Opel-Genen. Schon früh erkennt die Familie, dass für den Verkaufserfolg nicht nur die Technik ausschlaggebend ist, sondern auch eine gute »Reklame«. In den 20er und 30er Jahren genießen Radrennen dieselbe Popularität wie heute der Fußball. Mehr als 660 Siege bei nationalen und internationalen Radsport-Wettbewerben, Europa- und Weltmeisterschaften erringen allein die fünf Opel-Söhne.

Der RAK 2 katapultiert Fritz von Opel im Jahr 1928 auf 238 km/h.

Schon ihr allererstes Modell, den **Patent-Motorwagen System Lutzmann**, setzen sie bei Wettbewerben ein und fahren damit direkt den ersten Sieg ein: Heinrich von Opel belegt beim Bergrennen auf den Königstuhl bei Heidelberg den ersten Platz. Durchschnittstempo 26 km/h. Auf längeren Renndistanzen fährt der Rüsselsheimer Rennstall ab 1903 Erfolge ein: Den ersten Sieg in dieser Disziplin fährt Heinrich von Opel mit dem im Frühjahr präsentierten **20/24 PS** ein. Spitzengeschwindigkeit: 70 km/h. Und er nutzt sie bei der Fernfahrt Mannheim-Baden-Baden reichlich aus. Nach zwei Stunden und 40 Minuten siegt Opel auf Opel überlegen in der Klasse III für Wagen über 16 PS. Durchschnittstempo: 45 km/h.

Im Juni 1907 erreichen Werksfahrer Carl Jörns und sein Copilot Franz Breckheimer beim Kaiserpreis-Rennen im Taunus den dritten Platz und die beste Platzierung für

»Raketenfritz«: Seinen Spitznamen verdankt Fritz von Opel vor allem dem RAK 2 mit seinen 24 Feststoffraketen.

ein deutsches Fahrzeug. Das beschert den Rüsselsheimern den Titel »Kaiserlichter Hoflieferant für Automobile« und europaweite Berühmtheit. Im Jahr 1902 erzielt Opel mit dem Motorwagen **9/10 PS »System Darracq«** auf der Niederräder Pferderennbahn in Frankfurt den Sieg in der »Leichten Klasse III bis 10 PS«. »Mit einer geradezu unheimlichem Erfolgsserie eilen Opel-Fahrzeuge weiter von Sieg zu Sieg. Immer häufiger stellen sich die Triumphe im benachbarten Ausland ein«, beschreibt das Buch *Opel. Motorsport mit Tradition* auf 335 Seiten.

Der Motorsport steigert nicht nur das Prestige für die eigenen Produkte; vielmehr verbessert es auch deren Zuverlässigkeit. Denn alle Schwierigkeiten diagnostizieren die Opel-Brüder im Detail und finden Lösungen, die in die Produktion der Serienmodelle übertragen werden. Kurz vor dem Ersten Weltkrieg ist Opel einer der führenden Rennställe in Europa und entwickelt eine neue Hightech-Rennwagen-Generation für den »Grand Prix de France«, einem Vorläufer der heutigen Formel-1-Rennen: den Grand Prix Rennwagen (1913). Die Konstruktion ist konsequent auf Leichtbau getrimmt. Das Leergewicht liegt bei 1.000 Kilogramm.

Der großvolumige Vierzylindermotor mit 3.970 cm³ Hubraum leistet 110 PS und verfügt über modernste Motorentechnik: eine obenliegende Nockenwelle mit Königswellenantrieb sowie Vierventiltechnik. Opel ist einer der Pioniere dieser Bauweise. Werksfahrer Carl Jörns hat mit dem Opel Grand-Prix-Rennwagen beim Großen Preis von Frankreich am 4. Juli 1914 immerhin einen spektakulären Auftritt, wenn auch – aufgrund eines Motorschadens – keinen Sieg. Höchstgeschwindigkeit 170 km/h.

Im Jahr 1914 entsteht in den Rüsselsheimer Werkshallen das gewaltigste Fahrzeug der Unternehmensgeschichte. Der 12,3-Liter-Renn- und Rekordwagen basiert technisch auf dem Grand-Prix-Wagen von 1913. Sein Spitzname: »Grünes Monster«.

Die Urgewalt des 260 PS starken Hubraum-Hulks entfesselt Werkspilot Carl Jörns unter anderem bei Strandrennen auf der dänischen Insel Fanø. Was könnte dieses PS-Monster besser charakterisieren als die überlieferte Hassliebe des Fahrers selbst. Er liebt den Boliden natürlich, weil er mit ihm zwischen 1914 und 1926 viele Rennsiege erringen kann. Und er hasst ihn, weil ihm das Ungetüm wiederholt seine Grenzen als Rennfahrer aufzeigt: »Der Wagen muss wohl 250 Stundenkilometer schnell sein, ganz ausfahren konnte ich ihn nie«, bekennt er einige Jahre später.

Die Urgewalt des 260 PS starken Hubraum-Hulks entfesselt Werkspilot Carl Jörns etwa bei Strandrennen auf der Insel Fanö, wo er mehrere Geschwindigkeitsrekorde aufstellt.

Die Opel-Rennbahn »Schönauer Hof« in Rüsselsheim ist Anfang der 1920er Jahre die schnellste Rennstrecke auf dem europäischen Kontinent. Zeitgenössischen Berichten zufolge finden beim »1. Wiesbadener Automobil-Turnier« 1921 zwölf Rennen für Automobile

»GRÜNES MONSTER«: Mit 260 PS im Jahr 1914 eines der schnellsten Autos der Welt.

Der Opel RAK 1 erreicht 100 km/h in acht Sekunden. »Raketen-Fritz« schraubt aber auch Raketen an die Moto500.

und Motorräder über Distanzen bis zu 90 Kilometer statt. Bei den meisten Läufen sind auch Opel-Fahrzeuge mit am Start – und dies meist sehr erfolgreich. Ganz vorne dabei: Fritz von Opel, der Enkel von Firmengründer Adam Opel, sowie Werksfahrer Carl Jörns. Am Lenkrad eines Opel 14 PS fährt Jörns direkt zwei Siege ein, Fritz von Opel überquert einmal vor allen anderen die Ziellinie – dabei erreicht er eine Durchschnittsgeschwindigkeit von 113 km/h.

Adam Opels Enkel Fritz, Sohn von Wilhelm von Opel, liebt die Geschwindigkeit. Er tritt deutschlandweit in zahlreichen Fahrrad-, Motorrad- und Autowettbewerben erfolgreich an. Nach dem Streit der Opel-Motorsportabteilung mit der Obersten Nationalen Sportbehörde (ONS) 1927 beenden die Rüsselheimer ihr Engagement im Rennsport erstmal. Fritz von Opel wendet sich dem Element Wasser zu und kauft den Maybach-Werken das schnellste Motorboot Europas ab. Mit der Kraft zweier Luftschiffmotoren im Heck sind mit ihm Geschwindigkeiten jenseits der 100 km/h möglich. Von Opel gewinnt mit dem auf »Opel II« getauften Rennboot bedeutende Wettbewerbe: Er wird 1927 sensationeller dreifacher Sieger beim Motoboot-Meeting auf der Seine, es folgen Titel auf dem Templiner See, auf dem Starnberger See und auf dem Rhein. Danach widmet er sich Raketen-Experimenten. Für die schnelle Umsetzung eines »Raketen-Motors« holt sich von Opel Friedrich Sander (1885–1938) mit an Bord, in dessen Unternehmen Feststoffraketen für Signalzwecke gefertigt werden. Unter Ausschluss der Öffentlichkeit werden die ersten Prototypen mit Raketenantrieb auf der Opel-Testbahn in Rüsselsheim gestartet. Am 11. April 1928 erreicht der Opel RAK 1 – basierend auf dem Opel 4/12, aber auch schon mit seitlichen Flügeln ausgestattet – mit Opel-Ingenieur und Rennfahrer Kurt Volkhart am Steuer binnen acht Sekunden Tempo 100. Für seinen Antrieb sind im Heck zwölf Sander-Raketen mit rund 40 kg Sprengstoff montiert. Der Beweis für die Verwendbarkeit der Rakete ist erbracht. Nicht zuletzt durch die riesige Resonanz in der Presse ist sich das Team einig, dass die Versuche mit höheren Geschwindigkeiten fortgesetzt werden sollen. Da die Rüsselsheimer Hausstrecke dafür nicht geeignet ist, fällt die Wahl auf die AVUS in Berlin – sie verfügt über zwei lange Geraden.

Der RAK 1 hat ausgedient. Auf dem Chassis eines Opel 10/40 PS konstruieren die Geschwindigkeits-Junkies 1928 den RAK 2: Er ist 4,88 Meter lang, aerodynamisch verfeinert, hat zwei gewaltige seitliche Flügel mit negativem Anstellwinkel, die den errechneten Auftrieb kompensieren. Und verfügt über 24 Feststoffraketen mit insgesamt 120 kg Sprengstoff, die zusammen sechs Tonnen Schub entwickeln. Beibehalten wird die stufenweise elektrische Zündung der Ladungen per Pedal im Fußraum. Motor und Getriebe hat der rund 560 kg schwere Raketen-Bolide nicht.

Erste Prototypen mit Raketenantrieb starten auf der Opel-Testbahn in Rüsselsheim 1928. Für den Antrieb im RAK 1 sorgen zwölf Sander-Raketen mit 40 kg Sprengstoff.

Am 23. Mai 1928 gegen 10 Uhr ist es dann so weit. Der RAK 2 startet auf der AVUS zu seiner Rekordfahrt. Das futuristische Experimental-Fahrzeug jagt mit einem Feuerschweif an den Tribünen vorbei und erreicht schon nach acht Sekunden die 100 km/h-Grenze, wenige Sekunden später überschreitet der Pilot Fritz von Opel die auf der AVUS zulässige Höchstgeschwindigkeit von 170 km/h. Als der tiefschwarz glänzende Wagen mit den großen Opel-Schriftzügen nach knapp drei Minuten zum Stehen kommt, sind die rund 3.000 Zuschauer – darunter Boxer Max

Spektakulärer Triumph im Mai 1928: Der RAK 2 jagt auf der AVUS mit einem Feuerschweif an den Tribünen vorbei.

Mit der Raketen-Draisine Opel RAK 3 erreicht »Raketen-Fritz« am 23. Juni 1928 in Burgwedel mit 256 km/h einen Geschwindigkeitsweltrekord für Schienenfahrzeuge.

Schmeling, Dichter Joachim Ringelnatz, Metropolis-Regisseur Fritz Lang sowie die populären Rennfahrer Hanni Köhler und Carl Jörns – völlig aus dem Häuschen: »Raketen-Fritz« aus Rüsselsheim hat mit 238 km/h einen neuen Geschwindigkeits-Streckenrekord aufgestellt. Ein spektakulärer Triumph! Mehr noch: Von Opel hat vor einer breiten Öffentlichkeit eindrucksvoll bewiesen, dass der Raketenantrieb leistungsfähig und beherrschbar ist. Eine Utopie wird damit Wirklichkeit. Von Opel wird über Nacht zu einer der großen Berühmtheiten der Nation. Opel gilt ab sofort als progressivster und innovativster Autohersteller.

»Raketen-Fritz« im Rückblick: »Ich trete auf das Zündpedal. Hinter mir heult es auf und wirft mich vorwärts. ... Ich trete nochmals, nochmals und es packt mich wie eine Wut zum vierten Mal. Seitwärts verschwindet alles. ... Die Beschleunigung ist ein Rausch. Ich überlege nicht mehr. Die Wirklichkeit verschwindet. Ich handele nur noch im Unterbewusstsein. Hinter mir das Rasen der unbändigen Kräfte.«

Im allgemeinen Freudentaumel kündigt Fritz von Opel weitere Aktivitäten an, die sich nicht nur auf den Erdboden beschränken sollen: »In der fünften Etappe werden wir zu bemannten Raketen übergehen.« Zunächst wird Fritz von Opel anlässlich dieser Aussagen noch belächelt. Seine zahlreichen Kritiker erkennen jedoch bald, dass er seine Ankündigungen sehr ernst meint und das RAK-Programm konsequent weiter vorantreibt.

Mit der Raketen-Draisine Opel RAK 3 erreichen sie am 23. Juni 1928 in Burgwedel mit 256 km/h einen Geschwindigkeitsweltrekord für Schienenfahrzeuge.

Nach Versuchen mit einem Motorrad, der legendären Opel Motoclub, beschäftigen sich Fritz von Opel und sein Team fortan nur noch mit den Möglichkeiten, Flugzeuge mit Raketenkraft anzutreiben. Für seine Vision ist er mit etlichen Institutionen und Unternehmern aus der Luftfahrt im Kontakt, darunter auch dem Fluglehrer Fritz Stamer. Ihm gelingt am 11. Juni 1928 zusammen mit dem Opel-Team konstruierten Flugzeug »Ente« auf der Was-

»Schwarze Witwe«: Den Rennwagen auf Basis des Rekord C pilotieren von 1967 und 1969 Erich Bitter und Niki Lauda.

serkuppe der erste bemannte Raketenflug der Welt. Er dauert 80 Sekunden und erreicht nur geringe Höhe. Von Opel sieht diese Konstruktion als nicht genügend ausbaufähig an und sucht sich andere Partner. Ein von dem Konstrukteur Julius Hatry entwickelter Hochdecker mit Doppel-Leitwerk findet im Juli 1929 das Wohlwollen von Fritz von Opel und seinem Raketeningenieur Friedrich Sander. Mit 16 Feststoffraketen hinter dem Pilotensitz wird das Gerät zur Opel Sander RAK.1.

Am 30. September 1929 um 15:30 Uhr steigt Fritz von Opel auf dem Frankfurter Rebstock-Flughafen mit der Opel Sander RAK.1 in die Luft. Als Antrieb dienen 16 Feststoffraketen mit 22 Kilopond Schub und einer Raketen-Brenndauer von 25 Sekunden. Er erreichte eine Höhe von 20 bis 30 Metern und legte in 80 Sekunden knapp zwei Kilometer zurück. Damit ist der erste öffentliche bemannte Raketenflug der Luftfahrtgeschichte perfekt. Erstmals ist es einem Menschen gelungen, nur mit Raketenkraft zu starten und in einen Steigflug mit anschließendem Streckenflug überzugehen.

Doch auch das ist Fritz von Opel nicht genug. Sein erklärtes Ziel ist die Bewältigung langer Strecken – etwa die Überquerung des Ärmelkanals, die Atlantiküberquerung und als finale Herausforderung die Weltraumfahrt.

Doch 1929 verkaufen die Opel-Erben das Unternehmen an General Motors, noch rechtzeitig vor der Weltwirtschaftskrise. Das Unternehmen steht ab sofort unter der Regie des neuen US-Eigentümers. Die Fortführung der Raketenexperimente ist nicht mehr möglich. Fritz von Opel wandert einige Monate später in die USA aus.

In den frühen 1930er Jahren geht Opel aber erneut bei Motorsportveranstaltungen an den Start. Es ist die Zeit des »Geländesports«, einem Vorläufer der Rallye-Langstreckenwettbewerbe der Nachkriegszeit. Opel beteiligt sich an diesen Marathonprüfungen mit Spezialkonstruktionen, die auf erfolgreichen Serienmodellen wie dem Super 6 basieren.

Nach dem Zweiten Weltkrieg ist Wiederaufbau angesagt. Erst in den 50er und 60er Jahren erreicht Opel wieder große Popularität auf Asphalt- wie auf Schotterpisten, auf Rallyes, Rundstrecken und Bergrennen. Zunächst mit Olympia und Kapitän, später mit Kadett A und Rekord sind es vor allem Privatfahrer, die über Feldwege pflügen und den Slogan »Opel, der Zuverlässige« mit Rallyesiegen unterfüttern.

Ein Meilenstein in der Opel Motorsport-Historie wird der Kadett B Rallye. In den späten 60er Jahren ist er für viele private Sportfahrer die Basis für den Aufbau bezahlbarer Fahrzeuge mit Siegpotenzial. Im Jahr 1968 beginnt Opel werksseitig eine Sportförderung und legt damit den Grundstein für die bis heute gepflegte Philosophie, sich um den Breitensport zu kümmern: Junge Rennsporttalente fördert das Unternehmen über den neu ausgelobten Opel-Sportpokal. Grundlage für die Wettbewerbe sind die sportlichen Ableger der Serienversionen des Kadett B. Das berühmteste Modell dieser Zeit war der Rallye Kadett. Mit dem Motor des »großen Bruders« Rekord Sprint, einer speziellen Hinterachse, Überrollkäfig und Zusatzinstrumenten ausgerüstet, bietet er die perfekte Basis für Motorsport-Einsätze. Einer der Talente, die über diese Fördermaßnahme ihre Karriere beginnen, ist das spätere Rallye-As Anders Kulläng aus Schweden.

In den 50er und 60er Jahren untermauern Privatfahrer auf Olympia, Kapitän, Kadett A und Rekord das Renommee »Opel, der Zuverlässige«.

Der Adam R2 (links) kommt ab der Saison 2013 im ADAC Opel Rallye Cup zum Einsatz. Der Astra läuft 2013 in der VLN und 2016 in der Touring Car Racing Series (rechts).

Jahre der erfolgreichste Rallye-Markenpokal in Europa. Insgesamt sind bis Ende 2018 über 120 Teams aus 19 Nationen am Start dieser erfolgreichen Rallye-Einstiegsplattform. Das hohe Interesse wird vor allem durch die einzigartige Talentförderung generiert: Der jeweilige Gewinner des ADAC Opel Rallye Cups erhält ein Werkscockpit in der FIA Rallye Junior Europameisterschaft im ADAC Opel Rallye Junior Team. Einsatzfahrzeug in der Europameisterschaft ist der für die Saison 2014 neu entwickelte Adam R2.

Mit Auslauf der Serienproduktion des Adam endet auch die sportliche Karriere des erfolgreichsten Rallye-Fahrzeugs seiner Klasse.

ASTRA IN DER VLN

Als technische Basis für das Engagement auf der Rundstrecke fungiert der neue Astra OPC, den Opel ab der Saison 2013 in einer Rennversion für den Kundensport anbietet. Die Cup-Fahrzeuge sind technisch auf die VLN-Langstreckenmeisterschaft Nürburgring zugeschnitten – der populärsten Breitensport-Rennserie Europas – und fahren dort in einer eigenen Klasse ebenfalls einen Markenpokal (Astra OPC Cup) untereinander aus. Unter der Kohlefaser-Motorhaube des Opel Astra OPC arbeitet ein 320 PS starker Vierzylinder-Turbomotor. Das auf dem Serienaggregat basierende Zweiliter-Triebwerk leistet im Renntrimm 20 PS mehr als die OPC-Straßenversion. Außerdem trägt der Kompaktsportler nun einen Überrollkäfig, einen Schalensitz samt Sechs-Punkt-Gurten und ein einstellbares Rennfahrwerk sowie eine größer dimensionierte Bremsanlage. Dank leergeräumtem Innenraum und verschiedenen Carbon-Teilen wiegt die Rennversion mit 1.280 Kilogramm rund 270 weniger als das Straßenmodell. »Schon mit dem Serienauto haben wir auf der Nordschleife einen 10.000-Kilometer-Endurance-Test absolviert. Dabei sind wir 532 Runden in neun Tagen gefahren«, sagt Volker Strycek, Director Performance Cars und Motorsport von Opel. Der ehemalige DTM-Meister von 1984 war nicht nur für die Entwicklung des Straßenmodells, sondern auch für die Entwicklung des Rennwagens verantwortlich. Auch der Renn-Astra absolvierte in Vorbereitung auf die erste Saison über 7.000 Testkilometer.

VLN-Piloten sind Samstagsfahrer. Zehn Mal im Jahr trifft sich die Langstrecken-Szene jeweils am Samstag. Der Rennkalender besteht aus neun Vier-Stunden-Rennen und einem Sechs-Stunden-Marathon. Saisonhöhepunkt ist die Teilnahme am 24-Stunden-Rennen auf dem Nürburgring. Der Astra OPC Cup geht 2016 in seine vierte Saison, allerdings nicht mehr mit voller Unterstützung seitens des Konzerns. Umgesetzt wird er ab 2016 noch für zwei weitere Jahre über Kissling Motorsport in einer privaten Initiative.

ASTRA IN DER TOURING CAR RACING SERIES

Auf dem Genfer Automobilsalon im März 2016 präsentiert Opel die Rennversion der Astra-Familie – den neuen Astra TCR. Befeuert von einem bärenstarken Zweiliter-Turbo mit 330 PS und 420 Newtonmeter Drehmoment ist er der neue Herausforderer in der Touring Car Racing Series 2016. Der Astra TCR soll der langen Motorsport-Tradition von Opel ein neues Kapitel hinzufügen.

Das Engagement wird vor Start der Saison 2019 offiziell beendet. Eingesetzt wird der Astra TCR aber heute noch erfolgreich von Privat-Teams. Berühmteste Fahrerbesetzung sind die Stellantis-Granden Carlos Tavarez, Jean-Marc Finot, Jean-Philippe Imperato und Francois Wales, die etwa 2023 das 24-Stunden-Rennen am Nürburgring mit dem Opel-Renntourenwagen bestreiten.

2019 gibt es kein offizielles Motorsport-Engagement von Opel. Die Zeit wird genutzt, um 2020 den Vorhang für etwas ganz Neues

Der Corsa Electric leistet im Renn-Trimm 100 kW/136 PS und glänzt im ADAC Opel Electric Rally Cup »powered by GSe«

zu öffnen: Als erster Hersteller weltweit bietet Opel einen batterie-elektrischen Rallyewagen für den Kundensport an. Der E-Renner feiert auf der Internationalen Automobil-Ausstellung in Frankfurt im September 2020 seine Weltpremiere und basiert auf dem zu dem Zeitpunkt schon bestellbaren Opel Corsa-e. 2021 startet dann der ADAC Opel e-Rally Cup – weltweit der erste Rallye-Markenpokal für Elektrofahrzeuge.

Mit der neuen Rennserie setzen Opel und der ADAC ihre erfolgreiche Partnerschaft im Einstiegsbereich für junge Rallye-Talente fort. Der Corsa-e löst den Adam auf der Rallyepiste ab. Der neue Renner leistet 100 kW/136 PS bei einem maximalen Drehmoment von 260 Newtonmeter aus dem Stand. ADAC-Sportpräsident Hermann Tomczyk: »Wir bringen mit dem ADAC Opel e Rally Cup Elektroantriebe jetzt erstmals in den Breitensport und vor allem in die Nachwuchsförderung.« Für Top-Talente bietet die Eingliederung von Opel in die Groupe PSA zudem weitere Möglichkeiten: Die Schwestermarke Peugeot setzt leistungsstarke Fahrzeuge nach R5-Reglement ein – und Citroën sogar World Rally Cars in der WM. Beste Aufstiegschancen in den internationalen Rallye-Spitzensport.

Zwei Saisons läuft der ADAC Opel e Rally Cup erfolgreich, dann startet der weltweit erste elektrische Rallye-Markenpokal mit einem neuen Namen durch und wird noch internationaler: ADAC Opel Electric Rally Cup »powered by GSe«. Der Name der neuen sportlichen Submarke GSe (Grand Sport electric) findet sich damit auch im Titel der elektrischen Rennserie wieder. Insgesamt acht Veranstaltungen in vier Ländern (Deutschland, Frankreich, Österreich, Schweiz) stehen auf dem Programm.

»Opel und der ADAC haben gemeinsam den weltweit ersten elektrischen Rallye-Markenpokal ins Leben gerufen. Dieser Pioniergeist hat ein starkes und wichtiges Zeichen im internationalen Rallyesport gesetzt. Die innovative Rennserie werden wir gemeinsam fortsetzen und weiterentwickeln – passend zu unseren sportlichen GSe-Spitzenmodellen und unserer Strategie, in Europa bis 2028 zur vollelektrischen Marke zu werden«, sagt Opel CEO Florian Huettl. »Das innovative Konzept des ADAC Opel Electric Rally Cup ist ein Musterbeispiel dafür, wie man Nachwuchsarbeit und elektrischen Motorsport erfolgreich kombiniert. Der ADAC ist Vorreiter für mehr Nachhaltigkeit im Motorsport, und mit der vorzeitigen Verlängerung unserer Kooperation mit Opel setzen wir ein starkes Zeichen für elektrisierenden Rallyesport«, ergänzt ADAC Sportpräsident Dr. Gerd Ennser. Zudem verlängern Opel und der ADAC ihren Vertrag über die Austragung des elektrischen Markenpokals vorzeitig bis 2024.

»Opel und den ADAC verbindet eine gemeinsame Philosophie und Strategie«, resümiert Opel Motorsport-Chef Jörg Schrott. »Rund 120 Fahrer aus 19 Nationen haben seit der Saison 2013 in den Rallye-Markenpokalen von ADAC und Opel ihre ersten Schritte im professionellen Rallyesport getan. Die Besten von ihnen haben den Aufstieg ins ADAC Opel Rally Junior Team geschafft und auf europäischer Ebene für Furore gesorgt.« Fünf JERC-Fahrertitel durch Emil Bergkvist, Marijan Griebel, Chris Ingram, Mārtiņš Sesks und Laurent Pellier sprechen tatsächlich für sich. ///

Opel und der ADAC haben gemeinsam den weltweit ersten elektrischen Rallye-Markenpokal ins Leben gerufen. Seit 2023 trägt der ADAC Opel Electric Rally Cup den Beinamen »powered by GSe«.

ZEICHEN DER ZEIT

1870 1888 1899 1904 1909

DIE EVOLUTIONSGESCHICHTE EINES LEGENDÄREN SYMBOLS

Der Firmenname bleibt vom ersten Tag an der gleiche, das Markenzeichen indes ändert sich in den ersten Jahrzehnten manchmal jedes Jahr. Die ersten Nähmaschinen von Adam Opel weisen noch kein Markenzeichen auf. Nach einigen Jahren stellt der Rüsselsheimer Unternehmer seine Initialen in den gusseisernen Seitenteilen der Untergestelle zur Schau. Das erste Firmen-Emblem führt er 1870 ein. Seine Initialen – das »A« und »O« – stehen im Mittelpunkt.

Ab 1887 produziert Adam Opel zusätzlich Fahrräder. Die Räder schmücken verschiedenste vernickelte Messingplaketten. Ab 1889 taucht bei verschiedenen Modellen der Begriff Blitz auf, teilweise kombiniert mit Namen wie dem Heiligen Hubertus oder der römischen Siegesgöttin Victoria.

Vier Jahre nach dem Tod des Firmengründers Adam Opel im Jahr 1899 steigen Sophie Opel und ihre Söhne in die Automobilproduktion ein. Zunächst mit der Übernahme der Anhaltischen Motorwagenfabrik von Friedrich Lutzmann, der seine Konstruktionen seitlich mit einem stattlichen polierten Wappenschild schmückt. Nach der Trennung von Lutzmann werden die Opel-Modelle ab 1902 mit einem kleineren Messingsignet versehen. Dessen Form nimmt die Optik des »Opel Auge« vorweg.

Eine »kreative Phase« in der Marken-Kennzeichnung setzt gegen 1904 ein – und zwar in der Werbung, auf den Kühlermasken der Autos sowie den Tanks der Motorräder, die Opel zwischen 1901 und 1907 verkauft. Die Rüsselsheimer experimentieren hauptsächlich mit dem Schriftzug »Opel« – als Zierelement. Den Grafikern kommen die Kürze und Prägnanz des Namens sehr entgegen.

Ab 1909 wird das »Opel Auge« zum erfolgreichen Markenzeichen. Es basiert auf dem eigenhändigen Entwurf des Großherzogs Ernst Ludwig von Hessen während einer Unterredung mit Wilhelm Opel in Darmstadt. In seiner Grundform bleibt es bis 1935 das offizielle Opel-Zeichen. Die letzten Versionen finden sich an den Kühlergrills der Modelle P4, Olympia und 2 Liter sowie in Werbematerial der späten 30er Jahre. Das berühmteste aller Opel-Motorräder, die Motoclub von 1928, trägt ebenfalls das »Opel Auge«. Es prangt in Emaille – in weiß/gold auf feuerrotem Kreis – an beiden Seiten der Vorderradgabel. Auch dient es viele Jahre lang zur Kennzeichnung der Opel-Fahrräder.

Seit 1934 ziert ein stilisierter Zeppelin als Kühlerfigur die Opel-Fahrzeuge. Das einstige Sinnbild menschlicher Innovationskraft und technischen Fortschritts stellen die Opel-Verantwortlichen in ein Rad, das Symbol der menschlichen Fortbewegung auf der Erde. Die Signets erscheinen in zahlreichen Variationen auf Kühlergrills, Lenkradnaben, Radkappen und Heckdeckeln sowie in der Werbung, meist nach links weisend und in den 50ern stets mit Rückenflosse. Ende 1963

1964 1970 1987 2002 2007

1910 1930 1936 1951 1963

dann wird aus dem zuletzt abstrakten Zeppelin ein Blitz.

Das ovale Zeichen dient in den 50er und 60er Jahren offiziell als Unternehmens-Identifikation des Hauses Opel und seiner »Service-Stationen«. Die Urform des Zeichens wird 1937 parallel zum Zeppelin-Symbol entwickelt. Auch die zwischen 1949 und 1959 von Opel hergestellten »Frigidaire«-Kühlschränke tragen das gelb-weiße Oval. Nach der Einführung einer neuen Corporate Identity im Jahr 1970 verschwindet das »Opel Ei« nach und nach aus der Öffentlichkeit.

Und woher kommt der Name Blitz? Das heute weltbekannte Markenzeichen hat seine Ursprünge namentlich von den frühen Opel-Fahrrädern. Grafisch geht es dagegen auf den Lkw von 1930 zurück: Opel sucht in dem Jahr für den neuen Schnelllastwagen per Preisausschreiben einen griffigen Namen mit fünf Buchstaben. »Blitz« gewinnt. Für das entsprechende Logo wird zum ersten Mal das typisch gezackte Symbol arrangiert; zunächst im »Opel Auge«.

Alle ab Herbst 1963 ausgelieferten Automobile tragen den neuen Blitz im Kreis. Teilweise leicht variiert, aber immer mit dem Ziel eines einheitlichen Markenauftritts im Blick. Ab 1970 werden klare Gestaltungsrichtlinien für alle Unternehmensbereiche festgelegt. In der Werbung, für Drucksachen, Schilder und Kennzeichnungen wird der Blitz mit dem Schriftzug kombiniert und von einem Quadrat umrahmt. In dieser Form kennzeichnet das Logo auch die Händlerbetriebe im In- und Ausland. Im Jahr 1987 wird das Corporate Design zum ersten Mal überarbeitet: das Gelb wird ebenso reduziert wie der Einsatz des Quadrats.

Im neuen Jahrtausend kommt der Blitz in 3D-Optik daher. 2009 wandert die Wortmarke in den oberen Teil des Blitzes. Ab 2016 schmückt die Opel-Neuheiten ein verschlankter Chrom-Blitz. Seit Sommer 2017 im modernen Flat Design gestaltet. Ende 2020 erfolgt eine erneute Schärfung, die den Schriftzug optisch prominent in Szene setzt.

Schon im Sommer 2023 zündet Opel die nächste Evolutionsstufe. Der neue Blitz wird vom Design-Team geschärft und hochwertiger gestaltet. »Das ist ein progressiver, moderner Look, der unser Selbstbewusstsein und die ganz eigene Energie von Opel ausdrückt«, sagt Marketing-Chefin Rebecca Reinermann. »In der digitalen Welt, aber auch in der neuen Opel Corporate Identity beim Handel kommt er jetzt noch besser zur Geltung und zeigt, wofür wir heute und in Zukunft stehen.« Seine Weltpremiere feiert der neue Blitz auf der IAA 2023 in München – auf dem Konzeptmodell Opel Experimental. Und ab der zweiten Hälfte des Jahres 2024 werden nach und nach alle neuen Opel das Logo tragen. ///

2009 2016 2017 2020 2023

CARS & STARS

Opel Cars und Stars, das gehört zusammen wie Salz und Tequila, wie Manta B und Tina Ruland, die »Uschi« aus dem Kinofilm. Schon Schauspielerin Hildegard Knef posiert 1951 am Olympia. Zu den prominenten Kunden zählen die populärsten Sportler Deutschlands wie Max Schmeling, Boxweltmeister im Schwergewicht von 1932. Steffi Graf räkelt sich in den 80ern auf der Motorhaube eines Corsa A, Franzi van Almsick taucht 1995 in einer TV-Werbung im Tigra durch eine verstopfte Kreuzung. In den 90er Jahren arbeitet Opel mit FC Bayern München, Paris Saint Germain, AC Milan, Juventus Turin und den Managern und Spielern zusammen; im vergangenen Jahrzehnt auch mit Mainz 05, Bayer 04 Leverkusen, SC Freiburg oder etwa Borussia Dortmund. Rennfahrer-Legende Walter Röhrl hat neben mehreren Porsche auch einen Opel GT in der Garage, ebenso wie Schauspieler Ken Duken und Fußballtrainer-Ikone Jürgen Klopp.

DER MANN IN DEN BERGEN

Er ist der wahrscheinlich bekannteste Bergsteiger der Welt, Legende, Abenteurer, Naturschützer, Buchautor und mittlerweise 79 Jahre alt: Reinhold Messner. Alle 14 Achttausender auf diesem Erdball hat er bestiegen. Den Nanga Parbat als erster Mensch im Alleingang. Ohne Flaschensauerstoff. Die Wüste Gobi ist er ebenso durchwandert wie Grönland und die Antarktis. Seit 1989 als offizieller Partner an seiner Seite: Opel.

Bereits in den 1980er Jahren besaß er einen Omega 3000 und einen allradgetriebenen Vectra 2000. In den 90er Jahren war er Botschafter für den Corsa und fuhr unter anderem einen Monterey. Für seine Leistungen und für den Einsatz bei einer Nordpolexpedition entwickelten Opel-Ingenieure aus Rüsselsheim zudem einen speziellen Schlitten. Und 2014 durchquerte er gemeinsam mit seinem Sherpa in einer augenzwinkernden Aktion in einem Werbespot die Weiten des Vivaro.

»Der Vivaro überzeugt mich schon seit Jahren durch seine Verlässlichkeit. Er ist für mich ein ideales Transportmittel, insbesondere wenn es um meine Museen geht«, sagt Messner, der mit seiner Ehefrau Diane Schumacher sechs »Messner Mountain Museen« betreibt. Der Wille zum Erfolg und das Engagement für die Umwelt verbinden den Sportler und die Marke. Konsequenterweise begeistert sich Messner seit Jahren vor allem für die emissionsarmen und -freien Modelle von Opel. Dies begann mit dem Elektropionier Ampera und führt ihn nun zum Grandland Hybrid und elektrischen Transportern mit dem Blitz. »Dass sich diese Wege jetzt mit dem Vivaro-e auch vollkommen emissionsfrei und mit Rücksicht auf die Tierwelt in den Bergen richtig leise zurücklegen lassen, begeistert mich.« ///

Opel zeigt Haltung, Kloppo sein schönstes Lächeln – zuletzt in einer Social-Media-Kampagne für den ADAC Opel Electric Rally Cup »powered by GSe«.

Kloppo an Insignia : Der zweifache FIFA »Welttrainer des Jahres« hat für das Opel-Flaggschiff aus Rüsselsheimer Produktion seinen Porsche 911-Leasingvertrag vorzeitig gekündigt.

Stippvisite vor dem Design-Center in Rüsselsheim im Juli 2021: »Kloppo« lässt es sich nicht nehmen, direkt eine Runde mit der Restomod-Variante des Manta GSe zu drehen. Sein Urteil nach der ersten Ausfahrt: »Weltklasse!«

THE NORMAL ONE

Rolls Royce Wraith, Bentley Continental GT, Lamborghini Urus, Porsche Cayenne Turbo … Die Spieler des FC Liverpool cruisen in den teuersten Luxuskarossen zum Trainingsgelände und demonstrieren ihren Reichtum und Status. Und ihr Trainer Jürgen Klopp? Der fährt entspannt in einem schwarzen Insignia Sports Tourer vor – so wie in der TV-Werbung für seinen langjährigen Automobil-Partner. Gefilmt von einem Fan. Das Video geht viral und »Kloppo« erntet weltweit Applaus. Er ist einfach »The Normal One«.

So stellt sich Jürgen Klopp schon im Oktober 2015 beim FC Liverpool als neuer Coach der »Reds« vor – im scharfen Kontrast zu seinem portugiesischen Rivalen José Mourinho, dem selbsternannten »Special One«. Trotz seines achtstelligen Jahressalärs verkörpert Kloppo wie kein Zweiter seiner Zunft das Image des Bodenständigen, des »Pöhlers« – wie man im Ruhrpott Straßenkicker nennt.

Wie auf den Leib geschneidert passt so im Sommer 2013 auch der Werbespot für Opel zu seinem Dienstwagen Insignia. Die Handlung: Jürgen Klopp ist im Flieger unterwegs und verliert seinen Autoschlüssel. Die Flugbegleiterin findet ihn, schaut auf das Logo und fragt wie selbstverständlich in der Economy Class nach dem Eigentümer. Doch niemand vermisst dort den Autoschlüssel. Stattdessen kommt Jürgen Klopp aus der Business Class: »Das ist meiner!« Woraufhin sich die Stewardess verlegen entschuldigt: »Oh, ich hatte ja keine Ahnung.« Und der Meistertrainer kontert: »Haben die wenigsten. Bis sie ihn fahren.« Kreiert haben den Spot FM Schmidt, CEO der Werbeagentur Scholz & Friends, und Team, in der Ära von Marketingchefin Tina Müller. In den folgenden zehn Jahren agiert Kloppo in mehr als 20 TV-Spots für den Rüsselsheimer Hersteller – darunter auch in der höchst erfolgreichen »Umparken im Kopf«-Kampagne. Er sorgt für Aufmerksamkeit bei Kunden und motiviert auf Veranstaltungen Händler und Mitarbeiter der Marke.

Die Zusammenarbeit ist mehr als ein reiner Werbedeal: Kurz nachdem er im Jahr 2012 zum Opel-Markenbotschafter wird, kündigt er vorzeitig den Leasingvertrag für seinen Porsche 911. Sogar seine Söhne fahren – ohne Opel-Vertrag – Modelle wie den Grandland, Mokka oder Corsa. Und seinen ersten und bislang einzigen Oldtimer bekommt er von seiner Frau Ulla zum 50. Geburtstag geschenkt: einen Opel GT gleichen Alters. In Rot – so wie die Vereinsfarbe der Reds aus Liverpool und der Nullfünfer aus Mainz, seiner ersten Trainerstation. Den 1. FSV Mainz 05 bringt er als Trainer erstmals in die Bundesliga. Und den einstigen Opel-Fußball-Partner Borussia Dortmund führt er 2011 und 2012 zur Deutschen Meisterschaft, 2012 gelingt sogar das Double nach einem Sieg gegen die Bayern beim DFB-Pokalfinale in Berlin. Mit seinem aktuellen Verein FC Liverpool gewinnt er 2019 die UEFA Champions League und 2020 den Titel in der englischen Premier League. Zwei Titel für die Ewigkeit, die ihn schon heute zur Club-Legende machen.

Auf die in der Branche ungewöhnlich lange Partnerschaft schauen Opel und der zweifache FIFA »Welttrainer des Jahres« mit Stolz. Frank Feldmann, CEO der Frankfurter Sportmarketing-Agentur, die seinen Nachnamen trägt und seit 12 Jahren Opel betreut, resümiert: »Jürgen steht als Persönlichkeit für die Markenwerte von Opel: Er ist nahbar, geradeheraus, man kann sich auf ihn verlassen. Und auch der Fußball, den seine Teams spielen, passt zum ›neuen Opel‹: Dynamisch, klar und mutig.« ///

Jockel Winkelhock, Jahrgang 1960, kam vor 23 Jahren als frisch gebackener Le Mans-Sieger zu Opel. Im 460 PS starken Opel-Astra V8 Coupé trat Joachim Winkelhock in der neu gestarteten DTM (Deutsche Tourenwagen Masters) an. Und der blitzschnelle Schwabe ist bei den Rüsselsheimern geblieben: vier Jahre als Rennfahrer und seit zwei Jahrzehnten als Botschafter der Marke. Heute findet der Grandland-Fahrer großen Gefallen daran, die Schätze von Opel Classic auf Oldtimer-Rallyes schwungvoll zu bewegen. Der 1971er Kadett B 1900 Rallye von Werksfahrer Anders Kulläng bereitet ihm besonderes Vergnügen. »Dieser Rallye-Kadett hat Opel im Breitensport richtig populär gemacht und ist damit quasi ein Vorfahre des Corsa-e Rally.«

Jorge Gonzalez, geboren 1967 in Sancti Spiritus, Kuba, ist Choreograf, Model, erfolgreicher Unternehmer und Jurymitglied der TV-Show *Let's Dance*, er ist bekannt aus *Germany's Next Topmodel* und seit mehr als einem Jahrzehnt Freund der Marke Opel. In seinem Wahlwohnort Hamburg ist er schon Mokka gefahren, aber auch Adam, Insignia und zuletzt Grandland GSe. »Mr. High-Heels« betont: »Ich fahre Opel mit Stolz. Die Autos haben eine Seele. Opel ist von Menschen für Menschen gemacht.«

Simon Tress, Baujahr 1983, setzt auf Nachhaltigkeit und den Grandland Hybrid und Corsa Electric. Der mit dem Grünen Michelin Stern ausgezeichnete Star-Gastronom bietet seit 2020 in seinem Restaurant »1950«, dem weltweit ersten Demeter- und Bioland-Fine Dining Restaurant, exklusiv ein CO_2 Menü an, bei dem jede Zutat aufgelistet und ihre Entfernung von der Herkunft bis zum Kochtopf ermittelt wird. »In unseren vier Restaurants und unserer Bio-Convenience Marke ›Tressbrüder‹ legen meine Familie und ich zudem großen Wert auf konsequente Abfallvermeidung, regionale Bio-Zutaten und kurze Transportwege. Viele Fahrstrecken kann ich jetzt mit meinem elektrischen Opel emissionsfrei abspulen«, freut sich der TV-Koch, der auch als Buchautor und Hotelier erfolgreich ist.

Detlev Buck, Baujahr 1962, ist Landwirt und Schauspieler. Als Regisseur drehte er erfolgreich Kinderfilme (*Hände weg von Mississippi*), Literaturadaptionen (*Die Vermessung der Welt*), Sozialdramen (*Same Same But Different*) oder zuletzt gleich vier »Bibi und Tina«-Teeniefilme. Dazu kommen etliche Musikvideos und Werbeclips. Buck ist seit mehr als einem Jahrzehnt Opel-Fahrer, darunter Ampera, Cascada, zuletzt Grandland Hybrid, auf Oldtimer-Rallyes aber auch schon mal Ascona. An die Opelaner gerichtet sagt Buck: »Die Opel-Geschichte schreibt sich fort, aber Geschichten müssen immer auch identisch bleiben. Und ihr bei Opel bewahrt euch eure Identität. Weiter so!«

Tim Wilde, Jahrgang 1966, macht in Stralsund eine Lehre zum Heizungsmonteur und versucht sich als Taucher bei der DDR-Volksmarine. Nach dem Fall des Eisernen Vorhangs 1989 arbeitet er als Altenpfleger, Platzwart, Barkeeper und Werbezettelverteiler. Nach einer Schauspielausbildung spielt der Vater eines Sohnes in Produktionen wie *Die wilden Kerle, Ossi's Eleven* und *(T)Raumschiff Surprise, Periode 1.* Es folgen Auftritte im Hamburger *Tatort*. In der ARD-Vorabendserie *WaPo Bodensee* spielt er eine Hauptrolle und fährt auch in seiner Rolle Insignia und einen Diplomat V8 von 1972. Der erste »Westwagen« des Hobby-Boxers war ein Ascona, Baujahr 1978. Privat fährt »der deutsche Al Pacino« zuletzt Grandland. »Ich stehe auf Opel, weil die Marke so ist wie ich. Kämpferisch, dabei auch selbstironisch und mit Understatement unterwegs.«

Tina Ruland, Jahrgang 1966, feiert 1991 in der Action-Komödie *Manta Manta* ihren Durchbruch als Schauspielerin. »Im Grunde hat mich der Film mein ganzes Leben lang begleitet. Bei seiner Ausstrahlung im Fernsehen schalteten fast 11,5 Millionen Zuschauern ein – damit ist er bis heute der erfolgreichste Film, der je im Privatfernsehen gelaufen ist.« Bekannt ist Ruland auch aus Fernsehfilmen und Serien wie *Traumschiff, Traumhotel, Soko, Tatort* und *Großstadtrevier*. 2023 kehrt »Uschi« als Hauptdarstellerin auf die Kinoleinwand zurück – mit *Manta Manta – Zwoter Teil*. Im Film wie im echten Leben fährt sie einen Opel Mokka Electric. »Auf längeren Strecken zum nächsten Dreh kann ich ganz entspannt cruisen. Und dank Rekuperation beim Bremsen oder Ausrollen sehe ich im Display, wie das Auto sogar Energie zurückgewinnt. Das ist lässig und effizient – so soll es sein, wenn man in ein Auto steigt«, so Ruland. »Das ist verantwortungsbewusste Mobilität, die Spaß macht.«

Timur Uelker, geboren 1989 in Hamburg, bekannt aus *Gute Zeiten, schlechte Zeiten* und *Let's Dance,* ist quasi im Opel erwachsen geworden. »Mein bester Freund hatte einen schwarzen Astra. Darin waren wir ständig auf Tour.« Warum er die Marke mag? »Ihr baut Autos, die cool sind, die sportlich fahren und geil aussehen. Die sich junge Leute aber noch leisten können.« Heute fährt der Sänger und Influencer Grandland. »Vollausstattung mit 300 PS und e-Allradantrieb. Den Rocks e-xtreme (Foto) würde ich aber auch sofort nehmen.«

Collien Ulmen-Fernandes, geboren 1981, ist nicht nur im Opel aufgewachsen. (»Mein Papa ist sein Leben lang nur Opel gefahren.«) Ihr Insignia hat ihr vor einigen Jahren sogar das Leben gerettet. »Plötzlich gab es einen Knall, es wurde auf einen Schlag stockdunkel, ein Baum krachte auf mein Auto«, erinnert sich die Schauspielerin. »Eine Woche später hätte ich in einem Cascada gesessen und wäre sicher nicht unverletzt davongekommen.« Der Marke mit dem Blitz hält sie seit einer Dekade die Treue. »Ich habe auch bei jedem Dreh meinen Opel dabei. Damit bin ich selbstständig. Mein schwarzer Insignia Sports Tourer gibt mir ein Wohlfühlgefühl«, schwärmt die erfolgreiche Moderatorin bei einer Testfahrt des neuen Astra Electric in Berlin.

GEHT INS OHR

Der Liedermacher Reinhard Mey ist bekann für »Über den Wolken«, »Freunde«, »Gut Nacht« – und – nicht nur unter Opel-Fans für den Song »51er Kapitän«. Die Ballade au dem Jahr 1994 handelt von dem gemeinsa men Traum von Vater und Sohn, eines Tages i einem schneeweißen Kapitän – dem Inbegrif des Luxus – vorzufahren, wozu es aber ni kommt, weil der Senior sich den Kapitän nich leisten kann und stirbt. Das Lied endet mi der Zeile: »Aber wenn es einen Himmel geben sollte, dann werd' ich ihn endlich sehn: Den dann holt mein Alter Herr mich ab in eine schneeweißen 51er Kapitän!« Das ist aber nu ein Beispiel für ein Modell mit dem Blitz, da Musiker inspiriert.

Herbert Grönemeyer besingt schon 198 seinen Kadett (»Ich träum' vom Opel Kadett Nur schlicht als Coupé. Den ich dann selbs ausstatten darf. Frei nach eigener Idee«).

Die Toten Hosen setzen 1987 der »Ope Gang« ein punkiges Denkmal (»Wir sind di Jungs von der Opel Gang. Wir haben all abgehängt«). All das läuft völlig unabhängi vom Hersteller.

Auch in der Werbung setzt Opel de richtigen Ton: 1989 verkauft der Herstelle als Erster nur noch Autos mit geregelte Katalysator und Louis Armstrong singt daz in der Werbung »What A Wonderful World« Es scheint die Begleitmusik einer endlose Erfolgsgeschichte zu sein. Auch das Gitarren riff aus Eric Claptons/Derek & The Domino Rocksong »Layla« wird als Jingle in Opel Werbespots zum Ohrwurm.

Harry Belafontes Welthit »Matilda« is nie in der Opel-Werbung gelaufen. Der Ohr wurm hat Schauspieler, Musiker und Ope Grandland-Fahrer Pasquale Aleardi zu eine Cover-Version angeregt, die die Herzen vo Fans der Marke höherschlagen lässt: »Zafi ra – we all trust the new Zafira, Opel Zafira« schmettert er mit seinen Band-Kollegen zu karibischen Hit aus den 60er Jahren. Zu sehe ist das mit dem Smartphone gefilmte Stüc auf dem Instagram-Kanal seiner Band »Pas quale Aleardi und die Phonauten«.

»Boom, das' das Tape für den Insignia, Weil das hier stets die erste Liebe war (...) In jedem Takt is' Präzision, Hoffnung für Hessen, das Flaggschiff der Region sorgt für offene Fressen.«

ES GIBT NUR EIN' MOSES PELHAM

Moses Pelham (Baujahr 1971) ist der »Vater des Deutschrap«. Der Musikproduzent, Autor und Label-Chef hat in den vergangenen Jahrzehnten die deutschsprachige Musiklandschaft entscheidend mitgeprägt. Mehr als zehn Millionen Tonträger hat er allein über sein Label 3p verkauft. Er ist der einzige Rapper weltweit, der über fünf Dekaden in den offiziellen Deutschen Charts vertreten war. Ihm wurden 29 Edelmetallauszeichnungen verliehen. Ausgezeichnet wurde er zudem mit dem Echo, der Goldenen Kamera und der Goethe-Plakette der Stadt Frankfurt. Bei den Opel-Fans hat er sich allerspätestens mit dem Track »Insignia« ins Herz gerappt. Erschienen ist er auf seinem siebten Solo-Album »Nostalgie Tape« im Sommer 2021.

Schon im Clip zu »Notaufnahme« aus dem Album »Emuna« fährt er in der Limousine aus Rüsselsheim vor. Ihre Qualitäten weiß er zu schätzen, schließlich cruist er seit Anfang 2018 im Insignia GSi durch Frankfurt. »Als Künstler versuche ich stets, Herz und Verstand in Einklang zu bringen, und strebe danach, meine Werke bis ins Detail zu perfektionieren. Und genau das tut auch der Insignia GSi«, sagt Pelham. »Wichtig ist mir auch, dass der Insignia bis auf das Lenkrad aus veganen Materialien besteht«, erklärt der Musiker, der seit mehr als zwei Jahrzehnten fleischfrei lebt, sich für PETA und gegen Tierquälerei engagiert und jüngst sein erstes veganes Kochbuch veröffentlicht hat.

Im Musikvideo zum Song »Wunder« durchquert der Gründer des Lifestyle-Labels »From Frankfurt with Love« im SUV Grandland eine karge, staubige Wüstenlandschaft, um zum Wasser zu gelangen. Auf Touren nutzt er gerne die Transporter Vivaro und Movano. »Denn wir müssen immer sicher sein, dass alles pünktlich zu Probe, Soundcheck und Show an Ort und Stelle ist.« Und das jetzt schon seit mehr als 30 Jahren: 2021 feierte 3p stolzes Jubiläum. Zwischenzeitlich hat der Gründer des Rödelheim Hartreim Projekt Größen wie Xavier Naidoo, Glashaus, Sabrina Setlur, Cassandra Steen oder etwa Azad rausgebracht. Seine Begabung hat er in die Wiege gelegt bekommen. Sein Vater Moses Pelham Senior war Bluesmusiker.

Einen Gastauftritt hat der Frankfurter Bub 2019 auch in einem Kurzfilm anlässlich des 120-jährigen Jubiläums der Opel-Automobilproduktion. Moses Pelham: »Ich mag die Marke einfach. Nicht zuletzt ist Opel der einzige hessische Automobilhersteller überhaupt.«

GG·DC500

1947

2023

WIEDERAUFBAU

Im Spätherbst 1947 rollt mit dem Olympia der erste Serien-Opel nach dem Wiederaufbau des Werks in Rüsselsheim vom Band. Im Oktober 1948 folgt der Kapitän.

Die repräsentative viertürige Limousine unterscheidet sich nur in wenigen Details vom Vorkriegs-Kapitän: Die Hauptscheinwerfer sind jetzt rund, die Heckleuchten haben eine andere Form, Federung und Dämpfung sind etwas straffer abgestimmt. Stoßstangen, Zierleisten und Radkappen sind verchromt. Die zweitürige Limousine und das Cabriolet sind allerdings nicht mehr im Programm.

Für genügend Leistung sorgt der bekannte, auch im Blitz verwendete 2,5-Liter-Reihen-Sechszylindermotor mit 55 PS. Im Zuge des wirtschaftlichen Aufschwungs in Deutschland baut Opel 12.936 Kapitän-Modelle zwischen 1948 und 1950.

1950 lässt Opel dem Kapitän einige Verbesserungen angedeihen – wie die neu eingeführte Lenkradschaltung, ein neues Armaturenbrett und neues Design der Innenverkleidungen und Polsterstoffe. Von dieser Version entstehen zwischen Mail 1950 und Februar 1951 rund 17.500 Einheiten. ///

Die repräsentative Limousine unterscheidet sich nur in wenigen Details vom Vorkriegs-Kapitän.

Bauzeit 1948–1950
Stückzahl 12.936 (1948er) und 17.500 (1950er)
Motor Sechszylinder, 2.473 cm³ Hubraum, 55 PS
Höchstgeschwindigkeit 126 km/h
Einstiegspreis 9.950 Mark

STRASSENKREUZER

Einen großen Sprung nach vorn macht der Kapitän von 1951. Die Wirtschaftswunderzeit nimmt Fahrt auf, Autos mausern sich vom reinen Fortbewegungsmittel zu Statussymbolen – und das demonstriert sich im Design. Die repräsentative, gestreckte Karosserie im amerikanischen Stil geizt nicht mit opulenten Rundungen. Die noble Top-Limousine bietet bis zu sechs Personen mühelos Platz und volle Bewegungsfreiheit. Reichlich Chromzierrat und eine üppige Instrumentierung dokumentieren das neue Lebensgefühl dieser Zeit.

Mit seinem 2,5-Liter-Sechszylindermotor mit 58 PS erreicht der Opel Kapitän eine Höchstgeschwindigkeit von rund 130 km/h. Die Fachzeitschrift *Das Auto, Motor und Sport* schreibt: »Er besitzt eine erstaunliche Kraftreserve und Elastizität, läuft dabei äußerst weich und geräuschlos.« Neue Produktions- und Fertigungsmethoden erlauben es sogar, den Preis gegenüber den Vorgängern zu senken. ///

OLY-CHROM

Bauzeit 1951 – 1953
Stückzahl 77.779 Limousinen, 6.503 Cabrios, 22.337 Lieferwagen
Motor Vierzylinder-Reihenmotor, 1.488 cm³, 28 kW (39 PS)
Geschwindigkeit 115 km/h
Einstiegspreis 6.785 Mark

Die fünfte Generation des Olympia kommt im Februar 1951 auf den Markt. Wie seine Vorgänger verfügt er über eine selbsttragende Ganzstahlkarosserie und wie sein direkter Vorgänger von 1951 auch über ein Dreigang-Getriebe. Der Olympia symbolisiert – wie der Kapitän – den Beginn der Wirtschaftswunderzeit in der 1949 gegründeten Bundesrepublik.

Chrom ist endlich zu haben, und man zeigt es auch gerne. Breite Chrom-Zierleisten am Kühler, bis unter die Scheinwerfer gezogen, verchromte Stoßstangen und Radkappen sowie allerlei Accessoires versprühen einen Hauch von Luxus. Die Kotflügel sind im Kapitäns-Look großzügig geschwungen. Die Motorleistung wird von 37 auf 39 PS gesteigert. Alle Armaturen liegen im Blickfeld: der Tacho, die Benzinuhr und die Öldruckanzeige. Was die Kundschaft zudem als Neuerung begrüßt, ist der von außen zugängliche Kofferraum. Denn zuvor muss man von innen die Rücksitzlehnen umklappen, um Gepäck zu verstauen. ///

Bauzeit 1951 – 1953
Volumen 48.587
Motor Sechszylinder, 2.473 cm³, 58 PS
Höchstgeschwindigkeit 130 km/h
Einstiegspreis 9.600 Mark

Statussymbol mit opulenten Rundungen und reichlich Chromzierrat.

Noch mehr Chrom als beim Kapitän.

DER NAME IST PROGRAMM

Bauzeit 1953 - 1957
Stückzahl 453.756 Limousinen, 92.192 Caravan, 12.504 Cabrios, 25.422 Lieferwagen
Motor 1,5-Liter-Vierzylinder-Viertaktmotor, 29 - 33 kW
Geschwindigkeit 118 - 122 km/h
Leergewicht 920 - 1.000 kg
Vorgänger Opel Olympia
Nachfolger Opel Rekord P1

Auch bei den Fahrzeugen der oberen Mittelklasse hat Opel einen selbstbewussten Namen gefunden: Rekord! Ab Frühjahr 1953 nutzen die Rüsselsheimer die Modellbezeichung - anfangs noch als Olympia Rekord. Damit wird der Grundstein gelegt für acht Generationen obere Mittelklasse unter diesem Namen. Rund zehn Millionen Fahrzeuge werden unter dem Namen Rekord gebaut. Abgelöst wird der Rekord erst 1986 vom Omega - dem Vorläufer des Insignia.

Der Einfluss des US-Mutterkonzerns mit seinen Marken Chevrolet und Buick ist unübersehbar: Pontonkarosserie, Chrom soweit das Auge reicht, auch im Interieur. Und das für insgesamt vier Karosserieformen: die klassische Limousine, der Kombi, die Cabrio-Limousine und der Kastenwagen.

Der Olympia Rekord Caravan ist einer der ersten Kombis auf Europas Straßen. Mit ihm entsteht 1954 eine neue Fahrzeuggattung - der Lifestyle-Kombi für die ganze Familie. Opel schafft mit diesem ersten Großserien-Kombi eines deutschen Herstellers einen Gattungsbegriff: Die US-Amerikaner sagten: »It is a Car and a Van«, sowohl ein Pkw als auch ein Lieferwagen. Der »CarAVan« wird vorwiegend von Handwerkern gekauft, da er die optimale Verbindung von Privat- und Firmenwagen mit einer entsprechend hohen Zuladung bietet.

Der Olympia Rekord Caravan ist einer der ersten Kombis auf Europas Straßen.

Heute ist das Modell eine Rarität. Ein prominenter Kunde ist TV-Moderator und -Journalist Günther Jauch, der den Wagen kauft, als er 2010 das Weingut von Othegraven übernimmt.

DER VIERTE OFFIZIELLE

»**Meistergefahren**, weil meisterhaft gebaut«, heißt es in der zeitgenössischen Opel-Werbung. Tatsächlich macht der Rekord seinem Namen alle Ehre: Seine Qualitäten machen ihn seit Jahren zum Spitzenreiter auf dem deutschen und internationalen Markt. Die vierte Auflage der Rekord-Modellreihe wird im August 1956 der Öffentlichkeit vorgestellt. Es ist die konsequente Weiterentwicklung des Vorgängermodells. Die flache und elegant gestreckte Karosserie erinnert jetzt etwas an den Kapitän. Markante Merkmale sind das wabenförmige Kühlergitter mit einer Stoßstange ohne »Hörner« sowie die nach amerikanischem Vorbild gestalteten vorderen Kotflügel, die die Scheinwerfer überragen. Auch die neu geformten Schlussleuchten weisen dieses Stilelement auf.

»Die selbsttragende Ganzstahlbauart gewährleistet hohe Sicherheit und Raum für vier Personen und deren Gepäck«, verspricht Opel. Und die Presse schreibt: »Der neue Rekord besticht durch den laufruhigen 1,5-Liter Opel-Kurzhubmotor, mit jetzt 45 PS.« Mit einer Spitzengeschwindigkeit von 122 km/h lassen sich hohe Durchschnittsgeschwindigkeiten beim Reisen erzielen.

Insgesamt sind von März 1953 bis Juli 1957 558.452 Rekord-Modelle in Rüsselsheim von Band gelaufen.

Bauzeit 1956 - 1957
Motor Vierzylinder, 1.488 cm^3, 45 PS
Höchstgeschwindigkeit 122 km/h
Einstiegspreis 5.990 DM

UND DER HAIFISCH, DER HAT ZÄHNE

Zu Beginn der 1950er Jahre schwappt eine neue Modewelle aus den USA über den Atlantik und verhilft dem Kapitän 1954 zu einer völlig neuen Karosserie: Das Blechkleid glänzt im sogenannten »Ponton«-Stil mit glatten Seitenteilen und stark gewölbten Formen. Die nun integrierten und nicht mehr aufgesetzten Kotflügel sind runder und eleganter. Blickfang ist der Kühlergrill im »Haifischmaul«-Design. Alle Türen sind jetzt vorn angeschlagen. Die Frontscheibe ist nicht mehr geteilt. Das Heckfenster indes ist dreigeteilt mit einer breiten Scheibe in der Mitte und zwei kleinen stärker gewölbten äußeren. Der 2,5-Liter-Sechszylinder-Reihenmotor basiert auf dem Vorkriegsaggregat. Die Leistung beträgt zunächst 50 kW/68 PS und wird gegen Ende 1954 auf 52 kW/71 PS gesteigert. ///

Bauzeit 1953 – 1955
Stückzahl 61.543
Motor Sechszylinder, 2.473 cm^3, 68 PS
Höchstgeschwindigkeit 138 km/h
Einstiegspreis 9.500 Mark

Der Kapitän von 1954 glänzt im Ponton-Stil.

GROSSER WAGEN

Ein Kapitän von 1956 ist der zweimillionste gebaute Opel.

1956 stellt Opel den nach der neuesten Mode gestalteten Kapitän der Öffentlichkeit vor. Heutzutage spricht man in solchen Fällen von großem Facelift. Das weit aufgerissene Haifischmaul weicht einer Frontpartie mit Kühlergitter. Und während der 54er Kapitän noch eine dreigeteilte Heckscheibe hatte, ist sie beim Update ungeteilt. Die erhältliche Zweifarb-Lackierung verleiht der Fahrzeuglinie eine besondere Dynamik.

Insgesamt werden von dem Erfolgsmodell 92.555 Exemplare verkauft, davon 7.983 in der erstmals 1957 angebotenen besonders hochwertig ausgestatteten L-Version. Sie trägt das Opel-Emblem im Kühler und den »gekrönten« Schriftzug »L« an beiden Seiten der hinteren Tür und auf dem Kofferraumdeckel. Kennzeichnend sind Chromleisten unter den Seitenfenstern und ein auf der Beifahrerseite gepolstertes Armaturenbrett. Darüber hinaus kann der Kunde als zusätzliches Extra etwa zwei Kopfstützen für die vorderen Ruhesitze und auch ein »Overdrive«-Getriebe bestellen.

Ein Kapitän ist es so auch, dem am 9. November 1956 eine besondere Ehre zuteilwird: Als zweimillionster Opel verlässt er die Rüsselsheimer Werkshallen. Damit ist Opel das erste deutsche Unternehmen mit diesem Produktionsrekord. Wie feiert man ein solches Jubiläum stilecht? Alles, was normalerweise verchromt ist, wird hier 24 Karat vergoldet. Die Lackierung und Polsterung sind ebenfalls Spezialanfertigungen. Technisch entspricht der vergoldete Kapitän der Serie. Ein 75 PS starker 2.473 cm^3 großer Reihen-Sechszylinder beschleunigt ihn auf bis zu 140 km/h. ///

SCHLÜSSELLOCH-KAPITÄN

Dieser Kapitän läuft ab Juli 1958 vom Band. Ursprünglich soll er den Beinamen »P« tragen, wie Panorama-Scheibe. Sein 2,5-Liter-Motor mit 59 kW/80 PS beschert ihm den Namen P 2,5. Im Volksmund ist er aber schon bald der »Schlüsselloch-Kapitän« – aufgrund der Form seiner Rückleuchten.

Die gewagten zweifarbigen Lackierungen in Pastelltönen sind zur damaligen Zeit in Europa recht gewöhnungsbedürftig. Das Dach ist hinten stark heruntergezogen, die Türen schmal, deswegen ist das Einsteigen in den Fond für erwachsene Personen recht unbequem. Eingeschränkt sind auch die Sicht des Fahrers nach hinten und der Fondpassagiere zur Seite. All das führt nicht zu vollen Auftragsbüchern. Gebaut wird er deswegen nur für neun Monate. ///

Baujahr 1958–1959
Stückzahl 34.842
Motor Sechszylinder, 2.473 cm³, 80 PS
Höchstgeschwindigkeit 142 km/h
Einstiegspreis 10.250 DM

Der Kapitän P 2,5 verdankt seinen Namen der Form seiner Heckleuchten.

DER KAPITÄN UNTER DEN KAPITÄNEN

Schöner, stärker, schneller: Im Sommer 1959 erscheint ein neuer Kapitän mit dem Beinamen P 2,6. Das Modell wird der meistverkaufte Kapitän überhaupt, quasi der Kapitän unter den Kapitänen. Der P 2,6 ist zudem der letzte Kapitän, der in der Sechszylinder-Klasse noch vor Daimler-Benz in der Zulassungsstatistik liegt.

Die neue Karosserie hat eine flachere, gestreckte Linienführung und eine noch größere Panorama-Scheibe vorn. Der größte Makel des Vorgängers P 2,5 – das hinten stark heruntergezogene Dach – wird korrigiert. Geradliniger und größer als der Vorgänger wuchert das Panorama-Flaggschiff für die 1960er Jahre mit mächtigem 2,6-Liter-Sechszylinder hinterm gewaltigen Chromkühler. Die Motorleistung steigt damit auf 90 PS (66 kW).

Nach dem bis Mitte 1960 verwendeten Overdrive bietet Opel bei diesem Modell ab Sommer 1960 erstmals als Extra ein automatisches Drei-Gang-»Hydramatic«-Getriebe und ab 1962 zudem eine Servolenkung. Außerdem wieder im Programm: die höherwertige Ausstattungsvariante »L«.

Opel stoppt mit dem Kapitän P 2,6 auch die Strategie, nach amerikanischem Vorbild fast jedes Jahr ein leicht modifiziertes Fahrzeug zu präsentieren, was sich als nicht sonderlich zuträglich für die Wiederverkaufswerte herausgestellt hat. ///

Bauzeit Juli 1959 bis Dezember 1963
Stückzahl 145.616
Motor Sechszylinder, 2.605 cm³, 90 PS
Einstiegspreis 9.975 DM

EXPORTSCHLAGER

In Wiesbaden stellt Opel am 13. August 1957 den Nachfolger des Olympia Rekord vor – und damit den nächsten bezahlbaren Traumwagen für die Blütezeit des Wirtschaftswunders namens Olympia Rekord P1. Und das ist der Startschuss für einen großen Verkaufserfolg: Zwischen August 1957 und Juli 1960 liefert Opel mehr als eine halbe Million Fahrzeuge aus. Hinzu kommen 67.952 Einheiten der Basisversion namens Opel 1200.

Zunächst offeriert Opel das Modell nur zweitürig, nach den Werksferien 1959 auch als viertürige Limousine. Der P1 wird ein Exportschlager und als Rechtslenker auch in Porth Elizabeth in Südafrika gebaut, sogar als Pickup. In der Schweiz gibt es ab Ende 1959 das luxuriöse Sondermodell Opel Rekord Ascona. Mit neu gestalteter Karosserie und weitgehend gleicher Technik kommt im August 1960 der Rekord P2 auf den Markt. ///

Bauzeit 1957 – 1960
Stückzahl 804.007
Motoren Vierzylinder-Reihenmotoren; 1,2 – 1,7 Liter, 29 – 40 kW
Karosserievarianten Limousine, Kombi, Coupé und Cabrio
Einstiegspreis 6.385 DM

Olympia Rekord P1: bezahlbarer Traumwagen!

FREUDE AM LUXUS

Produktionszeit
August 1960 – Februar 1963
Produktionsvolumen
786.411
Motorenen Vierzylinder-Reihenmotor; 1,5 – 1,7 Liter, 27 – 44 kW
Karosserievarianten
Limousine, Kombi, Coupé und Cabrio
Einstiegspreis 6.385 DM

Rekord P2 Coupé: Spitzname »Rasender Kofferraum«.

»Aus Freude am Luxus!« So wirbt Opel für seinen Rekord P2, der im August 1960 in den Handel kommt. Und nimmt unter anderem mit dem 1,7-Liter-»S«-Motor sogar die Käufer der sportlichen Premium-Limousinen Borgward Isabella und BMW 1500/1600 ins Visier. Die Rüsselsheimer verankern den Slogan in den Köpfen der Mittelklasse-Käufer. Und zwar bevor BMW 1973 mit »Aus Freude am Fahren« kontert.

Der Rekord P2 wartet auf mit einer neu gestalteten Karosserie, einem deutlich verbesserten Insassenschutz, einem moderneren Interieur, verbesserter Rundumsicht und Fahrverhalten. Nicht zu vergessen die Details mit dem gewissen Etwas: etwa das »Leitfarben-Tacho«, dessen Leuchtband bis Tempo 50 in grün, bis 100 km/h orange und darüber rot leuchtet. Oder das Doppeltonhorn für lautstarke Überholvorgänge auf inzwischen vollen Autobahnen. Und ein lang ersehntes Viergang-Getriebe (statt Dreigang-Schaltung) im Rekord L.

Ganz wichtig: Farbenfroh wie die Mode der Swinging Sixties zeigt sich die Lackpalette des Rekord P2 mit einem farblich abgesetzten Dachpavillon und 28 Farbkonfigurationen, darunter erstmals edle Metallic-Töne. »Der erste Opel für die 1960er Jahre«, erinnert sich der renommierte Auto-Journalist Wolfram Nickel, »trifft auf geniale Weise den Zeitgeist und das weitaus besser als alle Konkurrenten, inklusive der vollkommen neuen, avantgardistischen Kölner ›Badewanne‹ Ford Taunus 17M und des großen Käfer-Bruders VW 1500 (Typ 3).«

Erhältlich ist der Vorgänger des Rekord A als zwei- oder viertürige Stufenhecklimousine, zweitüriges Coupé, dreitüriger Kombi Caravan und als dreitüriger Lieferwagen, sprich Kombi ohne hintere Seitenfenster. Das Coupé, dessen Dach niedriger und hinten stärker abgeschrägt ist als das der Limousine, erhält den süffisanten Spitznamen »Rasender Kofferraum«. Böse Zungen sprechen von etwas unausgewogenen Proportionen und dass die Opel-Designer beim Weglassen der Türen schlicht vergessen haben, das Heck des Wagens zu verkürzen. Fans erfreuen sich an den einzigartigen Proportionen. ///

MEHR ALS O.K. – DER OPEL KADETT

Produktionszeitraum 1962 – 1965
Stückzahl 649.512
Karosserievarianten zweitürige Limousine (ab Oktober 1962), dreitüriger Caravan (ab März 1963), zweitüriges Coupé (ab Oktober 1963)
Motorisierung 1.0 /40 PS, 1.0 /48 PS
Einstiegspreis ab 2.590 Mark

Der Kadett ist der erste Opel-Pkw, der nicht in Rüsselsheim gebaut wird.

1962 eröffnet Sam Walton den ersten Walmart-Supermarkt in den USA. Der Kalte Krieg zwischen den USA und der UdSSR erreicht mit der Kubakrise ihren Höhepunkt. Brasilien gewinnt die Fußball-WM in Chile. Conny Froboess trällert »Zwei kleine Italiener«. Marilyn Monroe stirbt im Alter von 36 Jahren an einer Überdosis Barbiturate. Jon Bon Jovi, Axl Rose und Campino werden geboren – so wie der Opel Kadett A.

»Ein neues Werk, ein neues Auto«, lautet der Slogan der Marke. Für die Produktion des Wirtschaftswunder-Wagens baut Opel eine neue Fabrik auf einem alten Bergwerks-Gelände in Bochum, dem ersten Pkw-Werk der Marke außerhalb Rüsselsheims, das sich zum Wolfsburg des Westens wandeln soll. Jeder fünfte Mitarbeiter ist vorher Bergmann. »Opel Kadett – Fanfarenstoß in Richtung Wolfsburg! Eigene neue Produktionsstätte macht entsprechende Stückzahlen und volkstümlich knapp kalkulierten Preis möglich«, schreibt die Presse. Besonders pikant dabei: Heinrich Nordhoff, von 1929 bis 1945 bei General Motors und zuletzt sogar Opel-Vorstandsmitglied, ist inzwischen VW-Chef und der Slogan »Opel der Zuverlässige« dient jetzt als Vorlage für Volkswagens »Er läuft und läuft und läuft …«. Für die Väter der zweiten Kadett-Generation ist das ein zusätzlicher Ansporn, erneut nach der Krone der Kompaktklasse zu greifen.

Der Kadett soll »Jung und voll Schwung« sein, verkündet die Werbung zum Marktstart. »Junger Mann aus gutem Haus« mit dem modernsten Autowerk der Welt als »Geburtsstätte«: Die Opel-Werbung trifft den Zeitgeist perfekt, der Kadett ist der »Freund, mit dem Sie auf Du und Du stehen und der mit Ihnen durch dick und dünn geht«. Das Auto als neues Familienmitglied – diese Assoziation trifft die Menschen mitten ins Herz. Denn selbst die Arbeiter, die das Einstiegsmodell montieren, fahren anfangs meist noch mit dem Fahrrad ins Werk.

Höchste Qualität ist entscheidend. Und der Kadett macht dem untadeligen Ruf hoher Zuverlässigkeit aller Opel-Modelle Ehre. »Opel Kadett – kurz gesagt O.K.« lautet so auch das Motto einer Anzeigenkampagne. Immerhin hatte Opel mit 30 Erlkönigen mehr als 1,5 Millionen Testkilometer auf Prüfgeländen bei Rüsselsheim und Milford (Michigan, USA) zurückgelegt, aber auch am Polarkreis. Der Konzern lässt sich die Entwicklung die gigantische Summe von 50 Millionen Mark kosten.

Schon in der Entwicklung hat Opel die einfache Produktion im Blick: Die Karosserie besteht nur aus zwölf Hauptteilen. Die Seitenwände etwa sind aus einer einzigen Stahlblechtafel gefertigt. Die Vorderachse bildet mit der Lenkung eine Montageeinheit.

Das Design ist sachlich: tiefe Gürtellinie, große Glasflächen für eine gute Übersichtlichkeit. Die Platzverhältnisse im Innenraum und im Kofferraum begeistern die Kunden ebenso wie die vollständige Instrumentierung mit Breitband-Tacho.

Erstmals kommt ein neuer Motor zum Einsatz, der bei Opel neue Maßstäbe für Drehfreudigkeit setzt: ein wassergekühlter Vierzylinder mit 40 PS beim 5.000 min^{-1}. Hans Herrmann, damals Deutschlands einziger Grand-Prix-Fahrer, lobt: »Es ist ein sehr elastischer Motor. Selbst stark gedroschen verlässt ihn seine Laufruhe nicht. Er ist schon ein kleines Wunder, dieser Opel-Motor.« Die Werber lassen sich davon inspirieren und texten: »Geht ab wie die Feuerwehr« oder »Gang, Gas – vorbei«. Gekoppelt ist der Motor an ein ebenfalls frisch entwickeltes Viergang-Getriebe.

Das Leergewicht liegt bei gerade mal 670 kg, der Preis bei günstigen 2.590 DM. Und im Unterhalt ist der Kadett A erschwinglich. Deswegen verkörpert der Kadett A den bezahlbaren Traum vom Kleinwagen für aufstrebende Angestellte, die auf Weißwandreifen ins Wochenende fahren wollen.

REKORD FÜRS REKORDJAHR

Zehn Jahre nachdem Opel den Namen »(Olympia) Rekord« für seine Mitteklasse eingeführt hat, kommt die neueste Generation in den Handel – preisgünstig, geräumig, robust und sicher. Und Opel startet nun damit, Nachfolge-Generationen seiner Modelle durch Buchstaben in alphabethischer Reihenfolge zu kennzeichnen.

Ganz konsequent sind die Rüsselsheimer damit noch nicht: In frühen Fahrzeug-Papieren steht noch die Bezeichnung Rekord R3 – ein Name, den Opel nicht beibehalten will, weil er auch von einem Präservativhersteller genutzt wird. Auf der Handschuhfachklappe befindet sich wie bei seinem Vorgänger Rekord P2 nach wie vor der Schriftzug »Olympia«.

Einen großen Sprung ist das Exterieur-Design: Die Karosserie ist glattflächig und die Linienführung horizontal angelegt, fast nüchtern, aber elegant mit den dynamisch nach hinten ausgezogenen Radläufen und ein wenig im Stil des Chevrolet II von 1962. Vorn gibt es nur eine Sitzbank; Einzelsitze sind gegen Aufpreis erhältlich.

Bei der Motorenpalette bekleckert sich Opel bei dem 4,51-Meter-Wagen nicht mit Ruhm. Die Reihen-Vierzylindermotoren – wahlweise mit 1,5 Liter oder 1,7 Liter Hubraum und Leistungen von 55, 60 oder 67 PS (40, 44 oder 50 kW) – basieren auf dem Olympia-Motor von 1937. Zuverlässig, aber nicht mehr auf dem Stand der Zeit. Motorjournalisten kritisieren auch das ruppige Fahrwerk.

»Ein Jahr Rekord – ein Rekord-Jahr«, so feiert Opel 1964 die Führungsposition seiner »gehobenen Mittelklasse« unter den Limousinen der 1,5- bis 1,7-Liter-Klasse mit fast 376.000 produzierten Einheiten. In Deutschland erringt der Rekord sogar erneut Rang zwei unter den meistgekauften Autos überhaupt, gleich hinter dem Käfer. Viele Deutsche lassen sich von dem stattlich wirkenden Rüsselsheimer zum kleinen Preis beeindrucken: In der einfachsten Ausführung kostete die zweitürige Limousine des Rekord A nur 6.830 DM, das Coupé mit 2,6-Liter-Motor 9.310 DM.

Rekord A: Familienauto mit Sportwagen-Charakter.

Das Facelift des Rekord A wartet 1965 auf mit einer mächtig wirkenden Frontpartie mit Scheinwerfern im Stil des Flaggschiffs Opel Diplomat, mit neuen Frontscheinwerfern und runden statt eckigen Heckleuchten. Opel tauft es deshalb selbstbewusst Rekord B. Der Hersteller begründet das auch mit den nagelneuen modernen Vierzylindern mit obenliegender Nockenwelle, die in der Topversion 66 kW/90 PS aus 1,9-Liter-Hubraum entwickeln. Die Werbetexter inspiriert das zum Slogan: »Champagner für PS-Begeisterte«.

Auch als »Familienauto mit Sportwagencharakter« bejubelt die Opel-Werbung die 90-PS-Limousine. Tatsächlich bietet zu der Zeit auch ein BMW 1800 oder Porsche 912 nicht mehr Leistung. Und beim Rekord gibt es weiterhin Sechszylinder mit 74 kW/100 PS, fast so viel wie beim Porsche 911.

Den Rekord B gibt es mit edel schimmernden Metallicfarben, neue Lackierungen, wie sie bis dahin überwiegend der Oberklasse vorbehalten waren. Beliebtestes Zubehör für die schnellen Sechszylinder von Rhein und Main sind aber die »Autobahn-Fanfaren«, die unüberhörbar für freie Bahn sorgen. Allein die weiche Fahrwerksabstimmung steht etwas im Widerspruch zum versprochenen Sportwagencharakter. Nur elf Monate produziert Opel den Rekord B, insgesamt fast 300.000 Mal. Denn der Rekord C steht schon in den Startlöchern. ///

Produktionszeit März 1963 – Juli 1965
Stückzahl 887.304, davon rund 200.000 Caravan.
Varianten zwei- und viertürige Limousine, dreitüriger Caravan, Coupé, Lieferwagen (Caravan ohne hintere Seitenfenster), Cabrio-Version des Coupés nur von Karosseriebauern wie Deutsch in Köln und Autenrieth in Darmstadt
Motorisierung Reihen-Vierzylindermotoren, 1,5–1,7 Liter Hubraum; 40, 44 oder 50 kW (55, 60 oder 67 PS)
Einstiegspreis 6.830 DM

DIE EILIGEN DREI KÖNIGE

K – A – D. Drei große Buchstaben stehen bei Opel für »Die Großen Drei«: Kapitän, Admiral, Diplomat. 1964 feiern die repräsentativen Oberklassen-Limousinen ihr Debüt.
Das Dreigestirn besticht durch reichhaltige Ausstattung, souveränen Antrieb und hohe Fahrkultur. Der Innenraum ist besonders großzügig geschnitten. Mit ihren elegant gezeichneten Sechs- und Achtzylinder-Spitzenmodellen positionieren die Rüsselsheimer sich auf Vorstandsparkplätzen oder Vorfahrten von Luxushotels. Die »Prominentenklasse« ist ein allgemein anerkannter Erfolgsausweis für Geschäftsleute und VIPs. Besonders der neue Diplomat wird seinem Werbespruch als »Star der starken Wagen« gerecht.

KAPITÄN A

Der Kapitän wird befördert: Seit 1938 nutzt Opel den Namen für seine Mittelklasse-Modelle. 1964 dann nimmt Opel die Produktion der neuen Generation auf. Er wird der erfolgreichste Kapitän aller Zeiten – und auch die meistverkaufte Sechszylinder-Limousine in Deutschland. Die entstandene Lücke in der oberen Mittelklasse schließt Opel schon bald mit dem Commodore.

Eleganz ist das Leitthema des neuen Kapitän. Er ist das deutsche Wohlstandssymbol schlechthin. Lässt er doch kaum eine Komfort-Annehmlichkeit vermissen und kostet dennoch keinen Premiummarken-Aufpreis.

Gerade Linien und gestreckte Form sind die Stilelemente seiner Karosserie. Die leicht abgedeckten Hinterräder sehen lässig aus. Auch die aufwendig gestaltete Front mit den vollintegrierten Nebelscheinwerfern macht mächtig Eindruck. Über den großen Glasflächen scheint das nur gering gewölbte Dach zu schweben. Die Vollsicht- Windschutzscheibe und die schräg gestellte Heckscheibe erlauben eine hervorragende Rundumsicht. Hoher Fahrkomfort paart sich mit souveräner Motorleistung, reichhaltiger Ausstattung, vorbildlicher Wirtschaftlichkeit und hohem Gebrauchswert.

Zu Beginn hat die Oberklasse-Limousine einen 2,6-Liter-Sechszylinderm otor mit 100 PS (74 kW). Im Herbst 1965 gesellt sich ein völlig neu konstruiertes Aggregat mit 2,8 Liter Hubraum und 125 PS (92 kW) dazu, das dem großen Wagen noch mehr Laufruhe und Leistung verleiht. Die Opel-Ingenieure statten alle Sechszylindermotoren mit Hydrostößeln aus, die das regelmäßig Prüfen und Korrigieren des Ventilspiels unnötig machen und somit die Wartungskosten senken. Ein weiteres wichtiges technisches Sicherheitsfeature ist die Sicherheits-Bremsanlage mit einem hydraulischen Zweikreisbremssystem, Bremsverstärker, Scheibenbremsen vorn und Trommelbremsen hinten. Erstmals bietet Opel den repräsentativen Wagen mit einem Viergang-Schaltgetriebe an; die bessere Getriebeabstufung optimiert die Fahrleistungen.

Der Kapitän gilt als schnellster Sechszylinder mit sechs Sitzplätzen in zwei Reihen. Einen Achtzylinder verpasst Opel dem Kapitän A ab Frühjahr 1965. Der bullige 190 PS starke 4,6-Liter-V8-Motor sorgt mit seinem enormen Drehmoment von 354 Nm bei 2.400 min^{-1} für gewaltigen Vortrieb. Trotz des Leergewichts von 1.520 Kilogramm erreicht er damit eine Höchstgeschwindigkeit von 200 km/h. Das der Leistung angepasste Fahrwerk mit verstärkten Gelenkwellen, Achsen, Rädern, Reifen und Bremsen ist im Preis von 14.740 Mark inbegriffen. Gebaut werden vom Achtzylinder nur 113 Stück, was ihn heute zum begehrten Sammlerstück macht. ///

Bauzeit 1964 – 1968
Produktionsvolumen 24.136 Exemplare, davon 113 mit V8
Motoren 2,6-Liter- und 2,8-Liter-Sechszylinder (100/125 PS), 4,6-Liter-Achtzylinder (190 PS)
Einstiegspreis 10.990 DM

Schnellster Sechszylinder mit sechs Sitzplätzen.

E
12
GG-DJ714

ADMIRAL A

Baujahr April 1964 – November 1968
Stückzahl 55.876, davon 623 V8
Motor 4,6-Liter-Achtzylinder, 140 kW (190 PS)
Höchstgeschwindigkeit 198 km/h
Einstiegspreis 12.200 DM

Auch für den Admiral gilt: Er ist ein perfekter Mix aus bezahlbarem Luxus und amerikanisch-anmutendem Glamour!

Zum 75. Firmenjubiläum im Jahr 1938 positioniert Opel den ersten Admiral überhaupt in der Oberklasse. Der erste Admiral der Nachkriegszeit erscheint im Frühjahr 1964. Er wird vorwiegend mit Sechszylinder bestellt, serienmäßig kommt er mit einer »Powerglide«-Zweistufen-Automatik. Seine Top-Motorisierung ist der V-Achtzylinder mit 190 PS. Diese treibende Kraft wird unterstützt durch das automatische Dreigang-Getriebe und das konstruktiv angepasste Fahrwerk mit Zweikreis-Bremssystem mit Bremshilfe, Scheibenbremse vorn sowie Trommelbremse mit Bremskraftregler hinten. Höchstgeschwindigkeit: rund 200 km/h. Beschleunigung: von 0 auf 100 km/h in nur elf Sekunden. Durst (nach DIN): 15,3 Liter/100 km. Vom Achtzylinder baut Opel nur 623 Stück. ///

Admiral A: Vom Achtzylinder baut Opel nur 623 Stück.

DIPLOMAT A

Bauzeit 1965–1968
Stückzahl 8.805 plus 347 Coupés
Motoren 5.354-cm³-V8, 230 PS
Höchstgeschwindigkeit 206 km/h
Einstiegspreis 17.500 DM

»Blitz schlägt Benz«, gilt plötzlich in der automobilen Luxusklasse, was so überraschend ist wie der erste WM-Titelgewinn von Boxlegende Cassius Clay alias Muhammad Ali. Mit dem 1964 vorgestellten Spitzenmodell nimmt das Unternehmen erstmals seit Ende des Krieges wieder die Kunden von Luxus-Limousinen ins Visier.

Der Opel Diplomat wird Deutschlands führendes Modell vor dem Mercedes 300 SE. Nur 17.500 Mark berechnet Opel anfangs für sein 4,95 Meter langes Flaggschiff mit serienmäßiger Zweigang-Wandlerautomatik. Das ist rund ein Drittel weniger als Mercedes-Benz für den konkurrierenden 300 SE mit 118 kW/160 PS starkem Sechszylinder. Mit bis zu 169 kW/230 PS entwickelnden V8-Maschinen von Chevrolet bietet der Diplomat sogar fast so viel Leistung wie die nahezu dreimal so teure Staatslimousine Mercedes-Benz 600.

Die große Ausnahme: Kaum ein anderes Auto aus deutscher Produktion ist schneller, kein anderer Opel teurer.

Diplomat A: Deutschlands führende Luxus-Limousine.

Um die Baureihe noch weiter ins Edle voranzutreiben, bringt das Unternehmen ein elegantes Coupé auf den Markt, das in Leistung und Ausstattung seinesgleichen sucht. Der 5,4-Liter-V8 mit 230 PS beschleunigt das viersitzige Coupé in 9,5 Sekunden von 0 auf 100 km/h, die Höchstgeschwindigkeit liegt bei 206 km/h. Kaum ein anderes Auto aus deutscher Produktion ist schneller, kein anderer Opel teurer. 25.500 DM kostet das Diplomat Coupé. Beim Karosseriebauer Karmann in Osnabrück läuft das Diplomat V8 Coupé bis 1967 vom Band – 347 Mal. Daher ist das Coupé heute einer der gesuchtesten Opel-Oldtimer. Nachdem Ex-Opel-Chef Karl-Thomas Neumann das letzte von Band gelaufene Diplomat A Coupé aus dem Nachlass eines holländischen Opel-Händlers erwirbt und damit mehrere öffentliche Auftritte absolviert, schießen die Preise weiter in die Höhe. Für passable Exemplare müssen heute deutlich sechsstellige Summen investiert werden.

Die Ausnahmestellung des Diplomat V8 Coupé beschreibt schon die zeitgenössische Opel-Werbung: »Ein Diplomat V8 Coupé befindet sich meistens in Gesellschaft, jedenfalls solange es parkt. Ständig ist es von Bewunderern umringt. Nehmen Sie's gelassen schmunzelnd hin. Schließlich bietet sich für viele nur auf dem Parkplatz die Gelegenheit, ein Diplomat V8 Coupé eingehend zu betrachten. Wenn dieser rassige Wagen erst einmal im 200-Stundenkilometer-Tempo über die Autobahn huscht ... wer wollte (und vor allem: wer könnte) ihm dann auf die Dauer noch Gesellschaft leisten?«

»Der neue Diplomat war ein Geniestreich«, resümiert Auto-Journalist Wolfram Nickel. »Er differenzierte sich doch durch Seriendetails wie Vinyldach, V8-Maschinen und Servolenkung oder optionale Lederfauteuils schon ausreichend von seinen Geschwistern, um ernst genommen zu werden als Chauffeurlimousine sogar im Regierungsviertel der Bundeshauptstadt Bonn.«

TANK
20 40 60 100 130 160 190 220 250
KM
TEMP

KAD B

Im Februar 1969 stellt Opel an der französischen Côte d'Azur die Neuauflage seiner KAD-Reihe vor. Formal und technisch grundlegend überarbeitet setzt die neue Oberklasse deutliche Akzente in Sachen Komfort, Sicherheit sowie Wirtschaftlichkeit. Kapitän, Admiral und Diplomat verfügen über ein aufwendiges, völlig neu entwickeltes Fahrwerk mit schraubengefederter De-Dion-Hinterachse, was den Fahrkomfort stark verbessert. Karosserie und Innenraum werden ganz im Sinne der passiven Sicherheit konzipiert. Im Vergleich zu den Vorgängermodellen fallen die Abmessungen der B-Reihe geringer aus: Sie ist 4,8 cm kürzer, 1,5 cm flacher und 5 cm schmaler als ihre Vorgänger. Wie die 1964 präsentierte Vorgänger-Generation kommen die »Großen Drei« mit Sechs- und Achtzylindermotoren auf den Markt, die spürbar sparsamer im Verbrauch sind.

Und die sie dennoch bei Bedarf in Zugmaschinen mit zwei Tonnen Anhängelast verwandeln, für Boote, Pferdeanhänger und Wohnwagen. Profitperlen sind sie obendrein. So ist Opel 1969 die gewinnträchtigste Division des General-Motors-Konzerns und stellt nebenbei in Deutschland einen neuen Produktionsrekord auf – mit mehr als 800.000 Autos in einem Jahr. ///

Die glamourösen Sänften sind für eine Zeit die Tonangeber im automobilen Oberhaus.

SPARTANISCHER KOMMANDOTRÄGER

Bauzeit 1969 – 1970
Stückzahl rund 11.000
Motoren 2,8-Liter-Sechszylinder, 132 & 145 PS
Höchstgeschwindigkeit 175 km/h
Einstiegspreis 13.542 DM

Der Einstieg in die KAD-Klasse ist in der zweiten Generation deutlich spartanischer gestaltet. Tatsächlich gibt es den Kapitän B nur noch als besonders günstige Einstiegsversion in die hessische Nobelklasse. Die Folge: Sogar Polizeibehörden ordern den Kommandoträger als Dienstwagen. Ansonsten werden Admiral und Diplomat bestellt, allerdings haben die bis 1977 produzierten knapp fünf Meter langen Schlachtschiffe nicht mehr das leichte Spiel von einst. Neue Konkurrenten von BMW, Volvo oder Jaguar setzen ihnen zu, vor allem aber die mittlerweile dominierende Mercedes-Benz S-Klasse. Tester loben dennoch die großzügigen Platzverhältnisse, das zurückhaltende Styling und das völlig neu entwickelte Fahrwerk.

Bereits ein Jahr nach dem Debüt der KAD B-Baureihe wird die Modellpalette gestrafft und der mehr als 11.000 Mal gebaute Kapitän im April 1970 vom Admiral L ersetzt. Damit endet nach 32 Jahren die Modellgeschichte; der erstmals 1938 vorgestellte Opel Kapitän setzt sich endgültig zur Ruhe. Mit dem Abgang des Kapitän verliert Opel nicht nur eine automobile Führungspersönlichkeit, sondern auch einen Leitstern, der die Marke hell hat erstrahlen lassen. ///

Bereits ein Jahr nach seinem Debüt wird der Kapitän B pensioniert.

DIE GOLDENE MITTE

»Wenn Ihre Ansprüche steigen: Opel Admiral mit aufwendiger Technik«, verspricht die Werbung.

»**Dieser Opel** ist ein Opel, mit dem sich Opel selbst überholt. Motor, Fahrwerk, Lenkung und Bremsen gehören zum Besten, das ich kenne«, lobt der kritische Auto-Journalist Fritz B. Busch nach Testfahrten die Qualitäten des neuen Oberklasse-Modells. Tatsächlich markiert der Admiral auch in der zweiten Generation den technisch hohen Anspruch des hessischen Autobauers. Er entwickelt sich zum erfolgreichsten Modell des Dreigestirns. Mit 31.827 gefertigten Exemplaren stellt der Admiral mehr als die Hälfte der 61.569 bis 1977 gebauten Exemplaren der KAD B-Typen.

Auf Fahrwerkseite zählen ein Zweikreisbremssystem mit Bremskraftverstärker, Scheibenbremsen an der Vorderachse und eine technisch aufwendige, schraubengefederte DeDion-Hinterachse zu den wichtigsten Neuerungen.

ReihenSechszylindermotoren sind Standard: Der Admiral 2800 S verfügt über 132 PS, die stärkere Version leistet 145 PS. Der am besten ausgestattete und am stärksten motorisierte Admiral ist der 2800 E. Dank einer modernen Bosch L-Jetronic-Einspritzung leistet der 2,8 Liter große Reihen-Sechszylinder 165 PS und beschleunigt den Wagen auf bis zu 190 km/h. Dieses modern konzipierte und laufruhige Triebwerk ist auch im Spitzenmodell Diplomat zu haben.

FÜR REISENDE VON RANG

Gegenüber dem Vorgänger ist die Karosserie des Admiral B 4,8 Zentimeter kürzer und 5,0 Zentimeter schmaler geworden, weshalb die Opel-Pressemappe dem 4,91 Meter langen Wagen kompakte Außenabmessungen attestiert. Dabei wirkt der neue Admiral mit seiner ruhigen und klaren Linienführung sowie den charakteristischen waagrechten Scheinwerfern und Heckleuchten noch präsenter auf der Straße als das bisherige Modell.

Großen Wert legt Opel bei seiner Spitzenbaureihe auf den Komfort und Sicherheit: Knautschzonen, stabile Fahrgastzelle, Sicherheitslenksäule und Scheibenbremsen, innen Klimaanlage, Radio mit Stereo-Tonbandgerät. Und die Werber betonen: »Das Wageninnere strahlt die Behaglichkeit eines mit Geschmack eingerichteten Wohnraumes aus.« ///

Bauzeit 1969 – 1977
Stückzahl 31.027
Motoren 2,8-Liter-Sechszylinder, 132 – 165 PS
Einstiegspreis 14.319 DM

Der Diplomat ist als Spitzenmodell serienmäßig mit einem 2,8 Liter großen, 165 PS starken Reihen-Sechszylinder ausgerüstet. Topmotorisierung ist der 5,4-Liter-V8 mit 230 PS, mit dem der Diplomat V8 eine Spitze von 205 km/h erreicht. Damit ist der »Diplo« die schnellste Limousine seiner Zeit. Von Kapitän und Admiral unterscheidet sich der Diplomat äußerlich durch senkrecht stehende Scheinwerfer und Rückleuchten.

In der Langversion ist er eine Limousine für Konzern- wie für Staatschefs gleichermaßen. In der Opel Classic-Sammlung steht bis heute ein solcher dunkelblauer Diplomat, der im Juli 1975 im Rahmen des Staatsbesuchs des US-Präsidenten Gerald Ford zum Einsatz gekommen ist. An den vorderen Kotflügeln befinden sich noch die Halterungen für die Standarten.

Bis 1977 baut Opel 18.725 Diplomat und stellt dann die Produktion ein. Grund: Alle technischen Verbesserungen können den Abwärtstrend in den Verkaufszahlen nicht aufhalten. In der Oberklasse in Deutschland dominieren ab Mitte der 1960er Jahre vor allem Mercedes-Benz und zunehmend auch BMW. Bis in die frühen 1970er Jahre laufen Entwicklungsarbeiten an einer Nachfolgereihe für Admiral und Diplomat. Sie werden allerdings infolge der ersten Ölkrise 1973/74 eingestellt. Für einen Massenhersteller ist es unmöglich geworden, auch im Oberklassesegment erfolgreich zu sein. Deswegen wird Opels Oberklasse für Reisende von Rang 1978 von den völlig neu konzipierten Modellen Senator und Monza abgelöst. ///

Baujahr 1969 – 1977
Stückzahl 18.725
Motoren 2,6-Liter-ReihenSechszylinder (165 PS)
5,4-Liter-Achtzylinder (169 kW/230 PS)
Höchstgeschwindigkeit 205 km/h
Einstiegspreis 17.760 DM

Die senkrecht stehenden Scheinwerfer und Rückleuchten identifizieren das Topmodell auf den ersten Blick.

GG AV 878

Schon 1969 bewirbt Opel sein Erfolgsmodell mit »Das Auto.« VW kopiert das 2007 schamlos.

DAS AUTO.

»HELP!«, das fünfte Album der Beatles, kommt auf den Markt. Der einstige britische Premierminister Winston Churchill stirbt. US-Bürgerrechtler Malcolm X wird in New York ermordet. Der erste Mensch bewegt sich außerhalb einer Raumkapsel zum Weltraumspaziergang im All. Und auch Opel betritt 1965 neue Dimensionen – mit dem Kadett B – der dritten Generation der bereits 1936 lancierten Baureihe.

Die neue Generation ist **größer**: Die neue Baureihe misst über vier Meter und ist damit 18 Zentimeter länger als der Vorgänger. Damit bietet die Limousine Platz für fünf Personen und ausreichend Koffer.

Stärker: Das nun 1.078 cm³ große Basisaggregat leistet jetzt 45 PS, der höherverdichtete 1.1 S-Motor sogar 55 PS.

Schöner: Das Design ist inspiriert von den Fastback Modellen aus den USA und signalisiert »Kraft und Geschwindigkeit schon ehe man den Motor vernommen hat«, schwärmt die *Automobil-Illustrierte* 1966.

Kaum teurer: Nur 100 Mark mehr als für den Vorgänger verlangt Opel für die neue Generation.

Vielfältiger: Die Diversifikation der Kompaktklasse nimmt bei Opel seinen Anfang. Direkt ab Markstart sind ein Caravan und ein (viersitziges) Coupé erhältlich. Im Herbst 1967 stehen fünf Motoren mit 45 bis 90 PS und rund ein Dutzend Karosserievarianten zur Wahl.

Dank der drei Lüftungsschlitze in den C-Säulen trägt der Zweitürer bald den Spitznamen »Kiemen-Coupé«. Die Luxusversion Olympia macht auch im Partyleben eine gute Figur – »mit höheren Fahrleistungen und einem außergewöhnlichen Ausstattungs- und Fahrkomfort«, heißt es in der Pressemappe. Dazu zählen spezielle Noppenteppiche, eine gepolsterte Armaturentafel »mit Edelholzcharakter« sowie ein modifizierter, um die Kotflügel herumgezogener Kühlergrill mit Chromleisten, rechteckig eingefassten Frontscheinwerfern und größeren hinteren Seitenscheiben.

Sportlicher: Mit dem Rally-Kadett demokratisiert Opel ab November 1966 den Motorsport. Sein Markenzeichen ist die auffällige Lackierung: mattschwarze Motorhaube und Zierstreifen. Ab 1967 gibt es ihn auch mit dem aus dem Rekord bekannten 1,9-Liter-Aggregat mit 90 PS. Höchstgeschwindigkeit: 170 km/h. Bei 238 Motorsport-Veranstaltungen im Jahr 1968 fährt der Kadett 222 Klassensiege sowie 345 Gold- und 287 Silbermedaillen ein.

Erfolgreicher: Der Kadett B verkauft sich wie geschnitten Brot. Schon bis Ende 1965 laufen in Bochum mehr als 87.000 Limousinen und 18.200 Caravan von den Fließbändern (»Bochum, ich komm aus dir.«). Zeitweise erobert der »Käfer-Killer« den ersten Platz der Zulassungsstatistik in Deutschland. 1969 bewerben die Rüsselsheimer das Erfolgsmodell so auch selbstbewusst mit dem Slogan: »Opel Kadett. Das Auto.« Ein Claim, der 2007 vom Wolfsburger Wettbewerber schamlos kopiert wird. Vertrieben wird der Kassenschlager nicht nur hierzulande, sondern in 120 Ländern rund um den Erdball. Etwa die Hälfte der Produktion verkauft Opel außerhalb des Heimatmarkts. Opel-Mutter General Motors empfindet Freude an ihrem kleinsten Konzern-Produkt und verteilt 430.000 Kadetten über das Buick-Vertriebsnetz im Land der Straßenkreuzer. GM Südafrika implantiert dem Bochumer einen Vauxhall-Viva-Motor und bietet damit den ersten Kadett-Bestseller für das Kap der guten Hoffnung. In der Schweiz ist ab 1965 exklusiv das Kadett-Sondermodell Ascona erhältlich – ein Name, den 1970 der neue Mittelklasse-Opel erbt. ///

Produktionszeitraum 1965–1973
Stückzahl 2,6 Millionen
Produktionswerk Bochum
Karosserievarianten zweitürige und viertürige Limousine, zweitüriges und viertüriges Fließheckmodell (LS), drei- und fünftüriger Caravan zweitüriges (LS) Coupé, zweitüriger Rallye (LS) Kadett, Olympia zweitürig und viertürig und Coupé
Motorisierung 1.1 / 45 PS, 1.1 / 55 PS, 1.1 / 60 PS, 1.2 / 60 PS, 1.7 / 75 PS, 1.9 / 90 PS
Einstiegspreis 5.175 DM

NUR FLIEGEN IST SCHÖNER

Erinnern Sie sich noch an 1968? In Südostasien tobt der Vietnamkrieg. In Prag rollen russische Panzer. In den USA werden Martin Luther King und Robert Kennedy erschossen; Richard Nixon wird Präsident. In Deutschland revoltieren die Studenten. Und Opel zeigt auf der deutschen Industrie-Ausstellung in Berlin am 27. September eine Revolution auf Rädern: den GT.

»Formen, die im Windkanal entstanden. Fahrzeuge, geschaffen für Geschwindigkeit. Opel GT. Stark und schnell.« Damit schenkt Opel der Automobilwelt einen bezahlbaren Traumsportwagen mit Kultstatus für die Ewigkeit. Schon das erste Medienecho ist umwerfend: Von der »Opel-Rakete mit Schlafaugen« spricht die *Frankfurter Rundschau*, vom »Volksporsche« der *Industriekurier*. Die *AutoZeitung* urteilt euphorisch: »Bei keinem sportlichen Großserienwagen ist man so konsequent und kompromisslos vorgegangen wie beim GT. Karosserie und Innenraum sind von Elementen bestimmt, die man sonst nur bei handgeschnitzten Traumsportwagen findet. Die gesamte Linienführung, die an den Chevrolet Sting Ray und Ferrari GTO erinnert, wird nicht von Chromleisten oder dem Tankdeckel verunziert.«

Opel schreibt schon in der ersten Pressemitteilung selbstbewusst: »Äußerlich ist jeder Zoll auf Sport geeicht. Der aerodynamisch abgesenkte Bug unterläuft den Fahrtwind, der tagsüber auch an den versenkten Scheinwerfern keine Angriffsflächen findet. Der über die Fahrkanzel flüssig gewölbte Aufbau reißt in dem schnellen Heck jäh ab. Der Hintermann sieht vier große Rundleuchten, zwei separate Stoßfänger-Hälften und einen Doppelauspuff.« Messungen in Windkanaltests an der Universität Stuttgart bescheinigen dem GT einen hervorragenden c_w-Wert von 0,39 – bei geschlossenen Augen. Der Serien-GT ist 1,23 Meter flach. Ein Opel Rekord C überragt ihn damit um 22 Zentimeter. Kein Serien-Opel unterbietet bis dahin diesen Rausch der Tiefe.

Bauzeit 1968 – 1973
Produktionsort Bochum
Stückzahl 103.463
Motoren GT 1100 (44 kW/60 PS)
und GT 1900 (66 kW/90 PS)
Einstiegspreis 10.767 DM

Der GT ist der einzige 68er, der wirklich etwas bewegt hat.

Der GT basiert auf Großserientechnik. Opel serviert hier im Grunde Hausmannskost, kostengünstig und bewährt – allerdings in einem Sportwagen-Package mit Frontmittelmotor, Heckantrieb und perfekten Proportionen. Das Resultat: ein Traumwagen fürs Volk. Erschwinglich in Preis und Unterhalt, denn selbst schrauben ist einfach und die Ersatzteillage entspannt. Die Kotflügel sind mit der Karosserie verschweißt, nicht bloß angeschraubt; die selbsttragende Stahlkarosse verfügt über eine hohe Steifigkeit. Vom Kadett B stammen die komplette Bodengruppe, das Fahrwerk und der Motor des GT 1100. Der GT 1900 entleiht sich seinen 1,9-Liter-CiH-Vierzylindermotor vom Rekord C.

In der Pressemitteilung schreibt Opel: »Der GT ist ein Sprinter. In 11,5 Sekunden nach Fallen der Startflagge ist er auf 100 km/h und in der Spitze kommt er auf beneidete 185 km/h. Das macht sein 1,9-Liter-S-Motor mit 90 PS, durch dessen Registervergaser im Norm-Maß 8,5 Liter fließen. Ein modernes, ausgereiftes und vor allem zuverlässiges Triebwerk.« Das ist nicht übertrieben, denn damit ist der GT ebenso flott wie das 20 PS kräftigere Coupé Alfa Sprint GTV und auch der deutlich teurere Porsche 912. Sogar der repräsentative Opel Kapitän mit 2,8-Liter-Sechszylinder muss seinem kleinen Bruder auf der Autobahn die linke Spur freigeben. Die Höchstgeschwindigkeit von 190 km/h garantiert zu der Zeit Gänsehaut. Noch schärfer sind nur die bis 275 km/h schnellen Opel GT der Rennsport-Szene, die im Tourenwagen-Trimm von Conrero, Steinmetz, Gerent oder Irmscher als Helden von Targa Florio und Nürburgring gefeiert werden.

Der Sicherheit hat Opel besondere Aufmerksamkeit geschenkt: Die Ganzstahlkarosserie verfügt über stoßnachgiebige Front- und Heckstoßfänger. Der Fahrgastraum dagegen bilde einen geschlossenen Körper von höchster Steifigkeit und Festigkeit, der im Falle eines Überschlags zusätzlich durch einen Bügel unter dem Dach und einen kastenförmigen Querträger hinter den Vordersitzen geschützt wird. »Schnell und sicher wie im siebten Himmel

Heißer als die Polizei erlaubt; auf der IAA 69 ist der GT ein wahrer Publikumsmagnet – nicht nur für Besucher weiblichen Geschlechts. Die GT-Pilotin reagiert auf seine Anziehungskraft mit spontanem Körperkontakt.

Der GT ist 1,23 Meter flach. Kein Serien-Opel unterbietet bis dahin diesen Rausch der Tiefe.

fühlten wir uns im Opel-Rennwagen«, urteilen die Motorjournalisten bei der Pressevorstellung des GT 1900. »Der Zweisitzer vermittelte damals ein Gefühl von grenzenloser Freiheit und sportlichem Abenteuer, wie zu der Zeit sonst nur bei Supercars zu finden und nicht bei Volumenmodellen einer Massenmarke«, sagt Motorjournalist Wolfram Nickel. Und die *AutoZeitung* schreibt in ihrer Erstausgabe: »Junge Leute reißen Mund und Nase auf, wenn Opels exotischer GT daherkommt, und wenn er seine Scheinwerfer polternd ausfährt, staunen auch Opa und Oma. Ein konsequent gebauter Sportwagen, ein harter Spaß für harte Männer.«

Das wohl bemerkenswerteste Element im Innenraum ist aber der Hebel zur Erleuchtung: »Das einzigartige Geräusch – das Flapp-Klong der um die eigene Achse rotierenden Scheinwerfer – ist einer der Höhepunkte des GT-Fahrens«, schreibt *Motor Klassik* im Dezember 2005 in der Reihe »Klassiker für Kenner«. »Für den Fahrer, weil der kräftige Zug am Hebel mit rechts immer noch ein sensorischer Hochge-

»Nur Fliegen ist schöner« gehört heute zum deutschen Sprachgebrauch wie sonst Zitate von Johan Wolfgang von Goethe.

nuss für Muskel und Gehörgänge ist.« *Motor Klassik* schwärmt: »Motor samt Getriebe sind so unzerstörbar, wie es nur Schwermetall aus der Rüsselsheimer Heckantriebsepoche sein kann.« Und: »Um den (Ford) Capri fährt der GT Kreise, sein Fahrwerk ist viel besser abgestimmt und dabei noch härter, die Lenkung direkter, seine Gewichtsverteilung ist optimal. Noch bevor du einsteigst, hast du Schmetterlinge im Bauch.«

Das gilt allerdings nur für den GT 1900. Der eher phlegmatische GT 1100 kommt schon 1970 aufs Abstellgleis – Opel stellt die Produktion nach nur 3.573 Einheiten ein. Zu schwach der Motor, das »Nähmaschinchen«, zu gering die Nachfrage. Ersatz muss her und wird bereits auf dem Genfer Automobilsalon im März 1971 vorgestellt: der GT/J – für Junior. Er kombiniert die Stärke des 1900ers – den starken Motor – mit jener des 1100ers: der sparsamen Ausstattung. Der Einstiegspreis liegt bei 10.499 DM – damit fast 15 Prozent unter dem des GTs. Das visuelle Erkennungszeichen: Der GT/J verzichtet fast komplett auf Chrom. Alles, was beim GT glänzt, ist beim Junior mattschwarz. Vom Opel-Emblem auf der Haube über die Stoßstangen und Fenstereinfassungen bis hin zum Tankverschluss am Heck. Passend zu den zwei schwarzen Rallye-Streifen an den Seiten. Die Ausstattung im Innenraum ist reduziert; auf die elektrische Uhr, den Zigarettenanzünder und die Kartentasche an der Beifahrertür wird verzichtet.

Der GT lebt den Zeitgeist der 70er, die Aufbruchstimmung und Unbeschwertheit zwischen Pop-Art, Disco und Flower-Power. Er ist wie ein Sommer, der nie enden will.

Wie kamen die Rüsselsheimer auf die Idee? Opel brauchte in den 60er Jahren eine radikale Image-Änderung. »Denn Opel war die brave Marke für den unteren Mittelstand. Für Fahrer mit Hut und Hosenträger und der Toilettenrolle auf der Hutablage – genau wie Audi. Opel war zuverlässig, aber nicht sportlich«, erinnert sich der damalige Verkaufsleiter Bob Lutz. Es gibt eigentlich keine Konkurrenten unter den preisgünstigen Sportwagen, bis auf den MG mit dem MGA und MGB sowie Triumph mit dem Spitfire, TR 4 und TR 5. Vielleicht noch den Fiat 124 Spider und später den Porsche 914. »Aber so ein ultrastromlinienförmiges Sportcoupé von einer Großserienmarke war im Grunde ohne Konkurrenz«, so Lutz.

auto motor und sport kritisierte den GT bei der Markteinführung als zu teuer. Lutz verteidigt ihn: »Es ist wahr, 10.000 Mark waren damals eine Menge Geld. Wenn man aber berücksichtigt, welchen Gegenwert man für sein Geld bekam, dann war der Preis viel zu niedrig. Das gilt insbesondere für das Design. Objektiv betrachtet ist das GT-Design einfach fantastisch.« Kritisiert werden auch der fehlende Kofferraum und die mangelnde Alltagstauglichkeit. Zu Recht? »Der GT ist kein Auto für die Fahrt zum Supermarkt – aber Opel brauchte auch keinen weiteren grauen Pampers-Bomber. Den Käufern in dieser Kategorie ist der fehlende Kofferraum völlig schnuppe«, so Lutz weiter.

»Der Claim ›Nur Fliegen ist schöner‹ ist völlig berechtigt. Der GT hat übrigens einiges mit meinem Alpha Jet gemeinsam: Der Komfort ist nicht sonderlich hoch, die Klimatisierung schwach, der Gepäckraum quasi nicht existent. Das ist aber alles nicht relevant. Eine Stunde im Jet oder im GT - und Sie fühlen sich rundum beglückt. Geradezu verjüngt«, so Lutz. *AutoZeitung ClassicCars* beschwört zum 40-jährigen Jubiläum des GTs im Artikel »Forever Young« den Vergleich mit dem berühmtesten Überschall-Passagierflugzeug der Welt: »Was haben der Opel GT und die Concorde gemeinsam? Beide sind einmalig und ohne Nachfolger. Wer in beiden reisen durfte, weiß, dass es im Innenraum um die Schultern herum sehr eng zugeht. Beide ließen die Passagiere emotional abheben: Die Concorde mit bis zu 2.172 km/h, der Opel GT mit über 180 km/h.« Der GT strahle bis heute eine ungeheure Anziehungskraft aus. »Er ist eindeutig der faszinierendste Opel-Oldtimer aller Zeiten. Taucht man mit ihm auf, wollen sich die begeisterten Seh-Leute unbedingt in den gerade mal 1,23 Meter schmalen Innenraum zwängen. Jeder möchte hinter dem Flugzeug-ähnlichen, geneigten Cockpit und in den flachen Sportsitzen Platz nehmen und durch die gewölbte Frontscheibe über die Hutze auf der Motorhaube hinweg in die Weite schauen. Auch aus dieser Perspektive gewinnt der Opel-Werbeslogan seine Berechtigung: Nur Fliegen ist schöner? Ja!«

FRENCH CONNECTION: ERGEBNIS EINER DEUTSCH-FRANZÖSISCHEN LIAISON

Die Karosserie lässt Opel bei Chausson in Gennevilliers (Frankreich) herstellen – auf einem Band mit anderen Modellen wie dem Peugeot 204 Coupé und 204 Cabriolet. Die Lackierung und die Innenausstattung erfolgen beim französischen Metallverarbeiter, Karosseriebauer und Auftragsmonteur Brissonneau & Lotz in Creil. Motoren, Getriebe und Achsen kommen von Opel in Bochum, wo schon der Kadett vom Band läuft. Hier erfolgt auch die gesamte Qualitätskontrolle.

ENDE LEGENDE

Doch viel zu früh kommt dann das Aus: »Die Adam Opel AG gibt bekannt, dass sie die Produktion der Opel-GT-Modelle ab August 1973 einstellen wird«, so lautet die erste Zeile der schlichten, einseitigen »Opel Presse-Information« vom 3. April 1973. Das Ende der Legende. Nach nur fünf Jahren Bauzeit. Und dafür gibt es im Wesentlichen drei Gründe: Der französische Opel-Wettbewerber Renault kauft Brisonneau & Lotz und nutzt die Kapazitäten für eigene Modelle. Außerdem verschärfen die USA – der Hauptabsatzmarkt für das Coupé – ab 1974 die Sicherheits- und Abgasvorschriften stetig weiter. Diese »würden Sportlichkeit und damit auch das Image des Zweisitzers beeinträchtigen«, so die Presseabteilung.

Insgesamt 103.463 GT laufen in Bochum vom Band, davon 99.890 GT 1900 und 3.573 GT 1100. Rund zwei Drittel der Produktion – genau 70.222 Einheiten – landen in den USA. Der Bestand wird bis heute massiv dezimiert. Seine größten Feinde: Tuning-begeisterte Schrauber und der Rost. ////

(Monza-)Blaues Wunder: Diesen GT hat *OPEL LOVE*-Autor Hamprecht aus erster Hand gekauft – von Ex-Buick-Händler Marc Sable aus Pennsylvania.

GT
D
GG
GT 71H

TEUFELSROCHEN AUS RÜSSELSHEIM

Bauzeit 1970 – 1975
Stückzahl 498.553 Exemplare
Motoren 1,2- bis 1,9-Liter-Ottomotoren, 44 – 77 kW
Leergewicht 950 – 970 kg
Einstiegspreis 8.528 DM

Familientaugliches Coupé mit Kult-Status.

George Gallion erinnert sich noch ganz genau, wie der Manta entstanden ist: »Von meinem damaligen Chef Chuck Jordan bekam ich den Auftrag, einen Wettbewerber zum Ford Capri zu entwickeln«, sagt der einstige stellvertretende Leiter des Exterieur-Designs mit amerikanischem Akzent. »Und Chuck verabschiedete sich in die Ferien mit den Worten: Wenn ich wieder da bin, seid ihr fertig, sonst zeige ich euch, wie das geht«. Das Design des Manta A hat nicht unter dem Zeitdruck gelitten. Für Opel gehört die Manta-Baureihe zu den erfolgreichsten Entwicklungen der Unternehmensgeschichte. Mehr als eine Million Exemplare verkauft Opel von 1970 bis 1988 vom Manta A und B. Er wird damit eine Ikone, ein Kultauto – und Popkultur.

Das sportliche Coupé mit dem Teufelsrochen-Emblem feiert im September 1970 Premiere. »Zu der Zeit hat die Marke mit dem Blitz längst alle Biederkeit abgelegt und mit Pulsbeschleunigern wie GT, Commodore GS, Rekord Sprint oder Rallye-Kadett eine Coolness erlangt, von der andere Massenmarken träumten«, erklärt Fachjournalist Wolfram Nickel. Artgerecht findet die Vorstellung für 400 Journalisten an der Ostsee am Timmendorfer Strand statt. »Das Auto, das wir Ihnen heute präsentieren, stempelt kein anderes Modell zum alten Eisen, sondern gesellt sich zu unserem bisherigen Programm als wirkungsvolle Ergänzung und zur Deckung eines neu entstandenen Bedarfs«, heißt es im Pressetext von damals. Familientaugliche Coupés liegen voll im Trend. Schon im ersten vollen Verkaufsjahr 1971 setzt Opel vom Manta 56.200 Einheiten ab – allein im Heimatmarkt Deutschland.

Bodengruppe, Fahrwerk und Motoren teilt sich das Sportcoupé mit dem Schwestermodell Ascona, das zwei Monate später in den Handel kommt. Der Manta ist in Anlehnung an die begehrten Sportcoupés aus Italien von einem sauberen, geradlinigen Design geprägt. Rahmenlose Fenster, ein knackiges Heck und eine klar strukturierte Front haben ihn schnell zum erschwinglichen Traumauto der jüngeren Generation gemacht. Die Karosserielinie besticht bis heute durch ihre unaufdringliche Eleganz. Das Heck wird durch die vier kreisrunden Rückleuchten dominiert, die Frontgestaltung mit den Doppelscheinwerfern ist von zeitloser Ästhetik und dient noch ein halbes Jahrhundert später als Inspiration für das aktuelle Opel-Markengesicht namens Vizor.

Des Manta günstiger Preis resultiert nicht zuletzt aus dem Zugriff auf die Bodengruppe des Ascona und dem Einsatz von vorhandenen Bauteilen. »Für die Entwicklung eigener Blinker und Scheinwerfer zum Beispiel war keine Zeit, da haben wir geschaut, was passt, und einfach die Scheinwerfer des gerade ausgelaufenen Olympia genommen«, sagt George Gallion.

Den Einstieg in die Manta-Baureihe markiert ab 1972 die 1,2-Liter-Version mit 60 PS. Ein neuer Vertreter der aktuellen Motorengeneration ist der 1,6-Liter-Vierzylinder mit 68 PS – in der S-Ausführung sogar mit 80 PS. Der leistungsstärkste Motor im Manta ist schließlich der 1,9-Liter-S-Vierzylinder mit 90 PS, bekannt aus dem Opel Rekord. Im November 1972 kommt mit dem Manta Berlinetta eine luxuriös ausgestattete Variante ins Modellprogramm. Zum Serienumfang gehören Sportlenkrad, heizbare Heckscheibe, Halogen-Scheinwerfer, elektrische Scheibenwaschanlage und Vinyldach.

Zahlreiche Sondermodelle mit vielversprechenden Namen ergänzen das Portfolio in der fünfjährigen Bauzeit: »Holiday«, »Plus« und »Sommer-Bazar« kombinieren gehobene Ausstattungsmerkmale mit einem niedrigen Preis. Mit dem Sondermodell »Swinger« wirbt Opel gegen Ende des Modellzyklus noch einmal intensiv um die Käufergunst. In der Fernsehwerbung werden die Sondermodelle von dem damals beliebten Swing-Sechstett Hazy Osterwald präsentiert. Der Swinger zeichnet sich äußerlich durch sein attraktives, jugendliches Sport-Streifen-Dekor aus und glänzt serienmäßig mit vielen Extras, wie Sportfelgen, Sportlenkrad und heizbarer Heckscheibe, die sonst nur bei Wagen der oberen Mittelklasse zu finden sind.

Schon 1974 erscheint das Topmodell Manta GT/E, der erste Opel mit einer elektronischen Einspritzung. Sein 1,9-Liter-Einspritzmotor mit Bosch L-Jetronic leistet 105 PS. Im Stil der Zeit verzichtet der Manta GT/E – wie schon der GT

Die Front mit den Doppelscheinwerfern ist von zeitloser Ästhetik und dient ein halbes Jahrhundert später als Inspiration für das aktuelle Opel-Markengesicht namens Vizor.

Swinger: Das Sonderdermodell besticht durch sein jugendliches Sport-Streifen-Dekor.

Junior – auf jeden Chromschmuck und setzt auf mattschwarzen Zierrat.

Im April 1975, kurz vor dem Debüt des Manta B, erscheint das letzte Sondermodell: Der Manta »Black Magic« basiert auf dem GT/E. Er ist ganz in Schwarz lackiert und trägt rot-orange Zierstreifen auf den Flanken. Die unter Fans legendäre Werbeanzeige ziert eine Blondine; sie trägt ein schwarzes Lederkleid und ebensolche unterarmlange Handschuhe mit einem schwarzen Panther an der Leine.

Eine späte Ehrung erfährt der Manta am 13. April 2017: Das Bundesministerium der Finanzen in Deutschland gibt einer Sonderbriefmarke der Serie »klassische deutsche Automobile« zu einem Nennwert von 0,90 Euro aus, auf der der Rochen aus Rüsselsheim abgebildet ist. Zurecht, meint auch Bernd Schweickard, Journalist und Gründer des *Opel Classic-Magazins*: »Der Manta – egal ob A oder B – ist ein Auto, das den Spirit der 70er und 80er Jahre perfekt ausdrückt. Dynamisch und flott begleitet mich der bezahlbare Opel-Sportwagen seit den 80ern bis heute.«

Der Manta: Ikone, Kultauto – und Popkultur.

Tiernamen passten zum Zeitgeist. Wie bei Ford Mustang und Corvette Stingray.

WIE DER MANTA ZU SEINEM NAMEN UND EMBLEM KOMMT

»Wir hatten uns für den Namen Manta entschieden«, erinnert sich Designer George Gallion. »Tiernamen passten damals zum Zeitgeist. In den USA waren der Ford Mustang und die Corvette Stingray sehr erfolgreich. Ein solches Ponycar auf europäische Art war ja auch der Manta. Nun hatten wir noch zehn Tage Zeit, ein Emblem für unser Auto zu gestalten, doch wir fanden keine geeigneten Vorlagen dafür.« Kurzerhand fliegt der US-Designer an einem Samstagmorgen im Jahr 1969 nach Paris und trifft dort den weltberühmten Meeresforscher Jacques Cousteau. Stundenlang sichtet er das Bildmaterial Cousteaus. Bis endlich eine Einstellung zu sehen ist, in der ein gigantischer Teufelsrochen im Roten Meer von unten gegen den hellen Himmel gefilmt ist. Volltreffer! Der Opel Manta bekommt fortan ein feines verchromtes Emblem an die vorderen Kotflügel geschraubt. Selbst beim Manta GSe aus dem Jahr 2021 fehlt der Teufelsrochen nicht – in Form eines QR-Codes, der zu einer Website mit allen Informationen führt. ///

FÜR JEDEN DER RICHTIGE

Baujahr 1970-
Produktionsz
Stückzahl 691
Motoren Reih
1,2–1,9 Liter, 6

Das World Trade Center in New York wird 1973 eröffnet. Die Watergate-Affäre führt in den USA in dem Jahr zu einer Verfassungskrise. Und pünktlich zur ersten Ölkrise bringt Opel den Kadett C in den Markt – das letzte Opel-Kompaktmodell mit Heckantrieb und das erste Weltauto von General Motors.

Limousine, Caravan, Coupé, Rallye, GT/E, City, Aero – der Kadett C hat viele Gesichter und Charakter-Ausprägungen. Insgesamt 18 Karosserie- und Motorvarianten stehen beim Start zur Verfügung. »Jedem den Seinen«, lautet deshalb ein Werbeslogan für das Auto, das den alten VW Käfer niederringt und den jüngeren Ford Escort klein hält. Typische Designmerkmale sind der flache Kühlergrill, die Motorhaube mit der markentypischen Bügelfalte sowie die zum Spoiler ausgebildete Frontschürze. Die wichtigsten Varianten:

City: Ein dreitüriges Schrägheckmodell mit großer Heckklappe als Antwort auf den VW Golf1 bringt ab Mai 1975 besonders hohen Alltagsnutzen dank eines variablen Laderaums. Der »Einkaufswagen« ist 20 cm kürzer als die Limousine.

GT/E: Auf der IAA 1975 debütiert der bärenstarke GT/E. »Leute, haltet eure Hosen fest, der neue Kadett GT/E ist in 9,8 Sekunden auf 100. Womit wieder mal bewiesen wäre, dass Opels Hosenträger die schnellsten sind«, formulieren markig-selbstironisch die Werbetexter. Sein 1,9-Liter-Motor mit L-Jetronic-Einspritzung von Bosch leistet 105 PS und ist bei nur rund 900 kg Leergewicht für 184 km/h gut. Oberhalb der Gürtellinie ist der GT/E Quietschgelb, darunter Schwarz. Hinter dem Steuer der Sportversion nehmen ab 1976 bekannte Werksfahrer Platz. Walter Röhrl und Rauno Aaltonen sind mit bis zu 225 PS starken GT/E bei der Rallye Monte Carlo und der Portugal-Rallye erfolgreich.

Die zweite Version des Kadett GT/E wird auf der IAA 1977 erstmals der Öffentlichkeit vorgestellt – als ein Fahrzeug »von Profis für Profis«. Der neue GT/E soll in erster Linie den Einstieg in den Motorsport vereinfachen. Die heute umgangssprachliche Bezeichnung »1000er-Serie« entsteht durch die ursprünglich geplante Auflage. Denn für die Homologation nach Gruppe 1 (Serientourenwagen) sind 1.000 Exemplare von der FIA gefordert. Die Nachfrage ist derart überwältigend, dass es zu zwei weiteren Auflagen kommt. Somit baut Opel von der »1000er« bis Juli 1979 insgesamt 2.234 Exemplare. »Weg von der bürgerlichen Betulichkeit des Fahrers mit Hut, hin zu jugendlichem Ungehorsam und neuer Sportlichkeit. Freche Rallyestreifen, mattschwarze Motorhaube, Zusatzscheinwerfer und damals fast schon als überstark empfundene Motoren machten den GT/E zu einem Auto, das scheinbar nur versehentlich von Schotterpisten der Rallye-WM auf Straßenasphalt gewechselt war«, erinnert sich Fachjournalist Wolfram Nickel.

Aero: 1976 stellte Opel die attraktive Cabrio-Version des Kadett C auf dem Genfer Salon vor. Der klingende Name »Aero« erinnert bewusst an die GT-Studie von 1969. Opel beauftragt den Karosserie-Spezialisten Baur in Stuttgart mit der stabilen Konstruktion aus breitem Überrollbügel, Targa-Dach und hinterem Faltverdeck auf Basis der zweitürigen Limousine. Die vorzügliche Qualität des Aero hat ihren Preis, so werden nur 1.242 Stück verkauft.

Von 1973 bis 1979 baut Opel in Bochum insgesamt 1.701.075 Kadett C, davon 190.461 Kombis. Das Modell ist der letzte kompakte Opel mit Hinterradantrieb.

In Märkten rund um den Globus wird der Kadett C von Mutter GM unter mehr als 40 verschiedenen Marken- und Modellnamen verkauft – in Südamerika, Asien, Australien, Südafrika und entgegen anfänglichen Plänen auch in Nordamerika (ab 1975 unter Chevrolet, Buick-Opel, Pontiac und Isuzu). In Großbritannien läuft er als Vauxhall Chevette vom Band.

Zum glücklichen globalen Gewinner werden Kadett und Geschwister durch ein gänzlich unvorhergesehenes Ereignis. Ende 1973 überrascht die erste Ölkrise den Weltmarkt. Explodierende Benzinpreise und politische Forderungen nach verbrauchsarmen Fahrzeugen spielen den Opel-Modellen in die Karten.

Insgesamt 18 Karosserie- und Motorvarianten stehen direkt ab Start zur Verfügung.

Produktionszeitraum 1973–1979
Stückzahl 1,7 Millionen
Karosserievarianten zweitürige und viertürige Limousine, dreitüriges Kombimodell (Caravan), zweitüriges Coupé /Rallye / GT/E, dreitüriges Fließheckmodell (City), zweitürige Cabrio-Limousine (Aero)
Motorisierung 1.0 / 40 PS; 1.2 / 52 PS, 1.2 / 60 PS, 1.6 / 73 PS, 1.6 / 75 PS, 1.9 / 105 PS, 2.0 / 110 PS, 2.0 / 115 PS
Einstiegspreis 7.175 DM

SPORTLICHER SPIESSER?

Bauzeit 1975–1981
Produktionsort Bochum und Antwerpen
Stückzahl 1,5 Millionen
Motor 1,2- bis 2,0-Liter-Ottomotoren (40–81 kW), 2,0 Liter Dieselmotor (43 kW)
Einstiegspreis 9.995 DM

Im September 1975 kommt die zweite Ascona-Generation als zwei- oder viertürige Stufenhecklimousine auf den Markt. Die Technik teilt sich der »sportliche Spießbürger« (*AutoBild*) mit dem Coupé Manta B. In Großbritannien läuft der Ascona B als Rechtslenker unter dem Namen Vauxhall Cavallier Mk 1, in Südafrika als Chevrolet Ascona oder Chevrolet Chevair.

Der Ascona B war sichtbar großzügiger gestaltet als sein Vorgänger: Der Radstand ist fast neun Zentimeter länger, die Karosserie wächst um 20 Zentimeter in der Länge und vier Zentimeter in der Breite, dabei wird sie einen halben Zentimeter niedriger. Die Opel-Formensprache der 1970er Jahre mit glatten Karosserie- und großen Glasflächen setzt sich auch hier durch. Eine Kombiversion – wie beim Vorgänger – wird nicht mehr angeboten.

Im Innenraum ist der Ascona aus heutiger Sicht ein Spartaner: »Dünne Sitze, weniger Platz als im Taunus und ein Cockpit, so leer wie die Wüste Gobi. Aber genau deshalb ist er ein typisches Kind seiner Zeit, als nahezu jedes Extra Aufpreis kostete«, urteilt die *Auto-Bild*. Wenigstens 11.627 D-Mark werden 1977 für den Ascona 1.9 fällig, für die Automatik 1.012 D-Mark, für H4-Licht 115 D-Mark. Ab September 1978 steht erstmals zusätzlich zu den Vierzylinder-Benzinmotoren auch ein Diesel in einem Mittelklassewagen zur Verfügung.

In Vergleichstests kann der Ascona die meisten seiner mehr als 20 Konkurrenten regelmäßig niederringen und dort sogar Alfa Romeo Alfetta und BMW 316 bezwingen. Noch besser sieht es auf den Rallyepisten aus: Als Ascona 400, dessen 2,4-Liter-Vierzylinder serienmäßig 144 PS leistet, liefert er die technische Basis für eine triumphale Siegesserie: 1979 gewinnen der Opel-Werksfahrer Jochi Kleint und sein Beifahrer Gunther Wanger mit einem Ascona B, Gruppe 2, mit 186 PS nach einer strapazenreichen Saison die Rallye Europameisterschaft. Auf einem Ascona 400 gewannen Walter Röhrl und Beifahrer Christian Geistdörfer 1982 die Rallye-Weltmeisterschaft und holen damit einen der wichtigsten Titel in der Opel-Motorsport-Geschichte. 1983 gewinnen Ari Vatanen und sein Co-Pilot Terry Harryman im Ascona B 400 mit 270 PS und einer Höchstgeschwindigkeit von 225 km/h bei der berüchtigten Safari-Rallye in Kenia. Mit diesem triumphalen Sieg verabschiedet sich der Ascona B von der internationalen Rallye-Bühne.

Derweil feiern die Briten das Ascona-Parallelmodell Cavalier, der sich vom Rüsselsheimer im Wesentlichen durch seine Front im Opel-Manta-Look unterscheidet, als Retter der traditionsreichen GM-Marke Vauxhall. Sogar in Südafrika sorgt der Opel für Furore und das gleich im Doppelpack als Chevrolet Chevair (mit Vauxhall-Front) und Chevrolet Ascona (mit Opel-Gesicht).

Dem früheren Opel-Slogan »Opel, der Zuverlässige« macht der Ascona alle Ehre. Dauertests der Fachpresse absolviert er ohne außerplanmäßigen Werkstattaufenthalt und in den Wartungskosten wird der Ascona gewürdigt als so preiswert wie kein anderes Mittelklassemodell. ///

Der Ascona B macht dem Slogan »Der Zuverlässige« alle Ehre – auch auf der Rennstrecke.

FRITZMEIER
220 RS

FAHRENDES DENKMAL

Produktionszeitraum 1975–1988
Stückzahl 557.940
Karosserievarianten Coupé mit Stufenheck Combi-Coupé CC mit Fließheck & großer Heckklappe (ab 1978)
Motorisierung Reihen-Vierzylinder-Benziner, 1,2 und 2,4 Liter (55–144 PS)
Einstiegspreis 10.940 DM

Als Opel die Produktion der neuen Generation des Manta nach den Werksferien im August 1975 anlaufen lässt, ahnt niemand, welche Ausnahme-Karriere dem Manta B bevorsteht. Stolze 14 Jahre bleibt die zweite Auflage des Coupés bis auf wenige Facelifts unverändert am Markt – ein Rekord in der Automobilbaugeschichte des Unternehmens. Über viele Jahre hinweg ist der Manta B Deutschlands meistverkaufter Sportwagen. Mit einer Stückzahl von 557.940 Einheiten verkauft er sich noch besser als der Manta A und sorgt dafür, dass sich in Summe über beide Baureihen hinweg über eine Million Käufer für das Coupé entscheiden.

Wie schon bei den Vorgängern teilen sich das Coupé und die Ascona-Limousine die technische Basis bestehend aus Bodengruppe, Fahrwerk und Antrieb. Das Angebot an Vierzylindermotoren umfasst über die gesamte Produktionsdauer hinweg 14 Versionen mit Hubräumen zwischen 1,2 und 2,4 Liter sowie einem Leistungsspektrum zwischen 55 und 144 PS. Zwei Varianten führt Opel im Programm: das Coupé mit Stufenheck und das 1978 neu vorgestellte Combi-Coupé CC mit Fließheck und großer Heckklappe, das an den großen Bruder Opel Monza erinnert.

Stolze 14 Jahre bleibt die zweite Auflage des Coupés fast unverändert am Markt.

Immer neue Modelle und Motorisierungen erweitern die Baureihe und halten sie aktuell – mit Ausstattungs-Kürzeln wie SR, Berlinetta, GT, GT/J oder GT/E. 1979 ersetzen neu entwickelte ohc-Motoren Teile der alten Triebwerkfamilie mit seitlicher Nockenwelle. Das Topmodell GT/E entwickelt 105 PS, bzw. mit dem größeren 2,0-Liter-Motor 110 PS und wird 1984 in GSi umbenannt.

Der stärkste und seltenste Vertreter der B-Baureihe ist der 1981 auf dem Genfer Salon vorgestellte Manta 400. Ab Werk verfügt der Manta 400, dessen Bezeichnung sich aus der für die Homologation in der Gruppe 4 notwendigen Anzahl von 400 gebauten Exemplaren ableitet, über einen 2,4-Liter-dohc-Vierzylindermotor mit Vierventiltechnik und 144 PS – laut Werbung exklusiv »Für Kenner und Könner«. Schon die Straßenversion lehrt Porsche 924/944 bei Sprintduellen das Fürchten und sogar der Ferrari Mondial hat damals das Nachsehen. Mit einem Manta 400 gewinnen Guy Colsoul und Alain Lopes 1984 bei der Rallye Paris-Dakar die Wertung der nicht-allradgetriebenen Fahrzeuge und erreichen den vierten Platz im Gesamtklassement hinter drei Autos mit Allradantrieb. Nur 245 Einheiten des Manta 400 werden bis 1984 gebaut.

Die letzten beiden erhältlichen Versionen des Manta B sind das Topmodell GSi und der beim Tuner Irmscher in kleinen Stückzahlen gefertigte GSi Exclusiv – mit runden Doppelscheinwerfern, speziellen Polsterstoffen im Innenraum sowie einem Dreispeichen Lederlenkrad. Zwischen den Rückleuchten befindet sich eine schwarze Blende, das Kennzeichen sitzt an der hinteren Stoßstange. In den 80er und 90er Jahren wird der Manta B zum Kultobjekt von Tuningfreunden – gerne mit Breitreifen und Rallyestreifen, Spoilern und Kenwood-Aufklebern sowie Stickern mit dem Spruch: »Opel fahr'n is wie wennze' fliechst«.

Am Lenkrad gilt: »Opel fahr'n is wie wennze' fliechst.«

Opel führt zwei Varianten: das Coupé mit Stufenheck und das Combi-Coupé CC mit Fließheck und großer Heckklappe, das an den großen Bruder Monza erinnert.

Mehr als eine Million Manta der ersten und zweiten Generation baut Opel.

MANTA-MANIA

Drei Jahre nachdem die Produktion eingestellt wird, 1991, kommt der Bernd-Eichinger-Film *Manta Manta* in die Kinos – und zündet den nächsten Turbo für den Manta-Kult in Deutschland. Hauptdarsteller sind Til Schweiger als »Berti«, Tina Ruland als »Uschi« und eine gelb-blaue Rennversion des Manta B mit einem Senator-Sechszylinder – aufgemotzt von Tuner Daniel Holesch. Flache Manta-Witze kommen darin nicht zu kurz – in einer Zeit, in der auch Blondinen-, Friseusen- und Ostfriesenwitze die Deutschen erheitern. Bedient wird das Klischee vom Bleifuß-Proleten mit Vokohila und blonder Friseurin als Beifahrerin, Pornobalken, Cowboy-Stiefeln (»Mantaletten«), Fuchsschwanz (am Gürtel und an der Antenne), linkem Ellenbogen aus dem Seitenfenster und »Boah,ey«-Brunftruf in Ruhrpott-Slang. Lieblingsgericht: die Manta-Platte – ein Teller Currywurst mit Pommes rot-weiß.

32 Jahre später, im Frühjahr 2023, kommt *Manta Manta Zwoter Teil* in die Kinos und die

Manta 400: Der stärkste und seltenste Vertreter der Baureihe lehrt Porsche 924/944 bei Sprintduellen das Fürchten.

Höhenflug: Über viele Jahre hinweg ist der Manta B Deutschlands meistverkaufter Sportwagen.

Witze sind vergessen. Die Neuauflage stürmt direkt an die Kinocharts. Uschi ist inzwischen eine erfolgreiche Unternehmerin und fährt im Film – wie im Privatleben – einen eleganten Mokka Electric. Berti, der einstige Rennfahrer, ist ein mittelloser, aber liebenswerter Mechaniker. Insbesondere eines seiner Zitate geht viral:

»Macht mal bitte alle die Augen zu. Stellt euch mal Folgendes vor. Es ist ein heißer Sommerabend in der Stadt. Es ist stickig. Ihr geht runter und setzt euch in euer Auto. Ihr fahrt los und spürt den kühlen Fahrtwind. Ihr macht das Radio an. Hört Musik. Ihr fahrt zu eurer Freundin, holt sie ab. Und fahrt mit ihr übers Land ans Meer. Spürt ihr diese Freiheit? Autos bedeuten Freiheit. Und ich liebe Freiheit! Ihr könnt die Augen wieder aufmachen.«

Die *Bild am Sonntag* urteilt im April 2023: »Insgesamt baute Opel nicht nur 1.056.436 Manta der ersten und zweiten Baureihe, sondern ein fahrendes Denkmal, das als Kult nicht zu überholen ist.« ///

GERÜSTET FÜR DIE ACHTZIGER

Produktionszeitraum 1977 – 1986 (E1 1977 – 1982, E2 1982 – 1986)
Stückzahl 1,4 Millionen
Karosserievarianten Limousine, Caravan, Kastenwagen
Motorisierung Ottomotoren 1,7 – 2,2 Liter (44 – 85 kW), Dieselmotoren 2,1 – 2,3 Liter (44 – 63 kW)
Nachfolger Omega A
Einstiegspreis 13.640 DM

»**Natürlich** stellte die Entwicklung des neuen Rekord für das Opel-Team eine große Herausforderung dar«, sagt James F. Waters Jr., Generaldirektor der Adam Opel AG im August 1977. »Denn der Wagen wird nicht zuletzt an seinem Vorgänger gemessen, den wir 1972 auf den Markt brachten und der zur Nummer eins der gehobenen Mittelkasse in Europa geworden ist.« Doch die Ingenieure und Designer in Rüsselsheim seien »gerüstet für die 80er Jahre« und können »mit Stolz zurück und mit Optimismus nach vorn blicken«, sekundiert die Presseabteilung. Der neue Rekord bringe mit dem deutlich größeren Innenraum und seiner Wirtschaftlichkeit alle Voraussetzungen mit, den erfolgreichen Vorgänger auch als Anführer der Zulassungs-Hitliste abzulösen.

Tatsächlich schafft es Opel, rund 1,4 Millionen Rekord E bis August 1986 zu verkaufen – und insgesamt 10 Millionen Rekord über alle Generationen hinweg. Der Nachfolger ist ab September 1986 der neue Omega, mit dem Opel eine neue Ära einläuten will.

Einer von 10 Millionen Exemplaren.

HOHES C

»**Ein Automobil,** geschaffen für Fahrer-Persönlichkeiten, die sehr hohe Ansprüche stellen«, so beschreibt ein zeitgenössischer Katalog den Commodore der dritten Generation. Er preist die ideale Verbindung von kultivierter Sportlichkeit, hohem Komfort, erstklassigen Fahrleistungen und Fahrverhalten. »Opel, der Zuverlässige – dieses Versprechen hält mein Commodore. Ehrensache. Elektronik gibt es keine. Das Fahren ist dank Servolenkung und behaglicher Plüschpolster sehr angenehm. Aussteigen möchte ich erst, wenn der 65-Liter-Tank fast leer ist«, schwärmt Redakteur Alf Cremers von der *Motor Klassik*.

Der Commodore C ist erstmals in dieser Generation als Caravan – also Kombinationskraftwagen oder kurz »Kombi« – erhältlich und trägt hier den Namen Voyage. Nur 3.440 Exemplare baut Opel davon in 16 Monaten, was ihn zu einem der seltensten Großserien-Pkw macht. Auf seiner Basis entstehen diverse Aufbauten, etwa für Krankentransporte. In Großbritannien heißt der Commodore C Vauxhall Viceroy.

Opel stellt die Produktion im August 1982 ersatzlos ein. Grund: Das Marktsegment zwischen Senator und Rekord ist zu schmal geworden. Der inoffizielle Nachfolger wird der Senator 2.5i mit längerem Radstand. Der Name lebt nur nochmal von Frühjahr 1983 bis Ende 1989 in Südafrika auf: der »Commodore C2« hat die Frontpartie des Senator A2 und das Heck des Rekord E2.

Produktionszeitraum 1977 – 1982
Produktionsort Rüsselsheim
Stückzahl rund 82.820
Karosserievarianten Limousine und Kombi
Motoren 2,5 Liter (85 – 96 kW)
Einstiegspreis 16.765 DM

Opel stellt die Produktion 1982 ein. Der Name lebt aber in Südafrika weiter.

SENATOR-STATUS

Ende der 1970er stößt Opel gezielt in die Oberklasse vor: Im September 1977 feiern der Senator A als repräsentative Limousine und der Monza als Coupé-Ableger mit verkürztem Radstand auf der IAA in Frankfurt ihr Debüt – noch als Prototypen mit Fiberglas-Karosserien. Im Februar 1978 läuft dann ihre Serienproduktion im Werk Rüsselsheim an.

»Der elegante Senator verkörpert eine Synthese aus Komfort, Leistung und Raumökonomie«, schwärmt die Presseabteilung. Die Tradition, High-Tech zu erschwinglichen Preisen auch in der Oberklasse anzubieten, setzt Opel hier nahtlos fort. Insbesondere Liebhaber starker Sechszylinder-Automobile mit hervorragenden Fahreigenschaften sind die Käufer des Oberklasse-Modells. Dabei hatte die Kundschaft zunächst die Wahl zwischen einem Dreiliter-Einspritzaggregat und dem 2,8-Liter-Vergasermotor aus dem Admiral.

Senator und Monza sind abgeleitet vom ebenfalls neuen Rekord E; die Modelle teilen sich die gleiche Technik und Grundkarosserie, allerdings mit einer verlängerten Front für den Einbau des Sechszylinders. Bei Opel wird diese »Schnüffelschnauze« genannt, weil die Schweinwerferpartie nicht mehr traditionell senkrecht steht, sondern aerodynamisch geneigt. Der Senator hat zudem eine anders gestaltete Seitenansicht, äußerlich erkennbar an der dritten Seitenscheibe, und eine repräsentative Heckpartie mit fast schwarz wirkenden Rückleuchten.

Die repräsentative Reiselimousine ist mit einem fortschrittlichen Fahrwerk ausgestattet. Anstelle der von vier Längslenkern und einem Panhardstab geführten hinteren Starrachse beim Rekord haben Senator und Monza eine aufwendigere Schräglenkerachse. Die Ausstattungsmöglichkeiten sind vielfältig und enthalten alle erhältlichen Komfortoptionen: Lenkradhöhenverstellung, Automatikgetriebe, Klimaanlage, elektrische Fensterheber, Zentralverriegelung, Sitzheizung, Leichtmetallräder, Scheinwerfer-Wisch-Wasch-Anlage und Stereo-Radio/Kassettenspieler.

Der Senator gewinnt direkt 1978 »Das Goldene Lenkrad« – den Oscar unter allen Auto-Auszeichnungen, verliehen seit 1976 von der *Bild am Sonntag*. Und mit großem Vorsprung vor einem so namhaften Konkurrenten wie dem Mercedes 450 SLC 5.0. Die Erklärung der Jury lautet: »Opel ist mit diesem Auto in die europäische Spitzenklasse vorgedrungen. Eine luxuriöse Limousine für besonders hohe Ansprüche, mit hohem Fahrkomfort, exzellenter Straßenlage und robustem Motor.«

Ende 1982 wird die Modellreihe einem Facelift unterzogen, zumal die Konkurrenz immer größer wird. Kenner erkennen den Senator A2 an den neu gestalteten Stoßfängern, Scheinwerfern und Rückleuchten. 1983 wird dem Senator eine besondere Ehre zuteil: Am 25. Mai verlässt ein 3,0-Liter-Sechszylinder als »20-Millionster Opel« die Fertigungshallen. ///

Produktionszeit 1978 – 1986
Produktionsort Rüsselsheim
Stückzahl (A1 & A2) 134.735
Motoren
Ottomotoren 2,0 – 3,0 Liter (81 – 132 kW)
Dieselmotoren: 2,3 Liter (63 – 70 kW)
Einstiegspreis 25.110 DM (Senator C 2.8 S)
Vorgänger Kapitän, Admiral, Diplomat
Nachfolger Omega
Einstiegspreis
23.380 DM (A1);
29.180 DM (A2)

Der amerikanisch angehauchten Pomp der Vorgänger Kapitän, Admiral, Diplomat ist passé.

MAGIE VON MONZA

Produktionszeit 1978–1986
Produktionsort Rüsselsheim
Stückzahl 43.812 (Opel) und 46.008 (inkl. Vauxhall)
Motoren 2,5- bis 3,0-Liter-Ottomotoren, 100–132 kW
Einstiegspreis 25.325 DM (A1); 30.605 DM (A2)

Der Autodromo Nazionale di Monza – jene Motorsport-Rennstrecke im Königlichen Park der italienischen Stadt nordöstlich von Mailand – ist seit 1950 fast ununterbrochen der Austragungsort des Großen Preises von Italien in der Formel-1-Weltmeisterschaft. Die Rennstrecke gilt als letzte Hochgeschwindigkeitsstrecke der Moderne – dank ihrer langen Geraden und rund 70 Prozent Vollgasanteil. Vollgas hat auch Opel gegeben – mit dem nach der Rennstrecke benannten Monza. Das elegante Sport-Coupé erstrahlt als Glanzlicht in der Oberklasse.

Schon optisch ist der Monza ein wahrer Leckerbissen: dank einer gestreckten, eleganten Karosserie mit der tief ansetzenden Frontpartie mit markanter Chromfront, integriertem Spoiler, einem futuristisch anmutenden Cockpit und einer außergewöhnlich langen gläsernen Heckklappe. Der geräumige Kofferraum ist dabei fast genauso variabel und vielseitig nutzbar wie bei einem Caravan. Die aerodynamische Form bietet dem Wind nur wenig Widerstand. Das markante Heck mit Luftabrisskante optimiert die Aerodynamik. Die Folge des gelungenen Karosseriedesigns ist ein ausgezeichneter Luftwiderstandsbeiwert von 0,35.

Journalisten zeigen sich auf der IAA im September 1977 verblüfft, dass ein Opel mehr Besucher und Blicke anzieht als etwa die neuen BMW 7er oder Porsche 928. »Der Monza zeigt, dass schöne Coupés nicht nur aus Stuttgart oder München kommen«, urteilt der renommierte Auto-Journalist Wolfram Nickel, Verleger und Herausgeber der *Autodrom-Publikationen*. »Vor allem aber sollte der Rüsselsheimer Racer Opel zurück in die Glamour-Liga katapultieren. Dort, wo einst Kapitän, Admiral und Diplomat Führungsrollen besetzten und V8-Diamanten wie der zweitürige Diplomat vom Karossier Karmann oder der Klappscheinwerfer-Keil Opel CD als schönste Coupés in Concours d'Elégance gekürt wurden.« Als der angehende Opel-Designer Niels Loeb 1978 am Frankfurter Flughafen zum ersten Mal einen dort prominent ausgestellten Monza GSE erblickt, ist es um ihn geschehen. »Das war Liebe auf den ersten Blick – für das Modell und die Marke. Opel war zu der Zeit sportlicher, schärfer und innovativer gezeichnet. Opel war nicht so schrullig wie VW, nicht so spießig wie Audi oder so limitiert wie Porsche.«

Die Konstruktion des Monza-Fahrwerks gehört zu den besten und sichersten im Automobilbau. Als erster Opel mit einzeln aufgehängten Hinterrädern bietet der Monza ausgezeichneten Fahrkomfort und eine optimale Bodenhaftung. Nicht zuletzt dank Oberklasseattributen wie der optionalen Klimaanlage kommt er auch bei Medien sehr gut an. So erntet er in den ersten Tests der Fachpresse begeisterte Urteile. Direkt nach der Markteinführung im April 1978 platziert sich das große Coupé in seinem Segment in den deutschen Verkaufscharts ganz vorn. Opel ist wieder ein Player im Premiumsegment. Allerdings nur vorübergehend. Denn wie bei den meisten Coupés – mit kurzem Lebens-

Monster-Monza: Der GSE erscheint Ende 1983 mit 180 PS starkem 3.0-Sechszylinder.

Cool as ice: Das elegante Sport-Coupé erstrahlt als Glanzlicht in der Oberklasse.

zyklus und niedrigen Verkaufsvolumen – ist auch die Karriere des Monza nur von kurzer Dauer. Dann dümpeln die Zulassungszahlen vor sich hin. Zwischen 1978 und 1982 werden von der Baureihe Monza als Zwischenmodell A1 27.218 Fahrzeuge gebaut.

Im Herbst 1982 erhält auch der Monza noch einmal einen Schub – durch eine frische Faceliftversion mit Retuschen an Motorhaube, Scheinwerfen oder etwa Stoßstangen und einer preiswerten 2,0-Liter-Vierzylinder-Variante. Erst mit diesem ersten Facelift übernehmen die Briten den Namen Monza, zuvor wird das Modell auf der Insel recht erfolglos als Vauxhall Royale Coupé angeboten.

Mit dem GSE erscheint Ende 1983 die höchste Ausstattungslinie des stattlichen Coupés. Der GSE ist ausschließlich mit dem 3.0-Sechszylinder-Einspritzmotor mit 180 PS und 215 Stundenkilometern Spitze sowie Sportfahrwerk erhältlich. Er macht Furore durch Tempo und Techniklook. Die sportliche Innenausstattung mit Recaro-Sitzen, Lederlenkrad und Bordcomputer gehört auch zur Serienausstattung. Die sonst üblichen Chromleisten sind beim GSE schwarz und anthrazit. Ein kleines funktionelles GSE-Highlight ist die LCD-Elektronik-Flüssigkristall-Anzeige für Daten wie Geschwindigkeit, Drehzahl, Tankinhalt oder Motortemperatur. »Opel startet damit als erster deutscher Autobauer mit einem serienmäßigen LCD-Cockpit, dem ›Mäusekino‹, ins Elektronik-Zeitalter«, erinnert sich *Opel Classic Magazin*-Herausgeber Bernd Schweickard. »Damals stand ich als Jugendlicher träumend vor der unendlich langen Motorhaube. Heute freue ich mich im Alltag über den neuen Astra GSe. Natürlich wieder in weiß!«

Aufsehen erregt außerdem eine Kleinserie des Karossiers Keinath, der den Monza zum Cabriolet umbaut und als KC 5 vermarktet. Schließlich baut Erich Bitter sein exklusives Gran Turismo Bitter SC als Coupé und Cabriolet auf Basis von Senator und Monza.

Mit Preisen ab 25.300 Mark ist der Serien-Monza ein absolutes Schnäppchen. Jedenfalls im Vergleich zu Zweitürern wie Mercedes 280 CE und BMW 628 CSI, aber auch Lancia Gamma Coupé, Volvo 262 und Peugeot 504 V6 Coupé. Journalist Nickel resümiert: »Mit diesem Kultcoupé gelingt Opel das, woran die Senator-Limousine im Alleingang gescheitert wäre: Begeisterten Beifall des Publikums zu ernten. Genau wie ein auf Sieg gesetzter Sportwagen beim Sprint aus der spektakulären Parabolica auf die Zielgerade von Monza.« Opel stellt die Produktion im Sommer 1986 ein. Den Namen lässt Opel erst wieder 2013 auferstehen – mit dem Flügeltürer Monza Concept. ///

ERSTER MIT FRONTANTRIEB

Mutter Teresa erhält 1979 den Friedensnobelpreis. Margaret Thatcher wird erste weibliche britische Premierministerin. Sony bringt den weltweit ersten Walkman auf den Markt. Und Opel präsentiert auf der IAA in Frankfurt den Kadett D – das erste Frontantriebsmodell von Opel. Es läutet eine neue Ära der Opel-Kompaktklasse ein.

Schon das Packaging überzeugt: Fast 13 Zentimeter kürzer als der Vorgänger bietet diese Generation einen der längsten Innenräume seiner Klasse und deutlich mehr Platz als die meisten Konkurrenten. Die Palette der neu entwickelten OHC-Motoren wächst sukzessive. Leistungshungrige Kadett-Fahrer müssen sich zunächst gedulden. Die dreitürigen SR-Modelle sehen zwar sportlich aus – mit ihren Spoilern, schwarzer Folie an den Schwellern und Recaro-Sitzen. Unter der Haube kommen aber nur die bekannten 1.3 S und 1.6 S mit 75 und 90 PS zum Einsatz.

Erst im Januar 1983 folgt der bis zu 187 km/h schnelle GTE mit einem 1,8-Liter-Vierzylinder mit 115 PS. »Als junger Spross der Opel-Familie gehört der Kadett GTE zu jener fröhlichen Generation von Automobilen, die beschleunigen wie die Kanonenkugel und dabei auf der Straße kleben wie Bubble Gum um zwölf Uhr mittags«, schwärmt das Opel-Kundenmagazin *Start*. Seine exzellenten Fahreigenschaften verdankt das Modell vor allem der Vorderradaufhängung mit McPherson-Federbeinen und unteren Querlenkern. An der Hinterachse verrichtet statt der alten Starachse eine Verbundlenker-achse ihren Dienst.

Selbst die *auto motor und sport* lobt: »Auf Anhieb wirkt das Fahrverhalten des neuen Opel so ausgewogen, als hätten sich die Rüsselsheimer seit Jahren mit nichts anderem als mit Frontantriebsautos beschäftigt.« Verantwortlich für die Umstellung aller Baureihen unterhalb des Rekord auf Frontantrieb ist der langjährige Entwicklungschef Friedrich W. Lohr. »FWD« (Front Wheel Drive) steht Opel-intern seitdem für »Fritz will das«.

Selbstverständlich gibt es auch wieder einen Kombi – eine Kadett-Tradition seit 1963. Der Caravan bietet 1.425 Liter Laderaum. Mit einem c_w-Wert von 0,39 ist der Kadett D eines der windschlüpfigsten Autos seiner Klasse und bestätigt auch in diesem Punkt eine Opel-Tradition. Entsprechend ist die Kundenresonanz: 1980 und 1982 ist der Neue meistverkauftes Auto mit Benzinmotor in der westdeutschen Zulassungsstatistik.

In England startet der Kadett D im Sommer 1982 – unter dem Namen Astra. Damit nimmt die Opel-Schwestermarke Vauxhall die Bezeichnung des Kadett-D-Nachfolgers vorweg. Und noch ein Meilenstein: Auf der IAA 1981 stellt Opel ein Kadett-Sondermodell namens »Corsa« vor – und testet so den Namen für den Kleinwagen, der 1982 eine mehr als 40-jährige Erfolgsgeschichte schreiben soll. ///

Produktionszeitraum 1979–1984
Produktionsort Bochum und Antwerpen;
Vauxhall in Ellesemere Port
Stückzahl 2,1 Millionen
Karosserievarianten drei- und fünftüriges Fließheckmodell
zwei- und viertüriges Fließheckmodell mit Kofferraumdeckel
drei- und fünftüriger GTE
drei- und fünftüriger SR
drei- und fünftüriges Kombi-Modell (Caravan)
dreitüriger Lieferwagen
Motorisierung Benziner: 1.2 / 53 PS, 1.2 / 54 PS,
1.2 / 60 PS, 1.3 / 60 PS, 1.3 / 75 PS, 1.8 / 115 PS,
Diesel: 1.6 / 54 PS
Einstiegspreis 10.745 DM

In England startet der Kadett D im Sommer 1982 – unter dem Namen Astra.

HÄNGESCHNAUZE

Der populäre Kadett C ist gerade ausgelaufen, der neu entwickelte Corsa A ist noch nicht marktreif, ein günstiges Auto fehlt im Portfolio. Was tun? Opel entscheidet sich 1980, die Chevette der britischen Schwestermarke Vauxhall, die schon fünf Jahre auf der Insel im Handel ist, auch unter der Marke Opel anzubieten.

Optisch lässt es sich nicht verbergen: Die Chevette ist ein Kadett C mit neuer Frontpartie, die man mögen muss. Kein Wunder, dass sie »Droop Snoot« (Hängeschauze) getauft wird. Die Chevette wird nur zwei Jahre für Opel bei Vauxhall gefertigt.

Schwestermodelle auf der sogenannten T-Plattform von Konzermutter General Motors – dem ersten Weltauto des Konzerns – sind der Isuzu Gemini in Japan, Sahean Gemini in Südkorea, Holden Gemini in Australien, Opel K180 in Argentinien, die brasilianische Chevrolet Chevette und die US-Chevette, die in Kanada als Pontiac Acadian vertrieben wird. Im April 1982 wird das »hässliche Auto«, so Motortrend, »gnädigerweise eingeschläfert«. ///

Produktionszeitraum Oktober 1980 – April 1982
Produktionswerk Großbritannien
Stückzahl 12.332
Karosserievarianten zwei- oder viertürige Stufenhecklimousine, dreitürige Schräghecklimousine (CC) dreitüriger Kombi (Estate)
Motoren 1,3 N-Motor, 39 kW (53 PS); 1,3 S-Motor, 42 kW (57 PS)
Einstiegspreis 10.265 DM

Die Chevette wird nur zwei Jahre für Opel bei Vauxhall gefertigt. Und das ist gut so.

ES STREBE DIE VERNUNFT!

Produktionszeitraum 1981–1988
Produktionswerk Rüsselsheim und Antwerpen für Opel, Luton für Vauxhall
Stückzahl 1,72 Millionen (Opel) und 2,18 Millionen (über alle Marken)
Karosserievarianten zwei- und viertürige Stufenheck-Limousine, fünftürige Limousine mit Fließheck
Motoren 1,3- bis 2,0-Liter-Benziner (60–130 PS), 1,6-Liter-Diesel (54 PS)
Einstiegspreis 14.250 DM

Die dritte Generation des Ascona kommt 1981 in den Handel. Sie wird schnell einer der meistverkauften Mittelklassewagen. Rund 1,7 Millionen Einheiten bauen die Rüsselsheimer von dem vernünftigen Auto.

»Opel Ascona. Wirtschaftlichkeit ab Werk«, wirbt so auch der Hersteller. »Opel. Der Zuverlässige«, steht oft auf Aufklebern auf der Heckscheibe. Vernunft ist bei den Käufern so das wichtigste Kaufkriterium, bietet der Ascona doch alles, was ein Auto braucht zu günstigen Preisen. »Er sollte ein sachliches, vernünftiges Auto werden, Bling-Bling und Chichi standen nicht im Lastenheft«, bemerkt Frank Meyer von der *AutoBild*. Sogar das Goldene Lenkrad hat der brave Bruder des Manta gewonnen.

Als Sportskanone gilt der Ascona C nicht – mit einer Ausnahme: dem SR E mit einem 1,8-Liter-Einspritzer, 115 PS und hochwertigen Rekaro-Sitzen. Allein für diese wird er – in die Jahre gekommen – schon mal ausgeschlachtet, weswegen gut erhaltene Modelle heute sehr selten sind.

Der Ascona C wird auch als Cabrio angeboten. Als Basis hierfür dient die zweitürige Stufenhecklimousine. Die meisten Fahrzeuge bauten Hammond & Thiede bei der Karosseriefabrik Voll in Würzburg-Heidingsfeld um. Fast 2.900 Stück werden hier von Sommer 1983 bis Herbst 1988 produziert. In Großbritannien wird es als Vauxhall Cavalier Convertible angeboten. Ex-Opel-Händler Keinath aus Reutlingen baut 434 Stück unter dem Namen »C3-Cabriolet«. ///

Auf Basis der zweitürigen Limousine bieten Umbauer den Ascona C auch als Cabrio an.

AUSSEN KLEIN, INNEN GROSS

Bauzeit 1982–1993
Produktionswerk Saragossa, Spanien
Stückzahl 3.105.508
Karosserievarianten drei- und fünftüriges Schrägheck, zweitüriges Stufenheck (»TR«), Cabrio (Spider)
Motoren Ottomotoren 1,0–1,6 Liter (33–74 kW), Dieselmotoren 1,5 Liter (37–49 kW)
Einstiegspreis 11.650 DM

Als Opel auf dem Pariser Automobilsalon im September 1982 sein neues Einstiegsmodell präsentiert, ist nicht einmal den größten Optimisten klar, welche Erfolgsgeschichte damit startet. Mehr als 3,1 Millionen Einheiten baut die Marke mit dem Blitz allein vom Corsa A. Mehr als 14 Millionen werden es über alle sechs Generationen hinweg bis heute.

»Corsa« ist italienisch und bedeutet »Rennen« oder »Wettrennen«. Bereits auf der IAA 1981 stellt Opel ein Kadett-Sondermodell mit dem Namen vor und testet die Publikumsreaktion. Mit dem Serien-Corsa macht Opel einen großen Schritt in die Zukunft. Modellbezeichnung, Wagenklasse und das eigens errichtete Werk im spanischen Zaragoza – alles ist neu. Eigentlich ist Opel etwas spät dran: Der VW Polo ist bereits seit März 1975 im Markt und der Ford Fiesta seit Mai 1976. Für Opel ist es dennoch ein guter Zeitpunkt: Denn aus dem einstigen Kleinwagen Kadett ist ein Kompaktauto erwachsen. Das schafft Platz für ein neues, 3,62 Meter kurzes Einstiegsmodell.

Opels Jüngster soll trotz der knappen Außenmaße stämmig auf der Straße stehen, »männlich« statt »niedlich« wahrgenommen werden. Deswegen verpasst ihm Chefdesigner Erhard Schnell ein markantes Design: straffe Flächen, scharfe Linie, große Fensterflächen und eine sanft angedeutete Keilform. Auch die deutlich ausgestellten Radhäuser im Stile eines Rallye-Wagens verleihen dem Corsa eine robuste Statur. Sie leistet ihren Beitrag für einen rekordverdächtigen Luftwiderstandsbeiwert von c_w 0,36.

Außen klein, innen groß. Das ist die Maxime in der Entwicklung. Mit einer quer eingebauten Frontantriebseinheit gelingt es den Ingenieuren, für fünf Personen bestmögliche Knie- und Beinfreiheit zu schaffen. Kein Wettbewerber bietet Anfang der 80er Jahre mehr Raum. Und mit einem Kofferraumvolumen von 225 bis 845 Liter ist der kleine Opel für den großen Einkauf gerüstet. In manchen Märkten bringt Opel den Corsa als Stufenhecklimousine. Unter der Bezeichnung i130 bietet Irmscher zudem den Corsa Spider an.

So setzt sich der Corsa A auf Anhieb als einer der erfolgreichsten europäischen Kleinwagen durch. Schon im November 1984 läuft der 500.000. Corsa vom Band, im September 1986 der einmillionste. 1990 bekommt der Corsa ein Facelift mit neuer Frontansicht, neuem Innenraumdesign sowie einem frischen 1,2-Liter-Einstiegsmotor.

Zur Auswahl stehen 17 Vierzylindermotoren. Die sportliche Speerspitze der Baureihe ist ab 1988 der GSi mit einem kräftigen 1,6-Liter-Motor und satten 101 PS. Dank eines Leergewichts von gerade einmal 735 Kilo ist der umjubelte Topseller selbst mit dem kleinen Einliter-Motor ausgesprochen spritzig unterwegs. Das unterstreicht Opel auch in zahlreichen Werbespots mit Tom & Jerry. Die Botschaften sind klar: Nicht zu fassen. Viel Spaß, wenig Sprit. Technik, die begeistert. ///

Für den Corsa A wirbt Tennis-Star Steffi Graf ebenso wie Tom & Jerry.

WINDEI

Im Jahr 1984 startet in Deutschland das Privatfernsehen und die Anschnallpflicht. In Liechtenstein erhalten die Frauen das Stimm- und Wahlrecht. In den USA startet das Space Shuttle Discovery zu seinem Jungfernflug. Die erste E-Mail erreicht Deutschland. Eine Firma namens Apple bringt den ersten Macintosh-Computer auf den Markt. Und Opel den Kadett E – den bis dahin meistverkauften Opel aller Zeiten und die letzte Generation Kompaktwagen, die den Marine-Rang im Namen trägt.

In neun Jahren entscheiden sich fast 3,8 Millionen Käufer für den Kadett E. Dieser Erfolg hat mehrere Gründe. Die Wirtschaftlichkeit hat er gegenüber seinem Vorgänger deutlich verbessert – insbesondere dank des verringerten Luftwiderstandsbeiwerts von c_w 0,32. Das ist ein Bereich, den bislang nur Zukunftsstudien erzielen. Übertroffen wird er noch von seiner sportlichsten Variante Kadett E GSi mit einem c_w von 0,30. Damit war der knapp vier Meter lange, keilförmige Fünfsitzer weltweit das Serienauto mit dem geringsten Luftwiderstand. »Windei« wird das glatt geschliffene Volumenmodell von Fachjournalisten, aber auch Fans fortan liebevoll genannt.

Der mit Spoilern verfeinerte GSi erreicht die damals prestigeträchtige 200-km/h-Marke; der Kadett GSi 16V mit epochalem Zweiliter-16-Ventil-Motor und bis dahin in der Klasse kaum vorstellbaren 150 PS kommt sogar auf 220 km/h.

Seit Herbst 1985 gibt es zum ersten Mal seit dem Kadett C auch wieder eine Stufenheck-Variante. Beim Caravan – dem Lademeister aller Klassen – kann der Kunde zwischen Drei- und Fünftürer wählen. Bei der IAA 1985 präsentiert Opel das erste echte kompakte Cabrio seit 1936, wenn man den Kadett C Aero mit herausnehmbaren Targa-Dach nicht mitrechnet. Gefertigt bei Bertone in Turin kommt es 1987 auf den Markt und wird ein Riesenerfolg – mit insgesamt 60.218 Verkäufen. »Damit läutet Opel eine Renaissance schicker Mittelklasse-Cabrios ein«, würdigt *Motor Klassik*.

Der keilförmige Fünfsitzer ist 1984 weltweit das Serienauto mit dem geringsten Luftwiderstand.

Produktionszeitraum 1984–1991
Stückzahl 3.779.289
Produktionsort Bochum und Antwerpen (Opel), Ellesmere Port (Vauxhall)
Karosserievarianten drei- und fünftüriges Schrägheck,
drei- und fünftüriger Kombi Caravan,
viertürige Stufenhecklimousine
zweitüriger Lieferwagen
zweitüriger Kleintransporter Combo
zweitüriges Cabrio
Motoren Ottomotoren: 1,2–2,0 Liter (40–115 kW)
Dieselmotoren: 1,5–1,7 Liter (40–60 kW)
Besonderheiten Bis dahin meistverkaufter Opel
Wahl zum »Auto des Jahres« in Europa
Gewinn des Goldenen Lenkrads in Deutschland
Erstes echtes Cabrio seit 1936
Astra GSi ist die windschlüpfigste Limousine der Welt
Erstes Auto der Kompaktklasse mit serienmäßigem ABS
Einstiegspreis 13.995 DM

Die Ingenieure legen auch viel Wert auf Sicherheit: Der Kadett E ist ab 1989 das erste Auto der Kompaktklasse mit serienmäßigem ABS. Weitere Sicherheitsneuerungen sind die hinteren Kopfstützen. Ab 1985 wird der Kadett E mit Katalysator angeboten; 1988 erreicht die Abgasreinigung einen Ausrüstungsgrad von 46 Prozent.

Mit einer Innovation sind die Rüsselsheimer ihrer Zeit voraus: Die serienmäßigen digitalen LCD-Instrumente im GSi werden als »Mäusekino« verspottet, weswegen Opel wahlweise auch konventionelle Rundinstrumente bietet.

Fachjournalisten erkannten die Qualitäten früh, küren ihn 1984 zum »Auto des Jahres« und zeichnen ihn zudem wie seinen Vorgänger auch mit dem »Goldenen Lenkrad« aus. Rasant erobert der Kadett E auch die Kundengunst, die ihm im Jahr 1987 europaweit 625.000 Neuzulassungen beschert. Auch dank etlicher Sondermodelle mit illustren Namen wie CUP, Sprint, Club, California, Snow, Tiffany, Sunshine Club, Miami, Dream, Champion, Life, Frisco, FUN und Beauty.

Im Oktober 1989 läuft der zehnmillionste Kadett vom Band. Ein Rembrandt-silbernes Exemplar steht heute noch in der Opel Classic-Sammlung in Rüsselsheim. Ebenso wie ein schwarz-metallicfarbenes Exemplar, das Altbundeskanzler Helmut Schmidt (1918–2015) 1991 in Hamburg gekauft und zusammen mit seiner Frau Loki fünf Jahre genutzt hat. ///

DER LETZTE SEINER ART

Produktionszeitraum 1986–2003
Stückzahl Omega A (1986–1993): 961.241, Omega B (1993–2003): 950.000, davon 101.500 Cadillac Catera
Produktionsort Rüsselsheim
Karosserievarianten Limousine und Caravan
Motoren 1.8–3.0 Liter, 82–177 PS
Einstiegspreis Omega A 25.830 DM, Omega B 39.550 DM

Schon der neue Name soll den Start in eine neue Ära symbolisieren: Als Nachfolger der erfolgreichen Rekord-Baureihe präsentierte Opel 1986 den Omega. Als letzter großer Opel mit Hinterradantrieb liefert er die Basis für das neue Opel-Flaggschiff Senator und die Spitzenmodelle anderer GM-Marken auf fast allen Kontinenten – wie den Pontiac GTO und die australischen Holden-Modelle Commodore und Monaro. Für Opel-Fans hat er damit Legendenstatus.

In die Entwicklung des neuen Mittelklasse-Fahrzeugs investiert Opel mehr als zwei Milliarden Mark. Er ist eines der ersten am Computer entwickelten Großserienautos. Das Resultat überzeugt optisch und technisch. Dank der Erfahrungen, die Opel bereits 1981 mit der Studie Tech1 gemacht hat, glänzt die neue Limousine mit dem niedrigsten Luftwiderstandsbeiwert ihrer Klasse: c_w 0,28. Entscheidend dafür ist vor allem die tropfenförmige Gestaltung des Fahrzeug-Grundrisses. Aber auch technisch wegweisende Detaillösungen wie flexible Fugendichtungen sowie versenkt angeordnete Türgriffe und Scheibenwischer tragen ihren Teil dazu bei. Neben der exzellenten Aerodynamik tragen auch das niedrige Leergewicht von nur 1,3 Tonnen und eine neuentwickelte Generation schadstoffreduzierter 1,8- und 2,0-Liter-Vierzylindermotoren zu den günstigen Verbrauchswerten des Omega bei: 6,4 bis 8,4 Liter auf 100 Kilometer im Euromix.

Der Omega A wird von 57 Fachjournalisten aus 17 europäischen Ländern zum »Auto des Jahres 1987« gewählt. Er ist die Basis für den Senator, der im Mai 1987 seine Premiere feiert. Weitere Meilensteine: Der 25-millionste Opel, der am 23. Februar 1989 von Band läuft, ist eine Omega Limousine. Ab August 1990 folgt der überarbeitete Omega A2. Äußerliche Kennzeichen sind die wuchtigeren und mit mehr Chrom verzierten Stoßfänger und Schutzleisten sowie die dunkel getönten Rückleuchten. Der Omega Caran ist mit bis zu 1.850 Litern Laderaumvolumen einer der größten Kombis im Markt. Im August 1993 stellt Opel den Omega-A2 ein. Im Dezember startet die Vorserienproduktion von Opel Omega B und Vauxhall Omega (als Nachfolger des Carlton).

Schon der Name des Rekord-Nachfolgers symbolisiert eine neue Ära.

OMEGA B (1993–2003)

Der neue Omega ist ab April 1994 in den Verkaufsräumen der Opel-Händler und verfügt wieder über einen hervorragenden c_w-Wert von 0,29 (Limousine) bzw. 0,32 (Caravan). Neu sind nicht nur Karosserie, modifiziertes Fahrwerk und verschiedene Motorversionen, sondern auch eine Spitzenversion mit dem schlichten Kürzel MV6. Der MV6 mit dem bekannten 3,0-Liter-V6 und gehobener Serienausstattung übernimmt nicht nur die Nachfolge der bisherigen Sportversion Omega 300 (mit seinem Sechszylinder, Tieferlegung, Schwellerverkleidung und Spoilern), sondern ersetzt auch das bisherige Flaggschiff Senator. Grund: Beide Modelle verkaufen sich zuletzt nur noch in homöopathischer Dosierung.

Ein altes US-amerikanisches Sprichwort sagt: »Alles unter 5 Litern ist ein Softdrink.« Diesem Spott muss sich ein Omega B nicht aussetzen. Die Basis für den leistungsstarken Motor des Omega V8 bildet die jüngste Evolutionsstufe des legendären GM »Small block« aus der Chevrolet Corvette. Seine bullige Kraft schöpft das Leichtmetall-Triebwerk aus 5.650 Kubikzentimetern Hubraum. Fahrleistungen auf höchstem Niveau ermöglichen die Leistung von 228 kW/310 PS, die bei 5.600 min^{-1} erreicht wird, sowie das bei einer Drehzahl von 4.400 min^{-1} anstehende Maximal-Drehmoment von 450 Nm. Der Omega V8 bietet damit ein überlegenes Leistungspotenzial, erstklassigen Reisekomfort und ausgeprägten Fahrspaß. Zu den prominenten Kunden zählt Max Schmeling, Boxweltmeister im Schwergewicht von 1932, und einer der populärsten Sportler Deutschlands.

Im Januar 1994 debütiert in Detroit der Cadillac Catera auf Basis des Opel Omega MV6. Im Juli 1996 beginnt in Rüsselsheim die Produktion des Cadillac Catera; 1997 läuft Catera Nummer 25.000 vom Band. Im August 1997 erfährt der Omega noch ein Modellpflege.

Im Oktober 1999 stellt Opel den optisch stark überarbeiteten Omega des Modelljahrs 2000 vor. Im September debütiert auf der Frankfurter IAA die Caravan-Studie Omega V8.com mit modernster Kommunikationstechnologie. Am 2. Dezember 1999 – dem 100. Jubiläumsjahr der Automobil-Produktion – läuft der 50-millionste Opel, eine starsilberfarbene Omega 3.0 Limousine, in Rüsselsheim vom Band – davon rund 47 Millionen Pkw für Europa, etwa 2,2 Millionen unter den Namen Chevrolet in Südamerika, weitere 700.000 in Australien unter dem Namen Holden. 100.000 Opel laufen in Südafrika als Delta vom Band. Im Sommer 2003 folgt das endgültige Aus für die letzte große Limousine mit Hinterradantrieb aus Rüsselsheim, mit der sich Opel – wie zuvor Ford mit dem Scorpio – aus der gehobenen Mittelklasse verabschiedet.

Selbst pensionierte Mitarbeiter verspüren Liebeskummer, wenn es um den Omega geht. Denn eine unbefriedigende Verarbeitungsqualität wird zur Belastung für den sprichwörtlichen Nimbus »Opel – der Zuverlässige«. Vielleicht bietet Opel zu viele Innovationen in zu kurzer Entwicklungszeit, jedenfalls klagen Omega-Käufer und Dauertester in der Fachpresse über Fehlfunktionen von Bauteilen. »Der Omega, Vectra C und Astra F sind das Resultat der Ära Hanenberger/Lopez, die mit utopischen Einsparzielen einen Absturz der Qualität und großen Image-Schaden verursachten«, schimpft ein ehemaliger Werksleiter noch heute über die damaligen Entwicklungs- und Einkaufschefs. ///

Liebeskummer: Mangelnde Verarbeitungsqualität wird zur Belastung fürs Markenimage.

NEUER MASSSTAB IN DER MITTELKLASSE

Produktionszeitraum 1988–1995
Stückzahl 2,53 Millionen
Produktionsort Antwerpen (Belgien), Luton (Großbritannien), Izmir (Türkei), Rüsselsheim und Eisenach (seit Oktober 1990)
Karosserievarianten Stufenheck- und Fließheck-Limousine
Motoren Ottomotoren: 1,4–2,5 Liter, 52–150 kW
Dieselmotoren: 1,7 Liter, 42–60 kW
Einstiegspreis 22.700 DM

Kunstnamen halten bei Opel ab Ende der 1980er Jahre Einzug. Sie enden allesamt auf »a« und sollen dazu beitragen, ein neues, positives Markenimage aufzubauen. Der Vectra ist 1988 das beste Beispiel. »Umfragen haben bestätigt, dass der Name mit Begriffen wie Technik, Dynamik, Fortschritt und Progressivität verbunden wird«, schreibt die Presseabteilung. Seine Weltpremiere feiert er auf dem Pariser Automobilsalon 1988.

Rund fünf Millionen Stunden haben die Opel-Ingenieure und Techniker in die Entwicklung des Ascona C-Nachfolgers investiert. Das Ergebnis umschreibt Entwicklungschef Friedrich W. Lohr mit Stolz: »Der Vectra besitzt dynamische Fahreigenschaften und bietet gleichzeitig ein hohes Maß an Komfort – eine Synthese, die in dieser Klasse ein ganz besonderes Fahrerlebnis vermittelt.«

Einen Allradantrieb offeriert Opel im Vectra 4x4 in Zusammenarbeit mit Steyr-Daimler-Puch. Sportliches Spitzenmodell der Baureihe ist der Vectra 2000, der – ähnlich wie Kadett GSi und Omega 3000 – technisch und optisch heraussticht und von Opels neuem Zweiliter-16-Ventil-Motor mit 110 kW/150 PS angetrieben wird. »Sein serienmäßiges ABS, sein intelligentes Fahrwerk machen ihn zum Vectra der Vectras. Besonders auf etwas nasseren Strecken. Der neue Opel Vectra. Technik, die begeistert«, heißt es im TV-Spot.

Untermalt werden zeitgenössische Opel-Werbefilme wie dieser von einer nachgespielten Version des Gitarrenriffs aus Eric Claptons/Derek & The Dominos Rocksong »Layla«. Ein Jingle für die Ewigkeit, der auch in den Warteschleifen der Telefon-Hotlines bei Opel genutzt wird. Musik in den Ohren der Opel-Verkäufer wird auch der Vectra. Schon nach 30 Monaten läuft am 10. April 1991 der millionste Vectra in Rüsselsheim von Band. Die wahlweise vier- oder fünftürigen Vectra A werden Marktführer bei den europäischen Mittelklasselimousinen und erobern in fast siebenjähriger Produktionsdauer mit rund 2,5 Millionen Einheiten Platz eins der bis dahin meistgebauten Opel dieses Segments.

»Das erste Joint Venture zwischen Ost und West mit AWE, der Vectra aus Eisenach, sein Produktionsstart nur zwei Tage nach der Wiedervereinigung, das waren wichtige Meilensteine, um Vertrauen aufzubauen. Das trug maßgeblich dazu bei, dass Opel über viele Jahre hinweg die Nummer 1 bei den Verkäufen in den neuen Bundesländern war«, erinnert sich Wolfgang H. Inhester, langjähriger Unternehmenskommunikationschef.

»Mit dem Vectra zeigte Opel der versammelten Konkurrenz, wer der wahre König der Mittelklasse ist«, sagt Fachjournalist Wolfram Nickel. »Kein Kölner Kombi, kein Wolfsburger Variant, sondern elegante Rüsselsheimer Fließ- und Stufenhecks waren Ende der 1980er Jahre die neue Nummer eins für Familien und Flottenkunden. Die Marke mit dem Blitz galt plötzlich als Muster an Profitabilität mit einer rekordverdächtigen Umsatzrendite.« Und das sollte erst der Anfang sein, denn auch die anderen Opel-Modelle werden von dem frischen Wind belebt, der mit dem Vectra durch die erneuerten Werkshallen weht.

Schon nach 30 Monaten läuft im April 1991 der millionste Vectra vom Band.

VECTRA GT
16V

Der Calibra entwickelt sich zum erfolgreichsten Sportcoupé der 90er Jahre.

DER LIEBLING DES WINDES

Das Jahr 1990 geht als ein besonderes in die Geschichte ein. Deutschland feiert ein Jahr nach dem Mauerfall seine Wiedervereinigung. Die deutsche Nationalelf wird das beste Fußball-Team der Welt. Und Opel bringt den Aerodynamik-Weltmeister in den Handel. Sein Name: Calibra – ein klangvolles Kunstwort aus der Kreativwerkstatt des gefragten Modellnamen-Entwicklers Manfred Gotta. Der legitime Nachfolger des Manta ist nicht nur auf die Überholspur der Autobahn abonniert, er entwickelt sich zum erfolgreichsten Sportcoupé der 90er Jahre und beschleunigt Opel zu verblüffenden Absatzerfolgen.

Mit dem Luftwiderstandsbeiwert von c_w 0,26 ist der Calibra bei seinem Erscheinen 1989 das strömungsgünstigste Serienautomobil der Welt. Und seiner Zeit voraus. Das zelebriert Opel auch bei der Weltpremiere auf der IAA 1989 – als Tennis-Königin Steffi Graf im kleinen Schwarzen das Auto enthüllt. Gezeichnet wird der Calibra von Erhard Schnell. Der Chefstilist nannte den Calibra in einem Atemzug mit dem GT, wenn er nach jenen Werken gefragt wurde, die ihn mit größtem Stolz erfüllen. Das schlanke, flache Sportcoupé setzt tatsächlich einen Meilenstein in der Design-Historie von Opel. Langgestreckt, mit gerundeten Formen und den wohl flachsten Frontscheinwerfern, die es vor den Zeiten von Xenon-, LED- und Laserlicht gibt. Entstanden ist der schnittige Sportler auf der Basis des Vectra A, die Verwandtschaft sieht man ihm jedoch an keiner Stelle seines gekonnt geschneiderten Blechkleids an. Sie erlaubt aber einen erschwinglichen Einstiegspreis von 33.900 Mark.

Die weit nach oben schwenkende Heckklappe öffnet einen variablen Gepäckraum von bis zu 980 Liter Volumen. Und unterstreicht damit, wie kompromisslos alltagstauglich das Sportcoupé ist. Sämtliche Anbauteile der Calibra-Karosserie bestehen aus bis zu fünfmal recycelbaren Polypropylen-Kunststoffen. Die Kunststoffteile sind so konstruiert, dass sie nach einem Unfall oder bei Komplettzerlegung schnell und einfach wieder demontiert werden können.

Mit Frontantrieb und Vierzylindermotoren – 2,0 Liter groß, 115 oder 150 PS stark – erfreut sich das Coupé auf der Vectra A-Plattform schnell größter Popularität. Topmodell ist der 1992 präsentierte Calibra Turbo 4x4 mit 204 PS und Allradantrieb, darunter rangiert der Calibra V6 mit 2,5 Litern Hubraum und 170 PS. Mit dem 500 PS starken, allradgetriebenen »Cliff«-Calibra V6 gewinnt Manuel Reuter 1996 die ITC-Meisterschaft und holt den für die Marke Opel bis heute wichtigsten Titel im Tourenwagen-Rennsport.

Die Leser der Fachzeitschrift *AutoZeitung* wählen das »formschöne Aerodynamik-Wunder« 1991 zum gelungensten Sportcoupé des Jahres. Im Sommer 1994 erhält der Calibra ein leichtes Facelift. Das Opel-Logo befindet sich nun nicht mehr auf der Motorhaube, sondern im leicht modifizierten Kühlergrill. Im April 1996 erscheint das Sondermodell Calibra Cliff Motorsport Edition, mit dem Opel seine Erfolge bei der DTM (Deutsche Tourenwagen Meisterschaft) 1994 und 1995 sowie bei der ITC (International Touring Car Championship) 1996 feiert, wo der Calibra mit dem Blitz vor der Brust Jagd auf BMW M3 und AMG-Mercedes macht. Eine luxuriöse »Last Edition«, die nur 1.000 Mal gebaut wird, bietet Opel ab März 1997 an – mit Niederquerschnittsreifen im Format 205/50x16 auf sieben Zoll breiten BBS-Leichtmetallfelgen und Sportfahrwerk.

In der Opel Classic Garage in Rüsselsheim gibt es sogar eine Cabrio-Variante des Calibra mit elektrohydraulisch betätigtem Stoffverdeck. Sie wird zwar schon 1991 bei einer hessischen Karosseriebaufirma gebaut und von der Firma EDAG mit der notwendigen Technik bestückt, kommt aber nie zum Serieneinsatz.

Die Produktion des schnittigen Coupés in Rüsselsheim und bei Valmet Automotive im finnischen Uusikaupunki läuft 1997 aus. Einige der 238.647 gebauten Exemplaren finden unter dem Markennamen Holden den Weg nach Australien und als Chevrolet nach Brasilien.

»Opel gilt schon damals als begehrenswert, weil innovativ, sportlich und noch nicht nachhaltig mit den Qualitätsmängeln der Lopez-Spar-Ära befleckt«, erinnert sich Fachjournalist Wolfram Nickel. »Mit einem gewissen Neid betrachteten die Konkurrenten die Bilanz der deutschen GM-Tochter, die nach vorübergehend krisenhaften Zeiten 1990 wieder 1,1 Milliarden Mark Jahresüberschuss auswies mit einer Umsatzrendite, die doppelt so hoch lag wie etwa beim VW-Konzern.« ///

Produktionszeit Herbst 1989–Mai 1997
Stückzahl 238.647
Produktionsort 44.669 in Rüsselsheim
93.978 bei Valmet Automotive, Uusikaupunki, Finnland
Motoren 2,0–2,5 Liter, 85–150 kW
Einstiegspreis 36.900 DM

GELÄNDEWAGEN

Produktionszeit 1991–1998
Stückzahl 68.012
Produktionsort IBC Vehicles in Luton, UK
Motoren Ottomotoren: 2,0–2,4 Liter, 85–100 kW
Dieselmotoren 2,3–2,8 Liter, 74–85 kW
Einstiegspreis 32.900 DM

Die Namensgebung bei Opel folgt klaren Strömungen: Eine Zeit lang sind militärische Dienstgrade der Marine angesagt (Kapitän, Admiral, Kadett, Commodore, also ein Flotillenadmiral), politische Ämter (Diplomat und Senator); der Manta fällt in die Zeit, in der Tiernamen in der gesamten Industrie en vogue waren (wie etwa Mustang, Bronco, Stingray, Cobra, Viper, Impala, Panda und Topolino, sprich Mäuschen). Und dann gibt es auch noch wohlklingende Städtenamen, wie Ascona (Schweiz), Sintra (Portugal) und ab 1991 auch noch Frontera (eine Stadt in Argentinien, Mexiko und in Anadalusien, Spanien, jeweils mit dem Beinamen Jerez de, Vejer de, Conil e oder Jimina de). Frontera ist zudem Spanisch für »Grenze« – und die will Opel mit seinem ersten Geländewagen überwinden. Denn die Autowelt ist viele Jahrzehnte lang geteilt: Einerseits gibt es komfortable Limousinen für die Straße, andererseits puristische Wagen fürs Gelände. Opel präsentiert auf dem Genfer Automobilsalon 1991 ein »allradgetriebenes Freizeit-Automobil«, das für beides steht: den Frontera.

Genauer gesagt waren es gleich zwei: Der kompakte Opel Frontera Sport zeigt als Erster, was heute als »SUV« allgegenwärtig ist – wahlweise mit Hard- oder Softtop mit Cabrio-Flair. Und der fünftürige Frontera mit langem Radstand ist ein Vorreiter der modernen Gelände-Limousine. Beide Varianten vereinigen beste Offroad-Eignung mit glänzenden Straßenmanieren und einem modernen Äußeren.

Für den schnellen Markteintritt in einem potenziellen Wachstumssegment greift Opel auf den Lizenznachbau des Isuzu Wizard und des Isuzu MU (Frontera Sport) zurück. Die Produktion beginnt in Luton im September 1991, Markteinführung ist wie üblich einige Monate später, im Februar 1992. Die Motoren kommen anfangs aus dem Omega A.

Und die Opel-Strategen liegen damit goldrichtig: Der 4x4-Alleskönner wird als »Geländewagen des Jahres 1991/92« ausgezeichnet und löst europaweit einen Allradboom aus. 1993 und 1994 ist der Frontera der meistverkaufte Geländewagen in ganz Europa. ///

Der Frontera löst europaweit einen Allradboom aus.

1993 und 1994 ist der Frontera der meistverkaufte Geländewagen Europas.

BAUER SUCHT SCHAU

GM-Allianzpartner Isuzu kann auch Pick-ups. Und so kommt es, dass auch die Opel-Modellpalette im August 1991 um den Campo ergänzt wird. Bei Vauxhall läuft er unter dem Namen Brava. Kernzielgruppe: Landwirte, Handwerker, Landschaftsgärtner, die die hohe Zuladung von fast einer Tonne zu schätzen wissen. Mit optionalem Allradantrieb, Reduktionsgetriebe und automatischen Freilaufnaben ist der Campo bestens für den Ausflug ins Gelände gerüstet. ///

Produktionszeit 1991–1997
Produktionsort BC Vehicles (Joint Venture zwischen Vauxhall und Isuzu)
GM Manufacturing Luton
Varianten Zweitürer mit zwei Sitzen (Singlecab)
Zweitürer mit zwei Front-Sitzen und zwei Notsitzen (Sportscab)
Viertürer mit vollwertiger zweiter Sitzbank (Mannschaftskabine)
Motoren Ottomotoren 2,3 Liter, 69–72 kW; Dieselmotoren 2,5–3,1 Liter, 56–80 kW
Einstiegspreis 22.210 DM

ZU HÖHEREM BERUFEN

Monterey – die Millionenstadt in Mexiko – heißt wörtlich übersetzt »Königsberg«. Eine solch erhabene Sitzposition bietet auch der große Bruder des Frontera. Opel führt ihn im März 1992 ein und peilt damit die Oberklasse der Offroader an.

Wie beim erfolgreichen Kompakt-SUV setzt Opel auch hier auf eine Zusammenarbeit mit Allianz-Partner Isuzu. Der neue Geländewagen ist ein Nachbau des Bighorn oder Trooper II, wie er im Export genannt wird. Er verbindet glatte, schnörkellose Linien und ein geländegängiges Fahrwerk samt Allradantrieb mit hohem Komfort und viel Platz im Innenraum. Wie beim Frontera gibt es auch hier eine fünftürige Lang- und die sportliche dreitürige Version – hier namens RS. Den Anspruch als Offroader unterstreicht er optisch auch durch das Reserverad an der Hecktür.

Der Monterey ist sowohl für den alltäglichen Straßenverkehr als auch fürs Gelände konzipiert. Beiden Aufgaben wird das robuste Fahrwerk gerecht. Die Einzelradaufhängung mit doppelten Dreiecks-Querlenkern vorn und Starrachse mit Längslenkern, Panhardstab und Schraubenfedern hinten sorgen für besten Fahrbahnkontakt. Zugleich ist der Monterey ein vorbildlicher Praktiker: Sein Ladevolumen beträgt bei umgelegter Sitzbank bis zu 2.548 Liter. Dazu kann er nochmals 2,6 Tonnen extra ziehen.

Im Frühjahr 1998 erhält der Monterrey ein Facelift. Dabei glänzt er mit einer optisch überarbeiteten Front sowie umfangreichen Verbesserungen bei Leistung, Sicherheit und Verbrauch. Ab Januar 2000 übernimmt Isuzu selbst den Vertrieb in Deutschland.

DIE GESCHICHTE VON GM UND ISUZU

Opel-Mutter General Motors beteiligt sich Juli 1971 am japanischen Autobauer Isuzu und vereinbart eine umfassende Allianz. Seit Anfang der 1990er Jahre produziert Isuzu nur noch Geländewagen, Lkw und Busse. Zeitweise verkauften die GM-Marken Opel/Vauxhall in Europa und Holden in Australien Isuzu-Lizenznachbauten unter ihrem Namen. Im April 2006 verkauft GM seinen 7,9-prozentigen Anteil an Isuzu wieder – für 300 Millionen Dollar – und nutzt den Verkaufserlös für seine tiefgreifende Restrukturierung und den Umbau des Nordamerika-Geschäfts. ///

Monterey: Ein Opel für die Oberklasse der Offroader.

Produktionszeit 1992–1999
Stückzahl 18.198
Motoren Ottomotoren 3,2–3,5 Liter Hubraum, 130–160 kW
Dieselmotoren 3,0–3,1 Liter Hubraum, 84–117 kW
Leergewicht 1,78–2,17 Tonnen
Einstiegspreis 46.200 DM

NEUER NAME, NOCH GRÖSSERER ERFOLG

Produktionszeitraum 1991–1998
Produktionsort Neues Werk Eisenach (ab 1992)
Bertone in Turin (Cabrio, bis 2000)
Gliwice (Astra Classic, Sommer 1994–Sommer 2002)
Stückzahl 4,13 Millionen (ohne Astra Classic)
Motoren Ottomotoren 1,4–2,0 Liter, 44–110 kW;
Dieselmotoren 1,7 Liter, 42–60 kW
Karosserievarianten Fließheck (drei- und fünftürig),
Stufenheckmodell (fünftürig), Caravan (fünftürig),
Cabrio (zweitürig)
Meilensteine Meistverkauftes Opel-Modell aller Zeiten
Von 1993 bis 2000 ist der Astra Caravan ununterbrochen
meistverkaufter Kombi aller Klassen in ganz Europa.
Als erster Kompaktwagen ist ab März 1996 der Astra
Cool mit einer serienmäßigen Klimaanlage ausgerüstet.
Einstiegspreis 19.975 DM

Was bestimmt 1991 das Weltgeschehen? Der zweite Golfkrieg, die Kriege im ehemaligen Jugoslawien und die Auflösung der Sowjetunion. In Deutschland tritt das »Stromeinspeisungsgesetz für Erneuerbare Energien« in Kraft. Der Bundestag beschließt den Umzug von Bonn nach Berlin. Helmut Kohl wird vom ersten gesamtdeutschen Bundestag als Bundeskanzler wiedergewählt. Und Opel präsentiert die sechste Generation seiner Kompaktklasse – erstmals seit Jahrzehnten nicht unter dem Namen Kadett, sondern als Astra (lateinisch für »Sterne«). Und der bricht einen neuen Rekord als bis dahin meistverkaufter Opel.

Opel übernimmt hier den Namen von der britischen Schwestermarke Vauxhall; dort wird bereits die vierte Generation des Kompaktwagens ab 1980 als Vauxhall Astra verkauft. Der Neue tritt mit dem Ziel an, als Innovationsträger die Kompaktklasse aufzumischen. Spitzentechnologie für alle ist sein Credo. »Unsere Kunden fahren sicherer, umweltfreundlicher und komfortabler«, verspricht der damalige CEO Louis R. Hughes. »Passive Sicherheit sollte keinen Aufpreis kosten«, sekundiert Entwicklungschef Fritz Lohr und bewirbt die Serienausstattung: Aktivgurt-System mit Gurtstraffern an den Vorsitzen, höhenverstellbaren Guten, Flankenschutz und Doppelstahlrohr-Verstärkungen an allen Türen. Die Motoren sind erstmals alle mit Katalysatoren ausgestattet. Darüber hinaus hat das Opel-intern als Astra F bezeichnete Modell mit seinem ausdrucksstarken Design (die Designer sprechen von »klarer, gerundeter Linienführung und tropfenförmigen Grundriss«) auch die Umwelt im Blick: Viele Teile und Materialien der neuen Kompaktklassegeneration lassen sich recyceln.

Der Astra Caravan – mit fünf Türen und einem Kofferraum von 500 bis 1.630 Litern – ist von 1993 bis 2000 ununterbrochen meisterverkaufter Kombi aller Klassen in ganz Europa.

Das bügellose, klassische Astra Cabrio wird in der italienischen Design-Schmiede Bertone gezeichnet und gebaut. Vorgestellt wird der elegante Viersitzer im März 1993 auf dem Genfer Autosalon. Der zeitlose Stil des Astra Cabrios bietet seinem Besitzer hohen Komfort und viel Funktionalität. So gibt es zum Beispiel auf Wunsch ein elektrisch betätigtes Faltverdeck. Bei dem schönen Vertreter seiner Spezies wird bewusst auf einen fest montierten Überrollbügel verzichtet. So kommt die lang gestreckte Linie besonders gut zur Geltung. Der Luftwiderstandswert ist mit 0,33 für ein Cabriolet bemerkenswert niedrig, was sich auch bei den Verbrauchswerten positiv bemerkbar macht.

Damit wird die Baureihe insgesamt zum Aushängeschild der Marke. Die Käufer sind vom neuen Astra begeistert. So laufen von 1991 bis 1997 rund 4,13 Millionen Astra F vom Band. Ein neuer Rekord!

Die Sterne ergriffen: Der Astra ist der bis dahin meistverkaufte Opel.

JETZT GEHT'S RUND

Bauzeit 1993–2000
Werk Saragossa, Eisenach, Azambuja (Portugal)
Stückzahl 3.982.285
Karosserievarianten Schräghecklimousine, Kombi, Pick-up, Stufenheckversion
Motoren Ottomotoren 1,0–1,6 Liter, 33–80 kW; Dieselmotoren 1,5–1,7 Liter, 37–49 kW
Einstiegspreis 18.540 DM

Tom & Jerry sind 1993 passé. Beim Corsa B spielen Kate Moss, Tatjana Patiz, Naomi Campbell, Linda Evangelista und Christy Turlington die Hauptrolle im Werbespot. Sie neiden dem »neuen Supermodell« die Aufmerksamkeit und versuchen vergeblich, es zu bremsen. Schon dieser Spot zeigt: Opel setzt bei der zweiten Generation des Corsa neue Akzente.

Das markant-kantige Auftreten hat ausgedient; weiche, runde Formen bestimmen fortan das Design. Chefdesigner Hideo Kodama gestaltet einen wesentlich runderen, weicheren Frauenliebling. Seine Scheinwerfer wirken wie hübsche Kulleraugen und entsprechen dem klassischen Kindchenschema.

An der Entwicklung sind 50 Ingenieurinnen und Technikerinen beteiligt. Der Corsa B legt zehn Zentimeter an Länge zu und wird im Innenraum nochmal geräumiger. Neue Sicherheitsstandards in seinem Segment setzt er mit ABS, Seitenaufprallschutz und vorderen Airbags. Das Angebot an Motoren bleibt gewohnt groß. Die Benzinmotoren verfügen bereits über Einspritztechnik und Katalysatoren. Im GSi tanzt ein Ballett von 16 Ventilen und leistet 109 PS. Und der Diesel bekommt Turboaufladung. Völlig neu ist der 1997 vorgestellte 1,0-Liter-Motor mit 54 PS; er geht als erster Dreizylinder in die Firmengeschichte ein. »Damit sind zwei Journalisten 1.250 Kilometer gefahren. Von Lissabon nach Madrid und wieder zurück. Mit nur einer Tankfüllung«, erinnert sich der langjährige portugiesische Opel-PR-Chef Miguel Tomé stolz.

Im Juli 1997 präsentiert Opel ein Facelift: Es umfasst veränderte Front- und Heckschürzen, breitere Seitenschutzleisten, serienmäßige Seitenblinker. Frisch hält Opel das Angebot mit zahlreichen Sondermodellen. Sie tragen bunte Namen wie City, Swing, Joy, World Cup, Grand Slam, Viva, Family, Vogue, Cappuccino, Edition 100, Snow, Young, Twist. Für spezielle Märkte bietet Opel neben den Schräghecklimousinen einen Kombi, einen Pick-up und erneut eine Stufenheckversion. In Japan und Ostafrika vermarktet Opel den Corsa B als Vita. Ab 1994 gibt es eine Hochdach-Lieferwagenversion namens Combo und den Sportcoupé-Ableger Tigra.

Der Corsa B wird in 75 Ländern verkauft. Er knackt bis zum Produktionsende im Jahr 2000 die Vier-Millionen-Marke bei den Verkäufen. In einigen Märkten wie Südafrika oder Indien wird er noch viele weitere Jahre weitergebaut. In China vermarktet GM den Kleinwagen als Buick, in Südamerika meist als Chevrolet, in Australien als Holden. ///

Runde Sache: Frauenliebling mit Kulleraugen und Katalysatoren.

SEKRETÄRINNEN-PORSCHE?

Produktionszeitraum 1994–2001
Produktionsort Zaragoza, Spanien
Stückzahl 256.392
Karosserievarianten Kompaktes Sportcoupé
Motoren Ottomotoren 1,4–1,6 Liter, 66–78 kW
Einstiegspreis knapp 26.000 DM

Rasanter Roadster: Kein kleines Sportcoupé schreit so hörbar »90er!«.

Was macht Franzi van Almsick, mehrfache Welt- und Europameisterin im Schwimmen, wenn sie auf einer verstopften Kreuzung in New York ausgebremst wird? Na klar, zieht die Schwimmbrille auf und taucht einfach unter der Kreuzung durch. Im neuen Opel Tigra. So bewirbt Opel in einem aufwendig gedrehten TV-Sport den Neuling, mit dem der Hersteller seine lange Coupé-Tradition fortführt.

Weltpremiere feiert der vom Corsa B abgeleitete Roadster auf der IAA im September 1993. Sein Design ist durch runde und fließende Linien gekennzeichnet. Charakteristisch für die keilförmige Karosserie mit ihren kurzen Überhängen, ausgeprägte B-Säulen, eine kuppelförmige Glas-Heckklappe sowie das Heck mit seinen aerodynamisch geformten Leuchten und einer ausgeprägten Abrisskante. Das kompakte Coupé hat einen für die Fahrzeugklasse hervorragenden c_w-Wert von 0,31.

Gezeichnet hat es der japanische Designer Hideo Kodama. »Wer ein kleines Auto fährt, tut das wegen des günstigen Preises oder weil er in der Stadt nicht unnötig lang nach Parkplätzen suchen will. Dabei ist das Auto für ihn nicht nur ein attraktives Fortbewegungsmittel, das ihm unterwegs Fahrspaß bereitet, sondern auch ein Transportmittel. Damit nichts zu Hause bleiben muss, kann der Laderaum des Tigra dank der klappbaren Rückbanklehnen den Bedürfnissen angepasst werden«, sagt der Japaner. Das in Amerika entwickelte getönte Sundym-Glas der Heckhaube senkt die Temperatur im Innenraum um vier bis fünf Grad, folgt also nicht nur ästhetischen Gesichtspunkten, sondern erfüllt auch jegliche Ansprüche an die Funktion.

Kein kleines Sportcoupé schreit so hörbar »90er!«. Arrogante Zungen geben dem Tigra den Spitznamen »Sekretärinnen-Porsche«. Global wird der Tigra auch als Vauxhall, Chevrolet und Holden verkauft. Die Produktion läuft im Juli 2001 aus. Das als Nachfolger gedachte Cabriolet Tigra Twintop wird erst im Herbst 2004 auf den Markt gebracht. ///

EHRLICHER KUMPEL

»Neue Energie durch neue Qualität!« So bewirbt Opel sein neues Mittelklasse-Modell in der TV-Werbung. Und tatsächlich gibt die neue Generation auch den Verkäufen neuen Schwung: Direkt in seinem ersten vollen Verkaufsjahr ist der Vectra B mit mehr als 125.000 Neuzulassungen die meistverkaufte Limousine seiner Klasse in Deutschland und leistet neben Corsa, Astra Caravan und Omega Caravan einen wichtigen Beitrag zum überragenden Vertriebsergebnis von Opel: In Deutschland erzielt die Marke 568.000 Neuzulassungen und damit das höchste Ergebnis seit 1992. In Europa behauptet die Marke zusammen mit Vauxhall im fünften Jahr in Folge die führende Position – mit 1,54 Millionen Neuzulassungen, davon 367.000 Vectra, und einem Marktanteil von 12 Prozent.

»Zuverlässig und sparsam« sei der »ehrliche Kumpel«, urteilt selbst der *Spiegel* noch im Jahr 2012 über einen Gebrauchtwagen. »Auch voll beladen ist die Familienkutsche das ideale Vehikel für längere Strecken.« Sein Nachfolger, der Vectra C, folgt im April 2002. ///

Produktionszeitraum 1995–2002
Stückzahl 2.136.671
Karosserievarianten viertüriges Stufenheck, fünftüriges Fließheck
Caravan (ab September 1996)
Motoren Ottomotoren: 1,6–3,0 Liter, 55–162 kW;
Dieselmotoren: 1,7–2,2 Liter, 60–92 kW
Einstiegspreis 30.950 DM

Vectra B: Zuverlässig und sparsam.

CRASHTEST-DUMMY

Sintra – das ist die reizende Stadt inmitten des gleichnamigen Gebirges, keine 30 Kilometer von der portugiesischen Hauptstadt Lissabon entfernt. Dank den zwischen Pininienwäldern pitoresk gelegenen bunten Palästen, Villen und Ruinen einer maurischen Burg ist sie ein Touristen-Magnet. Opel nutzt den Namen für eine Großraumlimousine, die 1996 an den Start geht. Sie wird zum wahrscheinlich größten Flop in der 125-jährigen Automobil-Geschichte des Herstellers.

Der Name ist noch das Beste an diesem Van. Zwar bietet er reichlich Platz für sieben bis acht Personen, je nachdem ob man herausnehmbare Einzelsitze oder eine hintere Dreier-Sitzbank bestellt. Dennoch ist er ein Tiefpunkt der Modellpolitik von Opel und GM in den 90er Jahren. Der Versuch eines plumpen Badge-Engineerings, der voll in die Hose geht. Die Qualität erweist sich als mangelhaft. In den Verkaufszahlen bleibt er weit hinter den Erwartungen zurück. Schlimmer noch: Er wird zu einer Belastung fürs Image der Marke, nachdem er katastrophal in Crashtests versagt. Schlechte Bremsen und ein hoher Benzindurst sind weitere Sargnägel.

Opel-Chef Bob Hendry zieht nach drei Jahren die Reißleine – und beschert damit dem Van mit dem wunderschönen Namen die zweitkürzeste Produktionszeit eines Opel der Nachkriegszeit nach der Chevette. Mit dem selbstentwickelten Nachfolger namens Zafira macht Opel alles besser.

Der Sintra wird übrigens fast baugleich von GM in anderen Regionen verkauft – unter den Namen Chevrolet Venture, Oldsmobile Silhouette, Pontiac TransSport oder Montana und Buick GL8. In Europa bleibt der TransSport unter der Marke Chevrolet bis Ende 2004 im Verkauf. ///

Produktionszeitraum November 1996 – Mai 1999
Stückzahl 53.751
Motoren 2,2- bis 3,0-Liter-Ottomotoren, (104 – 148 kW); 2,2-Liter-Diesel-Motor, 85 kW
Einstiegspreis 46.000 DM

Zweitkürzeste Produktionszeit der Nachkriegszeit.

SPITZENREITER

Der Nachfolger des Frontera A geht im September 1998 deutlich überarbeitet an den Start: Als Fünftürer ist er etwas kürzer, dafür etwas breiter, steht damit – wie Designer gerne sagen – satter auf der Straße. Die Neuentwicklung wartet mit frischem Design, neuem 2.2-Turbodiesel-Direkteinspritzer und 3.2-Sechszylinder, verbessertem Fahrkomfort und Handling auf.

Darüber hinaus verfügt der neue Frontera über einen während der Fahrt zuschaltbaren (»Non-Stop«-)Allradantrieb, intelligentem Leichtbau bei Rahmen und Karosserie sowie mehr Sicherheit in Form von Seitenaufprallschutz in allen Türen und Airbags. Die Karosserie wird in Sachen Aerodynamik und Windgeräusche verbessert.

Die Kombination aus hohem Freizeitwert, guter Geländetauglichkeit und einem Fahrkomfort auf Pkw-Niveau überzeugt die Kundschaft: Bis 2003 ist der Frontera in zwei Generationen mit rund 320.000 produzierten Einheiten ein Spitzenreiter unter den Offroadern in Europa.

Im Sommer 2001 erfährt das sportliche SUV noch ein Facelift mit einem anderen Kühlergrill und Klarglasscheinwerfern, bevor die Produktion Anfang 2004 endet. Erst 2006 bringt Opel in diesem Segment wieder einen Nachfolger – mit dem Antara. ///

Produktionszeitraum 1998–2003
Produktionsort Ellesmere Port
Stückzahl 24.500
Karosserievarianten Zweitürer mit kurzem Radstand (Frontera Sport)
Viertürer mit langem Radstand (Frontera)
Motoren Ottomotoren mit 2,2–3,2 Liter Hubraum (100–151 kW)
Dieselmotoren mit 2,2 Liter Hubraum (85–88 kW)
Einstiegspreis 41.150 DM

G-STAR

1998. Die Staats- und Regierungschefs der Europäischen Union beschließen in Brüssel die Einführung des Euro am 1. Januar des Folgejahres. Daimler und Chrysler geben ihre Fusion bekannt; Thyssen und Krupp-Hoesch fusionieren ebenfalls. Toyota übernimmt Daihatsu. Bei der Bundestagswahl unterliegt Helmut Kohl nach 16 Jahren Kanzlerschaft seinem Herausforderer Gerhard Schröder. Apple bringt den iMac auf den Markt, Pfizer die Potenzpille Viagra. Und Opel die zweite Generation des Astra.

Und auch der geht gut ab: Insgesamt 3,95 Millionen Astra G werden in Europa von 1998 bis Juli 2008 gebaut. Den Verkaufserfolg verdankt das Modell seinem progressiven, eigenständigen Design mit einem in die Motorhaube integrierten Kühlergrill, der dynamischen Fahrwerks- und Antriebstechnik, der vollverzinkten Karosserie mit zwölfjähriger Garantie gegen Durchrostung (als Antwort auf eine Schwäche des Vorgängers) und seiner Variantenvielfalt – zunächst als Drei- und Fünftürer sowie als Caravan, später folgen Stufenheck-Limousine, Coupé und Cabrio. Die Verkäufe stimuliert Opel auch über regelmäßige Sondereditionen, wie etwa Fashion, Edition BILD (ab 2002 zum 50. Geburtstag der *Bild-Zeitung*) und FC Bayern München Edition (Februar 2000; auf 500 Stück limitiert).

Das Astra Coupé baut Bertone ab März 2000 in Turin, wie die an den Seitenteilen angebrachten Logos und die serienmäßigen Einstiegsleisten hervorheben. Manch ein Beobachter sieht in dem Coupé den inoffiziellen Nachfolger des Calibra, es ist aber eher ein Nachfolger des Kadett C Coupé. Um dem Modell noch mehr Eigenständigkeit zu verleihen, nennt Opel es ab November einfach nur noch »Coupé«. Das viersitzige Cabrio mit Stoffverdeck wird ebenso in Italien entworfen und ab März 2001 hergestellt. Die Werbung macht daraus keinen Hehl: »Erdacht bei Opel, erschaffen bei Bertone«.

Opel startet in dieser Astra-Generation auch mit neuem Sportabzeichen: »OPC« (für Opel Performance Center) löst im Herbst 1999 das »GSi«-Kürzel (Grand Sport injection) bei Opel vorläufig ab. Der erste Astra OPC ist eine auf 3.000 Exemplare limitierte sportliche Motorsport-Homologationsauflage des Astra G-Dreitürers. Er wird nur in Schwarz, Starsilber und Ardenblau ausgeliefert und erhält diverse Fahrwerks- und Motorkomponenten aus dem Rennsport. Der OPC erhält unter anderem eine 16-Zoll-Bremsanlage mit Bremsenkühlung sowie geänderten Querlenkern vorn und eine direkter abgestimmte Servolenkung. Der 2.0-16V-Motor wird von der Motorsportabteilung zu 18 kW Mehrleistung gegenüber der normalen Version (100 kW auf 118 kW) überarbeitet. 2002 folgt in dieser Baureihe eine zweite OPC-Version mit 200 PS starkem Turbomotor, die im Dreitürer und im Caravan erhältlich ist. Insgesamt werden 2002 bis 2004 rund 4.000 Opel Astra G OPC II gebaut, davon 624 als Caravan, der sogar noch drei Monate länger im Angebot ist als sein dreitüriges Schwestermodell.

Am anderen Ende des Portfolios zeigt Opel, dass die Marke auch sparsam kann: Der Astra Eco 4 ist im Jahr 2000 das erste Vierliter-Auto seiner Klasse. Ausgerüstet mit dem 75 PS starken 1,7 DTI 16V-Triebwerk gönnt sich der Sparkünstler gerade mal 4,4 Liter Diesel auf 100 Kilometer – auch dank rollwiderstandsarmen Reifen, Leichtbau-Federbeinen und hohlen Dämpfer-Kolbenstangen.

Produktionszeitraum 1998–2004
Produktionsort Bochum, Antwerpen, Eisenach, Ellesmere Port (UK), Gliwice (Polen)
Stückzahl 3,95 Millionen (bis Juli 2008 inkl. Astra Classic)
Karosserievarianten drei- und fünftüriges Fließheckmodell
fünftüriger Caravan
viertüriges Stufenheckmodell
zweitüriges Coupé und Cabrio
dreitüriger Astravan-Lieferwagen
Motoren Ottomotoren: 1,2–2,2 Liter, 48–147 kW; Dieselmotoren 1,7–2,2 Liter, 50–92 kW;
erstes Vollwertiges Vierliter-Auto (Eco 4)
erstes OPC-Produktionsmodell
Einstiegspreis 24.170 DM

Erstes Vierliter-Auto (Eco 4), erstes OPC-Modell.

SITZ-RIESE

Produktionszeitraum 1999–2005
Produktionsort Bochum
Stückzahl 1.305.134
Karosserievariante Kompaktvan
Motoren Ottomotoren 1,6–2,2 Liter, 74–147 kW; Dieselmotoren 2,0–2,2 Liter, 60–92 kW
Einstiegspreis 17.767,39 Euro

»**Saphira**« ist ein biblischer Name hebräischen Ursprungs und bedeutet schlicht »schön«. Im Griechischen steht »Saphira« für »Saphir« oder generell »Edelstein«. »Safira« ist in der Mythologie eine Feuergöttin, die Herrscherin über den Saphir des Feuers. »Zafira« mit Z ist ein großer Wurf, der Opel 1999 geglückt ist. Ein Modell, das die Klasse der kompakten Vans mit ultra-flexiblem Innenraum definiert. Eine Alternative für all jene, denen ein herkömmlicher Van zu groß und ein kompakter Kombi nicht variabel genug ist. Und das greift Opel direkt als Claim in der Werbung auf: »Zafira. Der Erste. Außen kompakt. Innen Van.«

Der Nachfolger des Rohrkrepierers Sintra steht auf der kompakten Plattform des Astra. Sein Design überzeugt mit klarer Linienführung und einer technisch orientierten Formensprache. Das Konzept des Kompakt-Vans ist schnell verdeutlicht: hohe Funktionalität und Variabilität trifft auf großzügiges Raumgefühl. Und diese Formel ist es, die den Zafira einzigartig macht: Dank des innovatives Flex7-Sitzsystem lässt sich der kompakte Siebensitzer kinderleicht in einen Zweisitzer mit einem 1.700 Liter fassenden Laderaum verwandeln. Und zwar, ohne dass dafür Sitze ausgebaut und außerhalb des Fahrzeugs gelagert werden müssen. Die Einzelsitze der dritten Reihe können mit einem intelligenten Faltmechanismus zusammengeklappt und in Mulden im Fahrzeugboden verstaut werden, sodass eine ebene Ladefläche entsteht. Für noch mehr Transportvolumen kann auch die zweite Sitzreihe zusammengefaltet, nach vorne geschoben und hinter den Vordersitzen fixiert werden.

»Gemessen am Raum- und Sitzplatzangebot ist der Zafira ein Riese; von den Außenmaßen, den Unterhaltskosten und vom Grundpreis her aber eher ein Zwerg«, würdigt *auto motor und sport*. Doch der Zafira ist keineswegs nur ein Lademeister. Er überzeugt auch mit einem neu abgestimmten Fahrwerk mit Pkw-ähnlichen Fahrverhalten, dem mit c_w 0,33 besten Luftwiderstandsbeiwert seiner Klasse und einem Leergewicht von lediglich 1.390 Kilogramm. Die letzten beiden Werte tragen maßgeblich zur hohen Wirtschaftlichkeit des Zafira bei.

Unvernünftig kann er auch – als sportliche Modellvariante OPC (»Opel Performance Center«). Sein Herz ist hier ein 2,0-Liter-Turbo-Vierzylinder, der 141 kW (192 PS) leistet und ab Herbst 2002 sogar 147 kW (200 PS).

Auch international hat der Zafira Karriere gemacht – in Lateinamerika und einigen asiatischen Ländern unter dem Namen Chevrolet Zafira, in Japan als Subaru Traviq und in Südostasien als Chevrolet Nabira. ///

Die Werbung bringt es auf den Punkt: »Der Erste. Außen kompakt. Innen Van.«

GÜNSTIGER EINKAUFSWAGEN

Produktionszeitraum 2000–2007
Stückzahl 433.360
Produktionsort Gliwice (Polen)
Karosserievarianten Microvan
Motoren Ottomotoren 1,0–1,2 Liter, 43–59 kW; Dieselmotor 1,3 Liter, 51 kW
Einstiegspreis 8.947,61 Euro

Agila: »Erst haha, dann aha!«

»**Agilis**« ist lateinisch für leicht beweglich, agil. Ein derartiges Einstiegsmodell unterhalb des Corsa bringt Opel im August 2000 in den Handel. Gerade mal 1.040 Kilogramm schwer, 3,54 Meter kurz, dennoch ausreichend Platz für bis vier Erwachsene und mindestens 250 Liter großem Ladevolumen im Kofferraum: der Agila – der erste Microvan eines europäischen Herstellers.

Von A bis Z, von Agila bis Zafira, spannt sich damit das Angebot bei Opel. Und Händler freuen sich, dass sie nicht nur Gebraucht-, sondern auch Neuwagen für weniger als 10.000 Euro anbieten und damit neuen Kundenkreisen den Einstieg in die Markenwelt ermöglichen können.

Bunt, klein, praktisch: So positioniert Opel den Microvan schon bei der internationalen Pressevorstellung mit einer Präsentation im Legoland im dänischen Billund. Im März 2003 gibt es ein Sondermodell Haribo mit einem 1,2-Liter-16V-Motor. In einem der TV-Spots heißt es, der Agila böte Platz für acht Personen. Man sieht aber nur vier Frauen im Microvan sitzen. Dann hält der Wagen, die Damen steigen aus und siehe da: Alle vier sind schwanger. »Der Opel Agila. Erst haha, dann aha!«

Kleine Autos bedeuten gemeinhin kleine Margen, deswegen wird der Fünftürer mit Steilheck kostengünstig im jüngsten Opel-Werk im polnischen Gliwice gefertigt – zusammen mit dem nahezu baugleichen gemeinsam entwickelten Modell Suzuki Wagon R. Solche Allianzen sind in der Branche übliche Zweck-Ehen, um Entwicklungskosten in Milliardenhöhe zu teilen und bessere Skaleneffekte zu erzielen.

GM & SUZUKI

GM und Suzuki arbeiten schon seit 1981 zusammen. Im Jahr 2000 verdoppeln die Amerikaner ihre Beteiligung am japanischen Konzern auf 20 Prozent. Acht Jahre später verkauft GM seine Anteile an Suzuki wieder; 2010 übernimmt Erzrivale Volkswagen eine Minderheitsbeteiligung von 19,9 Prozent an Suzuki und die Japaner 1,9 Prozent der VW-Anteile. Aber auch die Allianz hält nur bis 2015.

C WIE CHAMPION

Getreu der Devise »Never change a winning team and formula« bestimmt erneut Chefdesigner Hideo Kodama die Form des Corsa C, den Opel im September 2000 vorstellt. Die dynamische Formensprache orientiert sich bewusst am erfolgreichen Vorgänger, ist aber deutlich maskuliner ausgelegt. Es gibt ihn wieder mit zwei und vier Türen plus großer Heckklappe. Das Auto wächst erneut um zehn Zentimeter in der Länge, steht auf breiterer Spur und einem längeren Radstand. Damit verbessert sich das Innenraumangebot weiter. Die Karosserie ist erstmals vollverzinkt. Moderne Vierventil-ECOTEC-Benziner und neue Direkteinspritzer-Turbodiesel sorgen für viel Leistung, wenig Verbrauch und niedrigste Abgaswerte. Alle Varianten entsprechen bereits der Abgasnorm Euro 4.

Die Erfolgsformel wirkt: Die dritte Corsa-Generation erobert 2001 zum siebten Mal in Folge den Titel des meistverkauften Autos seiner Klasse in Deutschland. Pünktlich zum 20. Geburtstag im Jahr 2002 überspringt die Gesamtauflage die Marke von elf Millionen Einheiten. Ins Modelljahr 2004 startet der Corsa C mit einem Facelift inklusive neuer Front- und Heckansicht. Der Slogan in der Werbung heißt: »Wir bauen Ihr Auto.« Auch der Corsa C ist ein Topstar mit insgesamt fast 2,5 Millionen verkauften Exemplaren.

Bauzeit 2000–2006
Werk Saragossa & Eisenach
Stückzahl fast 2,5 Millionen
Karosserievarianten Drei- und Fünftürer
Motoren Ottomotoren: 1,0–1,8 Liter, 43–92 kW; Dieselmotoren: 1,3–1,7 Liter, 48–74 kW
Einstiegspreis 10.686 Euro

Topstar mit fast 2,5 Millionen Verkäufen.

LOTUS-BLÜTE

Produktionszeitraum 2001–2005
Stückzahl 7.189
Produktionsort Lotus-Werk Hethel
Karosserievariante Roadster
Motoren 2,0- bis 2,2-Liter-Ottomotoren, 108–147 kW
Einstiegspreis 59.900 DM

Die Geschichte dieses Sportwagens beginnt im September 2000. In Zusammenarbeit mit den Spezialisten der britischen Sportwagenschmiede Lotus Cars erschaffen die Opel-Ingenieure des Internationalen Technischen Entwicklungszentrums in Rüsselsheim den ersten Opel mit Mittelmotor – den Speedster. Seine Weltpremiere feiert der konsequent auf Leichtbau und Fahrspaß getrimmte »Image-Feger« (*auto motor und sport*) auf dem Genfer Automobilsalon im März 2001.

Der offene, zweisitzige Sportwagen ist auch das erste Opel-Serienfahrzeug mit extrem steifem Aluminium-Chassis und glasfaserverstärkter Kunststoffkarosserie. Der gerade mal 3,79 Meter lange und 1,12 Meter flache Flitzer ist eine Weiterentwicklung des Lotus Elise, allerdings ist die Fahrmaschine auf Anhieb als Opel zu erkennen.

Opel-Designchef Hans Seer erläutert seinerzeit: »Die Leichtbau-Karosserie setzt die technisch orientierte Formensprache, die wir mit den Studien G90 und Zafira Snowtrecker gezeigt haben, erstmals in die Serie um.« Dabei nutzt das Speedster-Designteam die Möglichkeiten, die das Material Kunststoff bietet, und formt scharfe Kanten, deren Umsetzung in Blech nur schwer realisierbar gewesen wäre. Das progressive Design äußert sich auch in spannungsgeladenen Flächen, muskulösen Radhäusern und zahlreichen Kühlöffnungen. Details wie die futurisch anmutenden Frontscheinwerfer und Heckleuchten, die punktförmigen Nebellampen und die zwei mittig übereinander platzierten verchromten Auspuffendrohre sind schlüssig in die Fiberglas-Karosserie integriert und ziehen die Blicke auf sich. Aluminium steht auch im schnörkellosen Innenraum im Vordergrund.

Kurvenräuber: erster und einziger Opel mit Mittelmotor.

VIEL LEISTUNG, WENIG GEWICHT

Angetrieben vom 147 PS starken 2,2-Liter-Ecotec-Motor aus dem Astra Coupé beschleunigt der 945 Kilogramm leichte Speedster in nur 5,9 Sekunden auf Tempo 100. Noch temperamentvoller ist der 930 Kilogramm leichte Speedster 2.0 Turbo, der 2003 auf den Markt kommt und den Sprint auf Tempo 100 in nur 4,9 Sekunden meistert. Seine Höchstgeschwindigkeit: 243 km/h. Das Leistungsgewicht: 4,7 Kilogramm pro PS. Erkennbar ist das Sondermodell unter anderem an der Frontspoilerlippe und einem in Wagenfarbe lackierten Heckspoiler. Jedes Fahrzeug trägt als Zeichen seiner Exklusivität zudem eine Plakette mit der Produktionsnummer in der Armaturentafel. Der sportliche Individualist ist ähnlich selten wie ein Ferrari, Lamborghini oder Aston Martin. »Der Speedster Turbo schrammt hart am Kart. So hart, dass man sich fragt, ob er überhaupt für die Straße taugt. Er taugt«, urteilt die *AutoBild*.

Tief wie beim Kart rangieren auch die Blicke des Fahrers – etwa ein Meter über dem Asphalt, wo sich der Speedster-Fahrer im Schatten eines Lkw so groß fühlt wie am Fuße des Kilimanjaro. Stammrevier des heckangetriebenen Zweisitzers sind Serpentinen und kurvige Pässe, wo er sein ausgeprägt agiles Handling voll ausspielen kann. Servolenkung und Traktionskontrolle? Fehlanzeige bei dem reinrassigen Roadster. »Auch bei hohen Kurventempi vermittelt der sportlichste aller Opel ein Höchstmaß an Sicherheit. Selbst nach radikalen Fahrversuchen bleibt eine Frage meist unbeantwortet: Wo zum Teufel ist der Grenzbereich?«, fragt sich die *AutoBild*.

Beim Vergleichstest der englischen Fachzeitschrift *Car* siegt der Speedster 2003 gegen 38 Supersportwagen und gewinnt damit den Titel »Performance Car of the Year«. Schon nach seiner Weltpremiere beim Genfer Automobilsalons 2000 gewinnt das heute »seltene Juwel im Straßenbild« (*Motor Klassik*) als erstes Open-Air-Modell von Opel den Titel »Cabrio des Jahres«. Das Gesamturteil der *AutoBild*: »Bravo, Opel! Wer hätte das für möglich gehalten? Die Rüsselsheimer trauen sich was und leisten sich ein ultimatives Spaßmobil als Imageträger. Und das ist allemal gut so. Denn anders als im Schwestermodell Elise mit MG-Motor ist der Glanzpunkt im Speedster der feurige Opel-Motor.« ///

Der Speedster ist 945 Kilogramm leicht und beschleunigt in 5,9 Sekunden auf Tempo 100.

LADENHÜTER

Bob Lutz, Vizepräsident des langjährigen Mutterkonzerns General Motors, einstiger Kampfjetpilot bei den US-Marines, Spitzname General Motors Resident Rockstar, ist der wahrscheinlich größter Entertainer der Branche seiner Zeit. Um einen politisch unkorrekten Spruch ist er nie verlegen. Sein Urteil über den Vectra C – schon kurz nach dessen Vorstellung 2002 auf dem Genfer Automobilsalon – ist aber selbst für seine Verhältnisse ein schweres Kaliber, ja fast eine öffentliche Hinrichtung: »Beim Anblick des Vectra springt einem eben nicht gleich der Geldbeutel in der Tasche auf.« Wumms! Wirkungstreffer!

Tatsächlich hat »Maximum Bob« (Lebensmotto »often wrong, never in doubt«) Recht behalten: Der Vectra C kann bei weitem nicht an die Erfolge seiner Vorgänger anknüpfen. Hauptgrund: Qualitätsmängel und ein langweiliges Design innen wie außen, das auch eine Modellpflege im März 2004 und sportliche OPC-Design-Pakete nicht mehr retten können. Das einstige Erfolgsmodell platziert sich in der Neuzulassungsstatistik bestenfalls in den Top 5 der Mittelklasse – trotz ruinöser Rabatte von bis 25 Prozent. Die Produktion des Ladenhüters wird im Juli 2008 eingestellt; im November desselben Jahres folgt der Insignia A. ///

Produktionszeitraum 2002–2008
Produktionswerk Rüsselsheim
Stückzahl 1.081.061
Karosserievarianten Stufenhecklimousine, Fließheck-Version (GTS), Caravan
Motoren Ottomotoren: 1,6–3,2 Liter, 74–206 kW;
Dieselmotoren: 1,9–3,0 Liter, 74–135 kW
Einstiegspreis 20.250 Euro

Legendäre Breitseite: GM-Vize Lutz kritisiert das Design kurz nach der Vorstellung.

BUSINESS AS UNUSUAL

Das Wort »Signatur« stammt vom lateinischen Begriff Signum und bedeutet Zeichen. Die Signatur schließt gemeinhin den Vorgang der schriftlichen Willenserklärung ab. Eine solche Erklärung für die automobile Zukunft will Opel ab Frühjahr 2003 mit dem Signum abgeben.

Für Designchef Martin Smith ist klar: »Der Signum setzt Zeichen. Er ist eine mutige Alternative zum Limousinen- und Kombi-Establishment; ein echter Allrounder, der Funktion, Flexibilität und Fahrspaß auf einen bezahlbaren Nenner bringt.« Charakteristisch ist das dynamisch wirkende Heck mit kuppelförmiger Glasscheibe und massiver C-Säule. Der Signum misst in der Länge mit 4,64 Metern nur vier Zentimeter mehr als der Vectra, auf dem er basiert, innen aber bietet er erheblich mehr Platz. Das verdankt er seinem um 13 Zentimeter längeren Radstand.

»Der Signum erinnert an die Business Class moderner Verkehrsflugzeuge und bietet entsprechenden Komfort«, verspricht Opel-Chef Carl-Peter Forster. Das neue Flaggschiff bietet eine Sitzruheposition, wie wir sie von Langstreckenflügen kennen, individuell einstellbares Entertainment bis hin zum Stauraum in der Dachkonsole. Für seine Sitze erhält Opel 2003 das AGR (»Aktion Gesunder Rücken e. V.)-Zertifikat der Ergonomie-Experten. Opel ist damit der erste Hersteller mit rückenfreundlichen, AGR-geprüften Sitzen im Mittelklassesegment.

Hilft alles nichts: Der Signum erfährt das gleiche Schicksal wie sein biederer Bruder Vectra C, er kann sich nicht durchsetzen und wird Mitte 2008 wieder eingestellt. ///

Produktionszeitraum 2003–2008
Stückzahl 98.886
Produktionswerk Rüsselsheim
Karosserievarianten Kombilimousine
Motoren Ottomotoren: 1,8–3,2 Liter, 90–184 kW; Dieselmotoren 1,9–3,0 Liter, 74–135 kW
Einstiegspreis ab 23.000 Euro

Erinnert an die Business Class moderner Flugzeuge.

KLEINER BRUDER DES ZAFIRA

Doppelpass mit Brasilien: Den ab Mai 2003 verfügbaren Meriva stellt das Rüsselsheimer Entwicklungszentrum gemeinsam mit GM do Brasil auf die Beine. Und der Anspruch ist groß: »Nach dem Zafira wird der Meriva wieder ein neues Marktsegment für Opel definieren und damit ein Zeichen für die Frische und kreative Kraft unserer Marke setzen«, meint CEO Carl-Peter Forster bei der Weltpremiere auf dem Pariser Automobilsalon im September 2002. »Meriva könnte auch die Abkürzung für ›Mehr Raum im Van sein‹, denn das Konzept für Opels jüngsten Kompakten soll den Erfolg des größeren Zafira in die Klasse darunter transportieren«, schreibt *auto motor und sport*. Wie sein großer Bruder verfügt der Meriva daher auch über ein flexibles Innenraumkonzept. »Mach mit mir, was du willst, scheint der Meriva im Interieur zu rufen, ich kann es schon«, meint das renommierte Automagazin.

Sportliche Mamis und Papis freuen sich ab Januar 2006, als Opel dem Minivan ein dezentes Facelift spendiert, übers Topmodell OPC mit 180 PS starken Vierzylinder-Turbo. Preis: 23.000 Euro. Der TÜV Deutschland lobt den Meriva im Januar 2007 als »Mängelzwerg«. »Das Auto als Multitalent – schnell, fahrsicher, wandlungsfähig. (...) Und viel Auto fürs Geld«, urteilt *auto motor und sport*. ///

Mehr Raum im Van!

FRISCHLUFT-FLITZER

Produktionszeitraum 2004–2009
Stückzahl 90.874
Produkionsort Heuliez-Werk in Cerizay, Frankreich
Motoren Ottomotoren: 1,4–1,8 Liter, 66–92 kW; Dieselmotor: 1,3 Liter, 51 kW
Einstiegspreis 16.695 Euro

Mit dem Tigra TwinTop präsentiert Opel auf dem Genfer Automobilsalon 2004 als erster deutscher Volumenhersteller einen sportlichen Zweisitzer mit elektrohydraulischem Stahl-Klappdach. Je nach Wetter sowie Lust und Laune ermöglicht der dynamisch gezeichnete Verwandlungskünstler damit genussvollen Frischluft- oder Coupé-Fahrspaß.

Die intelligente Verdeck-Kinematik ermöglicht eine harmonische Designlinie vom flachen Bug bis zum eleganten, wohlproportionierten Heck. Dank seiner innovativen Dachkonstruktion verfügt das »Cabrio des Jahres 2004« über ein außergewöhnlich großes Stauvolumen von rund 500 Litern: Das Klappdach stellt sich senkrecht hinter die Sitze. Damit erreicht das Volumen des Gepäckabteils mit 254 Litern beim offenen Verdeck bis hin zu 444 Litern beim geschlossen absolute Rekordwerte. Dazu kommt ein 71-Liter-Staufach direkt hinter den Sitzen, das beim reinrassigen Zweisitzer vom Innenraum zugänglich ist.

Der Tigra Twin Top basiert auf der GM Gamma-Plattform und teilt sich die Aggregate und Komponenten mit dem Corsa C. Im Mai 2009 läuft die Produktion des Peugeot 206 CC-Rivalen aus. Ein Nachfolger ist nicht geplant. Zu klein das Segment, zu kurz der Lebenszyklus von solchen Lifestyle-Flitzern.

Frischluft-Flitzer: Cabrio des Jahres 2004!

DER ZEIGT WEITSICHT

Wie geht 2004 in die Geschichtsbücher ein? Die Europäische Union bekommt zehn neue Mitgliedsstaaten. Michael Schumacher wird zum siebten Mal Formel-1-Weltmeister. Fußball-Nationalspieler Youssouffa Moukoko wird geboren. Ebenso wie der Astra der dritten Generation.

Punkten will Opel ab März 2004 mit progressivem Design, hoher Fahrdynamik, zwölf Motorvarianten (von 90 bis 240 PS im Astra OPC) und technischen Innovationen, wie der elektronischen Dämpferregelung, wie sie zuvor nur in der Luxusklasse und in Sportwagen angeboten werden. Gleiches gilt für das AFL(Adaptive Forward Lighting)-Scheinwerfersystem mit dynamischem Kurvenlicht sowie fünf Sternen für den Erwachsenen-Insassenschutz der Verbraucherschutz-Organisation Euro NCAP.

Aufsehen erregt Opel mit dem GTC und seiner Panorama-Frontscheibe, die erstmals in einem Produktionsfahrzeug angeboten wird. Sie erstreckt sich von der Motorhaube bis ins Dach zur B-Säule und bietet so ein völlig neues Raum- und Seherlebnis.

Produktionszeitraum 2004–2010
Stückzahl 2.699.827
Produktionsort Antwerpen, Bochum, Gliwice, Ellesmere Port
Motorvarianten Ottomotoren: 1,4–2,0 Liter, 55–177 kW; Dieselmotoren: 1,3–1,9 Liter, 59–110 kW;
Karosserievarianten vier- und fünftüriges Fließheckmodell fünftüriger Caravan und Panel Van, dreitüriger GTC und OPC, zweitüriger TwinTop (mit dreiteiligem Dachsystem) viertüriges Stufenheckmodell (auf ausgewählten Märkten)
Einstiegspreis 15.200 Euro

Auf Wunsch mit riesiger Panaroma-Scheibe.

SCHNELLSTER KOMPAKTVAN DER WELT

Produktionszeitraum 2005–2014
Stückzahl 1.169.179
Produktionsort Bochum, Gliwice
Karosserievarianten Kompaktvan
Motoren Ottomotoren: 1,6–2,2 Liter, 77–177 kW; Dieselmotoren: 1,7–1,9 Liter, 74–110 kW
Einstiegspreis 22.340 Euro

Never change a winning formula: Das Flex7-Sitzsystem übernimmt Opel fast unverändert in der zweiten Generation des Zafira, die im Juli 2005 eingeführt wird. Dagegen nimmt der Hersteller bei der Bedien-Ergonomie, der Elektronik und der Motorenpalette tiefgreifende Änderungen vor. Auch die zweite Generation wird in einer leistungsgesteigerten OPC-Variante mit nunmehr 177 kW (240 PS) angeboten. Höchstgeschwindigkeit: 231 km/h. Damit ist der Zafira bis zum Auslauf dieser Sportvariante im Sommer 2010 der schnellste Kompaktvan der Welt. Und einer der sichersten gleich dazu – wie nicht zuletzt der NCAP-Crashtest mit fünf von fünf Sternen 2005 belegt.

Der Nachfolger Zafira C kommt im Januar 2012 in den Handel, der Zafira B wird aber noch nicht eingestellt. Vielmehr läuft er mit dem Namenszusatz »Family« als günstige Alternative weiter, in Österreich trägt er den Beinamen »Classic«. Am 5. Dezember 2014 läuft der letzte Zafira B vom Band – und das Werk Bochum wird geschlossen. ///

Erneut mit Flex7-Sitzsystem.

KOREA FLOP

Auf der IAA 2005 präsentiert Opel den Antara GTC als imposante Studie mit 20-Zoll-Rädern und Felgen aus poliertem Aluminium. Im Sommer 2006 dann geht der Frontera-Nachfolger entschärft in Serie. Trotz seines ansprechenden Designs teilt er ein Los mit dem Sintra: Er ist ein erfolgloser Versuch des globalen GM-Badge-Engineerings.

Die Schwestermodelle heißen Chevrolet Captiva und Saturn Vue. Kaum dass Mary Barra, heute CEO von GM, 2013 die Position der Entwicklungschefin übernommen hat, erklärt sie das wichtigste neue Ziel: »No more crappy cars«. Für den Antara kommt diese Ansage zu spät: schief eingepasste Kunststoffteile, billiges Hartplastik, ein zu kleiner Kofferraum, eine peinliche Zuladung von 432 Kilogramm bei einem Zwei-Tonnen-Auto, Anfahrschwäche und ein übertriebener Sprit-Durst. Ergebnis: Der Korea-Opel ist ein Flop. Auch die Modellpflege im Herbst 2010 ändert nichts daran. Im Frühjahr 2015 heißt es Ende Gelände-Wagen. ///

Produktionszeitraum 2006–2015
Stückzahl 159.405
Produktionsort Bupyeong (GM Korea) & St. Petersburg (GM Auto, Russia)
Motoren Ottomotoren: 2,4–3,2 Liter, 103–167 kW; Dieselmotoren: 2,0–2,2 Liter, 93–135 kW
Einstiegspreis 26.850 Euro

Mit vielen Kritikpunkten und wenig Erfolg.

NUR FLIEGEN IST SCHÖNER. ZWEITER TEIL.

Produktionszeitraum 2006–2009
Stückzahl 7.519
Produktionsort GM-Werk Wilmington, USA
Motoren 2,0-Liter-Benziner, 194 kW (264 PS)
Einstiegspreis 30.675 Euro

»**ENTDECKEN SIE**, dass nichts inspirierender ist als eine erfolgreiche Vergangenheit«, titelt Opel auf ganzseitigen Anzeigen: Im Juli 1973 stellt Opel die Produktion des GTs ein; im März 2006 präsentiert die Traditionsmarke auf dem Genfer Automobilsalon einen neuen GT. Anders jedoch als das Original ist dieser Opel kein Coupé, sondern ein zweisitziger Roadster. Ab April 2007 steht er im Opel-Handel.

Beworben wird der Neue auch mit dem Slogan »Die Legende kehrt zurück« und »Nur Fliegen ist schöner. Zweiter Teil.« Tatsächlich zeigt das Design des GTs Parallelen zu seinem Urvater - zum Beispiel den perfekten Sportwagen-Grundkörper, der das Frontmittelmotorkonzept betont, und die vorn angeschlagene lange Motorhaube mit dem marken-typischen mittigen Falz (»Bügelfalte«). Die Seitenlinie zeigt straffe, scharf geschnittene Linien. Gepaart sind sie mit fließenden, muskulös gewölbten Flächen, einer flachen Silhouette und extrem kurzen Überhängen. Die charakteristischen Proportionen seiner Gattung verhelfen dem neuen GT zu einem dynamischen Auftritt.

Die Frontansicht wird dominiert vom betonten Schwung der Kotflügel, markant sind der breite Chromstreifen mit integriertem Opel-Blitz sowie die weit in die Seitenflächen gezogenen 3-D-Scheinwerfer in Klarglasoptik. Die Sportlichkeit unterstreichen auch Designelemente wie die länglichen Lufteinlässe in der Motorhaube, die Kiemen in den vorderen Kotflügeln, die doppelflutige Auspuffanlage und die beiden Hutzen hinter den Kopfstützen – Reminiszenzen an Designlösungen der Roadster- und Motorsportgeschichte. Und natürlich verschwindet das Verdeck vollständig unter einer Klappe.

Im Vergleich zum ersten GT kommt der Neue deutlich breiter und wuchtiger daher: Statt der 1,58 Meter des Urahns ist der Roadster stattliche 1,81 Meter breit und übertrifft damit sogar den BMW Z4 und den Mercedes SLK um jeweils rund vier Zentimeter. In der Länge liegt er mit 4,10 Metern exakt auf dem Niveau der beiden Kontrahenten. Der vermeintlich vergleichbare Mazda MX-5 sieht neben dem GT fast wie ein Kleinwagen aus. Serienmäßig rollt die Neuauflage auf breiten, weit außen platzierten 18-Zoll-Reifen der Dimension 245/45 und 8x18 Zoll großen Alu-Rädern. »Dagegen sieht der 1.580 Millimeter breite und auf 165-HR-13-Pneus rollende Ur-GT wie ein Fotomodell nach einer Diät aus«, schreibt die *Auto Zeitung* im Februar 2007.

Ein Gefühl von Enge kommt wegen der opulenten Breite des GT Roadster nicht auf. Die Insassen liegen in bequemen Sportsitzen im US-Clubsesselformat. Das dicke, serienmäßig mit Leder ummantelte Lenkrad und der massive Schalthebel aus Leder und Chrom liegen gut in der Hand. Im farbig abgesetzten Cockpit geben chromeingefasste Instrumente dem Fahrer die wichtigsten Informationen. Unter dem Blechkleid verbaut GM eine moderne Konstruktion aus stabilen, hydrogeformten

Die Legende kehrt zurück. Nicht als Coupé, sondern als zweisitziger Roadster. 33 Jahre nach dem Ende des Ur GT.

GT'AIME: muskulös gewölbte Flächen, flache Silhouette und kurze Überhänge.

Kein Gefühl von Enge: Insassen liegen in Sportsitzen im US-Clubsesselformat.

Inspiriert ist das Design vom Konzeptfahrzeug VX Lightning (»Blitz«) der britischen Schwestermarke Vauxhall aus dem Jahr 2003.

Rahmenprofilen, an denen vorn und hinten jeweils doppelte Aluminium-Dreiecksquerlenker die Radführung übernehmen.

Ur-GT und GT-Roadster haben noch eins gemeinsam: Ihr Kofferraum ist winzig. Während man den 190 Liter fassenden Stauraum im ersten GT mangels Kofferraumklappe vom Innenraum her beladen muss, fasst der Neue bei geschlossenem Verdeck nur 157 Liter, bei aufgeklapptem sogar nur 66 Liter. Andererseits: Wie viel Platz braucht man denn schon – für eine Badehose und die Scheckkarte?

Sportliches Fahren ist im Roadster nicht nur dank des Heckantriebs und der günstigen Gewichtsverteilung garantiert. Der Roadster wartet mit einem 260 PS starken 2,0-Liter-Ecotec-Turbomotor mit Benzindirekteinspritzung auf. Das komplett aus Alu gefertigte Triebwerk hat mit 130 PS pro Liter eine Literleistung, die zu den höchsten im Serienmotorbau zählt. Der Verbrauch liegt nach EU-Norm bei 9,2 Litern pro 100 Kilometer, eine entspannte Fahrweise vorausgesetzt. Das hochgezüchtete Triebwerk verrichtet seine Arbeit auch bei niedrigen Drehzahlen angenehm. Der 1.395 Kilogramm schwere GT sprintet in 5,7 Sekunden auf 100 Stundenkilometer, die Höchstgeschwindigkeit liegt bei 230km/h. Zum Vergleich: Der 920 Kilogramm leichte GT von 1968 war 185 Stundenkilometer schnell und beschleunigte in 11,5 Sekunden auf Tempo 100. Sein 1,9 Liter großer Vierzylinder mit einer seitlich liegenden Nockenwelle und einem Registervergaser leistet 90 PS und stellt 146 Newtonmeter Drehmoment bei 2.500 Touren parat.

Um die Brücke zur Historie zu schlagen, lädt die Opel-Öffentlichkeitsarbeit zum ersten Presse-Fahrtermin nach Palm Springs in Kalifornien und organisiert über den GT Club 20 Ur-GTs für Vergleichsfahrten. Inspiriert ist das Design des GT Roadster vom Konzeptfahrzeug VX Lightning (»Blitz«) der britischen Opel-Schwestermarke Vauxhall aus dem Jahr 2003. Dessen Design ist noch deutlich pfeilförmiger gestaltet: Das »V« der Marke wird mit einem v-förmig zulaufenden Kühler zum zentralen Designthema – sogar für den Auspuff. Vauxhall hat die Studie zum 100-jährigen Jubiläum der Marke im GM Advanced Design Studio im englischen Birmingham entworfen und gebaut. Verantwortlich für die Gestaltung war Designchef Simon Cox unterstützt von Opel-Designer Stefan Arndt. Eine Serienfertigung bleibt dem VX Lightning verwehrt, aber sein Design steht Pate für den GT Roadster.

Dessen Entstehungsgeschichte ist ein Musterbeispiel für die Kontinente überspannende Zusammenarbeit im General-Motors-Konzern. Auf der sogenannten Kappa-Architektur realisiert GM nicht nur den Opel-Roadster, sondern auch zwei US-Pendants: Der Pontiac Solstice feiert seine Premiere im Januar 2006 auf der Los Angeles Autoshow, der Saturn Sky wenige Tage später auf der Detroit Motor Show. Weitere Ableger auf der Kappa-Plattform sind geplant, schaffen es aber nie in die Serie, wie etwa die Studien Saturn Curve, Chevrolet Nomad und Saab Sonett. Gebaut wird der neue GT im US-Werk Wilmington im US-Bundesstaat Delaware zusammen mit dem nahezu baugleichen Saturn Sky und dem rundlicher gestalteten Pontiac Solstice, der als Roadster und Coupé angeboten wird. Für Südkorea heißt das mit dem Opel fast baugleiche Schwestermodell Daewoo G2X. Initiiert hat das Projekt kein Geringerer als Bob Lutz in seiner Funktion als globaler GM-Entwicklungschef.

Das Medienecho auf die Vorstellung des europäischen Kappa-Ablegers lässt die Herzen in Rüsselsheim zunächst höherschlagen: Auf dem Genfer Automobilsalon wird der neue GT von einer unabhängigen Fachjury vom Fleck weg zum »Cabrio des Jahres 2007« gewählt. »Muskulöse Optik, konsequente Offenheit plus 264 Turbo-PS: Der rassige Roadster Opel GT beschleunigt nicht nur den Puls treuer Markenfans, sondern besitzt Eroberungspotenzial«, schreibt *auto-motor-und-sport*-Edelfeder Jörn Thomas. »Herzensbrecher, Filou und Macho zugleich: Endlich hat Opel mal wieder einen Emotionsbeschleuniger im Programm. Einen, der mit scharfem Blick auch mal erfolgreich im Konkurrenzrevier wildert und schon im Showroom für feuchte Hände sorgt.« Die Konkurrenz sieht es ähnlich: »Fahrspaß pur«, titelt die *AutoZeitung*, und *Auto Bild* würdigt den GT als »Die kleine Corvette«.

Der Marketing-Claim des Roadsters heißt »GT'aime« – in Anspielung auf die französische Liebeserklärung. Die Liebe der Journalisten schwindet allerdings nach einer ersten flüchtigen Begeisterung. Testberichte fördern die Schwächen des Roadsters zutage: »Null Kofferraum, kaum Ablagen, umständliches Verdeck – damit übernimmt der GT natürlich voll die Zweitwagen-Rolle. Und das für über 30.000 Euro. Zwar ist das in dieser Leistungsklasse noch ein Schnäppchen, denn ein vergleichbar motorisierter BMW Z4 3.0si kostet rund 10.000 Euro mehr; der günstigere Mazda MX-5 ist ungleich schlapper und schlichter ausgestattet. Doch gegen den Rasse-Roadster von Opel spricht: »Er ist nur mäßig verarbeitet«, kritisiert *Auto Bild* das »schlichte Plastik im Innenraum und schief eingepasste Leuchten«. Auch die Kunden fangen nicht recht Feuer: Schon nach drei Produktionsjahren wird das frühe und traurige Ende des GT Roadsters eingeläutet.

Möglicherweise ist die Marke Opel noch nicht stark und profiliert genug für ein 30.000 Euro teures, amerikanisch ausgelegtes Spaßauto ohne Kofferraum und mit einer Interieur-Qualität, die Luft nach oben lässt. Zudem wird wegen der Insolvenz von GM das Werk in Wilmington am 31. Juli 2009 geschlossen, was auch das Aus für die drei Roadster besiegelt. Immerhin hat GM vom Solstice von 2007 bis 2009 rund 65.700 Einheiten gefertigt, vom Saturn Sky 34.400, vom Opel GT allerdings gerade mal 7.500.

Der Pontiac Solstice schreibt noch mit einer Nebenrolle in dem Hollywood-Blockbuster *Transformers* Filmgeschichte – als Autobot namens Jazz. Der GT Roadster dagegen geht als eher unrühmliches Kapitel in die Opel-Annalen ein. Seinem großen Namen wurde er niemals gerecht. Er muss eher als lässiger Nachfolger des Hardcore-Spaßgerätes Opel Speedster gesehen werden. ///

»Herzensbrecher und Filou: Endlich hat Opel wieder einen Emotionsbeschleuniger im Programm.«
auto motor und sport

Sexy Heck, aber geringe Alltagstauglichkeit: Nur 7.500 Roadster werden in den USA gebaut.

AUF GEHT'S!

Produktionszeitraum 2006–2014
Produktionsorte Eisenach und Zaragoza (Spanien)
Stückzahl mehr als 2,9 Millionen Exemplare
Karosserievarianten Drei- und Fünftürer
Motoren Ottomotoren: 1,0–1,6 Liter, 44–155 kW Dieselmotoren: 1,3–1,7 Liter, 55–96 kW
Einstiegspreis 10.990 Euro

»C'MON!« – »Auf geht's!« Das ist der Kampagnen-Claim, den sich Opel für den Corsa D erdacht hat. Und der Name einer Gruppe von fünf Plüschpuppen, die in einer TV- und Print-Kampagnen für Aufmerksamkeit sorgen sollen. Untermalt wird der TV-Commercial von dem Song »Send it on« des jamaikanischen Dancehall-Musikers Sean Paul. So soll der Corsa D die Herzen von Jung und Alt erobern und pfiffig, innovativ und dynamisch daherkommen.

Ihre Weltpremiere feiert die vierte Generation des Corsa im Juli 2006 auf der London Motorshow, wo Sean Paul sogar für ein Live-Konzert eingeflogen wird. Und tatsächlich gewinnt die Neuauflage des Beststellers – trotz der schon eher befremdlichen Plüschpuppen – mit seinem sportlich-frechen Auftritt und seiner hohen Alltagstauglichkeit auf Anhieb viele Anhänger.

Im Vergleich zum Vorgänger ist der D-Corsa in allen Abmessungen gewachsen und wirkt dadurch erwachsener. In der Länge legt er um 160 Millimeter zu, bleibt aber immer noch knapp unter der Vier-Meter-Marke. Die Rückleuchten haben die Designer im Vergleich zum Vorgänger von der C-Säule wieder in die Heckpartie versetzt.

Beim Euro NCAP-Test erreicht er die Höchstwertung von fünf Sternen beim Erwachsenen-Insassenschutz. Eine Vielzahl attraktiver Sicherheitsmerkmale sind intelligent aufeinander abgestimmt, wie etwa ein komplettes Airbag-System, ABS, ESP, ein Sicherheitsfahrwerk sowie Halogen-Kurven- und Abbiegelicht. Als erster Wagen seiner Klasse verfügt der Corsa über ein heizbares Lenkrad und über das Flex-Fix-Fahrradträgersystem.

Die eher befremdlichen Plüschpuppen in der Werbung tun dem Erfolg des Corsa D keinen Abbruch.

Sportliches Angebot: GSI (150 PS), OPC (192 PS), OPC Nürburgring Edition (210 PS).

Für die sportliche Fangemeinde bietet Opel ein pralles Angebot: GSI (110 kW/150 PS), OPC (141 kW/192 PS) und – als absolutes Highlight – eine OPC Nürburgring Edition. Gegenüber dem »normalen« Corsa OPC holt sie aus dem 1.6-Turbomotor noch mehr Leistung (155 kW/210 PS) und ein noch satteres Drehmoment (mit Overboostfunktion bis zu 280 Nm statt 266 Nm). Dazu kommen ein neu entwickeltes Bilstein-Performance-Fahrwerk, ein mechanisches Lamellen-Sperrdifferenzial sowie Brembo-Bremsen an der Vorderachse. Die Corsa OPC Nürburgring Edition sprintet in 6,8 Sekunden von Null auf Tempo 100 (0,4 Sekunden schneller als die OPC-Standardversion) und erreicht eine Spitzengeschwindigkeit von 230 km/h (statt 225 km/h).

Der Corsa D ist fast acht Jahre im Modellprogramm der Rüsselsheimer. Im Herbst 2014 wird der Nachfolger Corsa E auf dem Pariser Autosalon der Öffentlichkeit präsentiert. ///

2007 Agila B

NUTZWERT-RIESE

»**Geräumig**, wendig, komfortabel und sparsam. Mehr Auto braucht kein Mensch«, urteilt *Focus* über die zweite Generation des Microvans Agila, der auf der IAA 2007 seine Premiere feiert. Sie wird zusammen mit dem fast baugleichen Schwestermodell Suzuki Splash bei Maygar Suzuki in Esztergom (Ungarn) gebaut und steht ab April 2008 im Handel.

Der Agila wächst mit der neuen Generation um 20 Zentimeter auf 3,74 Meter in der Länge, 1,68 m in der Breite (+ 6 cm) und schrumpft auf 1,59 m in der Höhe (– 7 cm). Dadurch wirkt er gestreckter und dynamischer als sein kastenförmiger Vorgänger. Der Kofferraum fasst 225 Liter oder einen handelsüblichen Kinderwagen. »Zu zweit unterwegs ist das Gefährt im Handumdrehen zum praktischen Kleintransporter umgebaut. Rund 1.100 Liter Ladevolumen fasst der ungarisch-japanische Rüsselsheimer dann, was in etwa einem Halbjahreseinkauf oder der Sportausrüstung für die Hockey-Hobbymannschaft entspricht«, lobt *Focus*. Mit dem Ende der Kooperation zwischen Opel-Mutter GM und Suzuki läuft auch der Agila ersatzlos aus. Sein Nachfolger wird der Opel Karl – benannt nach Carl von Opel. Produziert wird das Schwestermodell des Chevrolet Spark von 2015 bis 2019 in Changwon, Südkorea. ///

Produktionszeitraum 2007–2014
Produktionsort Magyar Suzuki in Esztergom (Ungarn)
Stückzahl 220.458
Karosserievarianten Microvan
Motoren Ottomotoren 1,0–1,2 Liter, 48–69 kW; Diesel: 1,3 Liter, 55 kW
Einstiegspreis 9.990 Euro

Ein ungarisch-japanischer Rüsselsheimer.

2008 Insignia

INSIGNIEN DER PRACHT

»**Skulpturales** Design trifft deutsche Ingenieurskunst!« Das ist das neue Mantra des Opel-Designs, der Philosophie, nach der jedes neue Modell gezeichnet wird – unter der Leitung des noch frisch gebackenen Design-Chefs Mark Adams. Und der Insignia ist im Jahr 2008 das erste Modell, das nach dieser strikten Vorgabe entstanden ist.

Opel definiert damit seine Mittelklasse neu. Das Modell ist nicht nur optisch ein Neuanfang. Dass unter das Kapitel des Vectra C und Signum ein Schlussstrich gezogen wird, untermalt schon der neue Name; er hat seine Wurzeln im lateinischen Begriff »insigne« für Wappen und Abzeichen.

Das Design der Limousine namens Grand Sport lebt von der coupéhaften Dachlinie und der skulpturhaften Form der Karosserie. Akzentuiert wird das Gesamtbild durch schwungvolle Front- und Heckleuchten und einen prominenten Kühlergrill.

Auch technologisch überzeugt das neue Flaggschiff der Marke mit dem Blitz – mit erstklassiger Aerodynamik (bis zu einem c_w-Wert von 0,26) sowie Highlights wie dem adaptiven FlexRide-Fahrwerk, dem intelligenten Allradantrieb Adaptive 4x4, dem adaptiven Licht AFL+ und dem Kamerasystem Opel Eye – inklusive Spurassistent und Verkehrszeichenerkennung. Erstmals gibt es in einem Opel auch Seitenairbags für die hinteren Sitze. Die neue Opel-Mittelklasse verfügt über ein breites Motorenangebot von neun Aggregaten, die alle die kommende Euro 5 Abgasnorm erfüllen.

Den Insignia gibt es in mehreren Karosserievarianten: als viertürige Stufenhecklimousine, fünftürige Fließhecklimousine (Grand Sport), als Kombi Sports Tourer sowie als CountryTourer, der Offroad-Variante mit er-

Produktionszeitraum 2008–2017
Produktionswerk Rüsselsheim
Stückzahl 944.670
Karosserievarianten viertürige Stufenhecklimousine fünftürige Schräghecklimousine (»Grand Sport«) Kombi (erstmals »Sports Tourer« genannt)
Motoren Benzinmotoren von 115–260 PS; CDTi-Dieselmotoren von 110 PS–190 PS
Preis 22.700 Euro (1.6) bis 41.575 Euro (2.8 V6 Turbo 4x4 Cosmo), in Vollausstattung für den »Sports Tourer« 55.075 Euro

Überraschung in der Business-Klasse.

Sports Tourer: der aerodynamisch beste Kombi, den Opel bis dato gebaut hat.

höhter Bodenfreiheit, Offroad-Verkleidung rundum, Unterfahrschutz vorn wie hinten sowie verbreiterten Kotflügeln.

Eine besondere Auszeichnung erhält der Insignia durch die europäische Car of the Year-Jury von Fachjournalisten, die ihn zum »Auto des Jahres 2009« wählen. Vom ADAC erhält er den Preis »Gelber Engel 2009«. Daneben wird er zum »Auto der Vernunft« und gewinnt den »Red Dot Design Award« – um nur einige zu erwähnen. In Australien läuft der Insignia unter dem Namen der GM-Schwestermarke Holden, in den USA und in China wird er als Buick Regal verkauft.

Im Sommer 2013 wird der Insignia einer Modellpflege unterzogen – und er bekommt neue Motoren und Frontscheinwerfer mit LED-Leisten. Am Heck prangt fortan eine breite Chromspange. Was er nicht bekommt: einen Werbespot, in dem ein Auto im Sonnenuntergang pittoreske Serpentinen herunterkurvt. Stattdessen startet Opel einen TV-Spot mit Borussia-Dortmund-Trainer Jürgen Klopp. Und mit der Botschaft: Der neue Insignia ist die Überraschung in der Business-Klasse.

RAUMSCHIFF AUS RÜSSELSHEIM

Die Kombi-Variante des Insignia, die erstmals bei Opel nicht mehr Caravan heißt, sondern nunmehr Sports Tourer, hat ihren ersten großen Auftritt im Oktober 2008 auf dem Pariser Auto Salon, bei den Kunden steht das »Raumschiff aus Rüsselsheim« ab Frühling 2009. Der ebene Gepäckraum fasst zwischen 540 und 1.510 Liter. Mit einer in der Öffnungshöhe programmierbaren elektrischen Heckklappe, Niveauregulierung und FlexOrganizer-System hat er darüber hinaus aber auch Kombi-spezifische Ausstattungen. Mit einem c_w-Wert von knapp unter 0,30 ist der Sports Tourer der aerodynamisch beste Kombi, den Opel bis dato gebaut hat.

Insgesamt 17 Diesel- (2,0 Liter bis 2.0 Bi-Turbo CDTi) und Benzinmotoren (1,6 Liter bis 2,8 V6 Turbo) stehen zur Wahl. Ziel der Motorenkonstrukteure ist es, höhere Leistung nicht durch mehr Hubraum zu erzielen, sondern die Effizienz kleinerer Motoren so zu steigern, dass sie größeren Motoren in Leistung, Drehmoment und Fahrbarkeit mindestens ebenbürtig sind – bei deutlich reduziertem Kraftstoffverbrauch. Insbesondere die Diesel-ecoFlex-Variante zeichnet sich durch günstigen Verbrauch und geringe CO_2-Emissionen aus.

Wer viel fährt, soll auch gut und bequem sitzen. Dies wird besonders durch die rückenfreundlichen, ergonomischen Sportsitze mit dem Prüfsiegel der Aktion Gesunder Rücken e. V. (AGR) gewährleistet. ///

SPITZENSPORTLER

Bauzeit 2009–2017
Motor 2,8 V6 Turbo
Hubraum 2.792 cm³
Zylinder 6
Leistung 239 kW (325 PS)
Beschleunigung 0–100 km/h in 6,0 Sekunden
Höchstgeschwindigkeit 250 km/h (abgeregelt)
Drehmoment max. 435 Nm bei 5.250 U/min.
Einstiegspreis 44.900 Euro

Der neue Opel-Spitzensportler Insignia OPC feiert am 7. Mai 2009 auf der Barcelona Motor Show Premiere. Auf den ersten Blick unterscheidet er sich von den anderen Varianten durch die aggressivere Front mit zwei vertikalen Lufteinlass-Öffnungen und die markante Stoßfängerverkleidung hinten mit zwei integrierten Auspuffrohren. Darüber hinaus entfalten die serienmäßigen 19-Zoll-Felgen mit 245/40 Reifen ihre optische Wirkung.

Als Kraftquelle steht der 2,8 V6 Turbo zur Verfügung, der 239 kW/325 PS leistet und von

0 auf 100 km/h in 6,0 Sekunden beschleunigt. Die Akustik-Spezialisten komponieren den sportlichen Sound des V6 mit speziellen Schalldämpfern in der Auspuffanlage. Im Vergleich zum Insignia Sport mit Allrad liegt der OPC um 10 mm tiefer. FlexRide, die elektronische Regelung der Radaufhängungen, ist beim OPC-Standard. Im Jahr 2014 legt Opel – für den OPC als Limousine und Sports Tourer – noch die »Unlimited«-Version nach – mit 265 km/h Höchstgeschwindigkeit.

»Ich liebe meinen Insignia A OPC«, schwärmt Andy Demetroulis, Gründer der Instagram-Fanseite »Insignia Nation North America« mit rund 30.000 Followern. Nicht nur wegen seiner sportlichen Fahrleistungen. »Sein markantes Design verblüfft die Passanten. Sie denken, es handelt sich um eine Konzeptauto. Damit bekomme ich für meine Fotoshootings Zugang an den exklusivsten Orten.« ///

Straight outta Performance Center.

2009 Astra J

GENERATION J

Die neue Designphilosophie »Skulpturales Design trifft deutsche Ingenieurskunst« prägt ab 2009 auch die Kompaktklasse-Generation J des Astra; der Buchstabe i wird wegen der Ähnlichkeit zur römischen Eins ausgelassen. Revolution, nicht Evolution, das ist das Ziel der Ingenieure. Selbstbewusst setzen sie die Erfolgsstory des 2008 erschienenen Insignia fort. Neben dem Fünftürer gibt es den Astra J auch wieder als Coupé namens GTC (Gran Turismo Compact) und als viertürige Stufenheck-Limousine. Die Kombiversion heißt erstmals in der Baureihe Sports Tourer statt Caravan. Der Wagen unterstützt seine Fahrer mit Technologien aus dem Flaggschiff Insignia. Die »Opel Eye« genannte Frontkamera erkennt Verkehrszeichen und informiert über Tempolimits und Überholverbote. Das Scheinwerfersystem AFL+ kann um die Ecke schauen und bei Bedarf automatisch auf- und abblenden. Für Fahrspaß, verbessertes Handling und Komfort steht die neue Hinterachs-Konstruktion. Das FlexRide-Fahrwerk justiert darüber hinaus die Stoßdämpfer nach den Fahrer-Wünschen. Der durchschnittliche Kraftstoffverbrauch der Motorenpalette sinkt um neun Prozent. ///

Produktionszeitraum 2009–2018
Produktionsort Rüsselsheim, St. Petersburg, Ellesmere Port (UK) und Gliwice (Polen)
Stückzahl 1.536.234 (bis einschließlich 2017)
Karosserievarianten fünftüriges Schrägheck (2009–2015)
fünftüriger Kombi (Sports Tourer; 2010–2015)
dreitüriges Schrägheck (GTC; 2012–2018)
viertüriges Stufenheck (2012–2018)
Einstiegspreis 15.900 Euro

Revolution, nicht Evolution!

2010 Meriva B

ROLLS ROYCE-GLEICHER EINSTIEG

Heute nennt man solche Funktionen USP (unique selling proposition): Der Meriva B ist bei seiner Einführung im Jahr 2010 das einzige Fahrzeug eines Volumenherstellers mit hinten angeschlagenen Fondtüren. Solche Portaltüren kennen Branchenkenner sonst nur aus dem Rolls-Royce Phantom. Sie erlauben einen gediegenen Einstieg selbst bei kleinen Öffnungswinkeln in engen Parklücken.

Im Vergleich zum Vorgänger, der noch auf dem Corsa C basiert, profitiert die zweite Generation von der Basis des Astra H und Zafira B und wird damit deutlich länger (plus 23 auf 428 Zentimeter) und breiter (plus 11 auf 181 Zentimeter), aber minimal flacher. »Der Meriva ist ein kleiner Zafira, kein großer Corsa«, erklärt Projektleiter Helmut Ruff.

Wie schon sein Vorgänger wird auch der Meriva B vom TÜV Deutschland als Mängelzwerg ausgezeichnet – als das Fahrzeug 2014 in der Kategorie der zwei- und dreijährigen Modelle mit den geringsten Mängeln. Die besondere Ausstattungsvariante »150 Jahre Opel« feiert 2012 das Firmenjubiläum seit Bau der ersten Nähmaschine. Die Produktion des Meriva B stellt Opel 2017 ein; im Sommer 2017 folgt der Nachfolger namens Crossland X. ///

Produktionszeitraum 2010–2017
Stückzahl 531.193
Produktionsort Zaragoza (Spanien)
Karosserieform Kompaktvan
Motoren Ottomotoren: 1,4 Liter, 74–103 kW; Dieselmotoren: 1,3–1,7 Liter, 70–100 kW
Einstiegspreis 15.900 Euro

Eher kleiner Zafira als großer Corsa.

DER SHOW-STAR

Produktionszeitraum 2011–2018
Produktionsort Rüsselsheim/Gliwice/Ellesmere Port
Motoren 5 Benzin- und 3 CDTI-Dieselmotoren (90–200 PS)
Einstiegspreis 19.900 Euro

Es ist der bis zu diesem Zeitpunkt aufregendste Opel Astra aller Zeiten, der auf der Internationalen Automobilausstellung (IAA) in Frankfurt am Main im September 2011 seine Weltpremiere feiert: das Gran Turismo Compact oder kurz GTC. Das Coupé begeistert mit seiner emotionalen Ausprägung der neuen Opel-Designphilosophie und bleibt erfreulich nah an der 2010 in Paris gezeigten GTC-Studie. Beindruckt ist selbst die Jury des reddot design awards, die ihn mit der renommierten Auszeichnung bedenkt.

Mit seiner sportlichen Silhouette mit der schwungvoll gebogenen, niedrigen Dachlinie, seinen sportlichen Proportionen, bis zu 20 Zoll großen Rädern, breiteren ausmodellierten Schultern, kurzen Überhängen und der ausgeprägten Pfeilung von Front und Heck wirkt er wie zum Sprung geduckt. Betont wird dies, indem der Astra GTC 15 Millimeter tiefer als seine »braven Brüder« auf dem Asphalt liegt.

Besonders deutlich wird der dramatische Auftritt mit der auf Wunsch bestellbaren Panorama-Frontscheibe. Dieses neuartige Scheibenkonzept aus Solar-Protect-Glas erstreckt sich bis zur B-Säule und vermittelt ein neues Seh- und Raumerlebnis, vergleichbar mit der Pilotenkanzel in einem Sportflugzeug. »Eine nahezu grenzenlose Freiheit beim Ausblick«, verspricht die Presseabteilung. Und Matthias Hallik, bei Opel für neue Karosseriekonzepte zuständig, ergänzt: »Nur Fliegen ist schöner – man erlebt die Umgebung wie in der Kanzel eines Flugzeugs, weil kein Querholm den Blick einschränkt. Dadurch werden beispielsweise Fahrten durchs Gebirge oder nachts durch eine hell erleuchtete Großstadt zu einem ganz besonderen Erlebnis.« Ein cleveres, stufenlos verstellbares Beschattungssystem schützt die Insassen vor zu starker Sonneneinstrahlung. Zugeständnisse an die Sportlichkeit des GTC müssen die Passagiere nicht machen, denn obwohl die Seitenscheiben im Fond stark eingezogen sind, reisen auch dort Erwachsene komfortabel.

Design-Chef Mark Adams schwärmt: »Der Astra GTC lässt sich mit zwei, drei Linien so skizzieren, dass er eindeutig zu erkennen ist. Es gibt fließende Linien und ausgewogen konstruierte Formen dazwischen. Sie haben Spannung. Da ist nichts flach oder schlaff. Diese Oberflächen stehen für Bewegung und muskulöse Kraft. Das verleiht dem GTC einen völlig eigenständigen Charakter unter den Opel-Modellen.«

Und die *AutoBild* urteilt: »Opel platziert den Astra GTC geschickt: In der Spitze (noch) nicht so stark wie der 2008 eingeführte VW Scirocco 2.0 TSI mit 210 PS, dafür mit 100 Einsteiger-PS zum verlockenden Preis von unter 20.000 Euro. So wird er auch interessant für Menschen, die sonst eher preiswerte Import-Coupés kaufen.« ///

Astra GTC: mit Panorama-Frontscheibe.

UND TSCHÜSS, GTI!

Drei Jahre nach der Markteinführung schiebt Opel mit dem OPC die sportlichste Variante des Astra J nach – auf Basis des dreitürigen GTC und mit einem 206 kW/280 PS starken 2.0-Turbo-Triebwerk mit 400 Nm Drehmoment. Mit der Höchstgeschwindigkeit von 250 km/h stellt der OPC nicht nur seine beiden Vorgänger in den Schatten.

Sein Hochleistungs-Fahrwerk erlaubt extra hohe Querbeschleunigungen und sorgt für ein exzellentes Handling. Das außerordentliche Fahrdynamik-Potenzial wird durch eine aufwendige Bauteile-Komposition erzielt: Die Hochleistungs-Federbeine (HiPerStrut) vorn und das mechatronische FlexRide-Fahrwerkssystem mit Dämpfern von ZF Sachs harmonieren perfekt mit einem mechanischen Lamellen-Sperrdifferenzial und einer fein abgestimmten Brembo-Bremsanlage. Die 19 Zoll großen Serienräder mit Reifen der Dimension 245/40 ZR werten das Fahrwerk des »Sportcoupés erster Güte« (*AutoBild*) zusätzlich auf. ///

Bauzeit 2012–2018
Produktionswerk Rüsselsheim/Gliwice (Basisfahrzeug), OPC-Umbau nur aus Rüsselsheim
Hubraum 1.998 cm³
Leistung 280 PS
Höchstgeschwindigkeit 250 km/h
Einstiegspreis 34.250 Euro

Astra J OPC: mit 280 PS.

LOUNGE AUF RÄDERN

Auf der IAA 2011 feiert Opel gleich ein Quartett an Premieren: den neuen Combo, Astra GTC, Ampera und »den Variabilitätsmeister« – den Zafira C. Diese dritte Generation des Zafira hört auf den Beinamen Tourer, um sich von der weitergebauten Vorgänger-Generation »Family« beziehungsweise »Classic« zu differenzieren.

Der VW Touran-Wettbewerber »definiert mit dem völlig überarbeiteten Flex7-Sitzsystem neue Standards für Innenraumvariablität und -atmosphäre. Die ›Lounge auf Rädern‹ überträgt Insignia-Werte wie Premiumqualitäten, innovative Technologien und skulpturhaftes, dynamisches Design ins gehobene Moncob-Segment«, verspricht CEO Karl-Friedrich Stracke. Der neue FlexFix-Fahrradträger erlaubt es fortan, bis zu vier Räder zu transportieren.

Bis Dezember 2014 wird der Zafira Tourer in Bochum gefertigt. Nach der Schließung des Werkes Bochum wird er bis Juli 2019 in Rüsselsheim gebaut. Im Sommer 2016 erfährt er ein Facelift. Der sichtbarste Unterschied: die sichelförmigen Scheinwerfer verschwinden. ///

Produktionszeitraum 2011–2019
Produktionswerk Bochum & Rüsselsheim
Stückzahl 343.640
Motoren Ottomotoren: 1,4–1,8 Liter, 85–147 kW; Dieselmotoren: 1,6–2,0 Liter, 81–143 kW
Einstiegspreis 22.950 Euro

Mit noch besserem Flex7-Sitzsystem.

ALLES ANDERE ALS KALTER KAFFEE

Produktionszeitraum 2012–2019
Produktionsort Bupyeong (Südkorea), Saragossa (Spanien, ab Herbst 2014)
Stückzahl 1.009.857
Motoren Ottomotoren: 1,4–1,6 Liter, 85–112 kW; Dieselmotoren: 1,6–1,7 Liter, 81–100 kW
Einstiegspreis 18.990 Euro

Mit dem Mokka steigt Opel im Oktober 2012 als erster deutscher Hersteller in den wachsenden Markt der subkompakten Sports Utility Vehicles ein. »Der Mokka komprimiert die Stärken traditioneller, größerer SUV auf ein zeitgemäßes urbanes Format«, sagt Opel CEO Karl-Friedrich Stracke. Auf einer Außenlänge von 4,28 Meter bietet der »B-SUV« fünf Personen großzügig Platz und eine erhöhte Sitzposition. Zudem löst er das Versprechen von Opel ein, attraktives Design mit innovativen Technologien und Features aus höheren Fahrzeugklassen zu verbinden und sie zu demokratisieren, sprich dank fairer Preise einem großen Kundenkreis zugänglich zu machen. Die Designphilosophie, skulpturale Eleganz und deutsche Ingenieurskunst zu verbinden, findet mit dem Mokka einen neuen Ausdruck bei den SUV. Er tritt bullig auf, wirkt aber zugleich sportlich-elegant. Der Bonsai-SUV trifft damit den Nerv der Zeit und sprengt alle Verkaufserwartungen. Schon sieben Monate nach Öffnen der Bestellbücher liegen Opel europaweit mehr als 100.000 Aufträge vor. Deswegen werden im Herbst 2014 die Kapazitäten in Südkorea ausgebaut; zusätzlich nimmt Opel die Produktion im Werk Saragossa auf.

Seit dem Facelift 2016 trägt der Mokka nicht nur eine überarbeitete Front mit LED-Scheinwerfern, sondern auch noch ein X als Beinamen. Allrad ist optional erhältlich. Außerdem demonstriert Opel so die Zugehörigkeit zur X-Familie, der auch der Crossland X und Grandland X angehören. Die Produktion stellt Opel im Juni 2019 ein. Der Nachfolger wird erst ein volles Jahr später vorgestellt – dann nicht mehr auf GM-, sondern auf Groupe PSA-Architektur. ///

Opel Mokka X (ab 2016): In Nordamerika und China wird er als Buick Encore verkauft.

NICHT NUR EVAS LIEBLING

Produktionszeitraum November 2012–Mai 2019
Produktionsort Eisenach
Stückzahl 364.098
Motoren 1,0- bis 1,4-Liter-Benziner, 51–110 kW
Varianten Ausstattungslinien Jam, Glam, Slam, S
Sondermodelle Black, White, Twisted
Offroadlook-Variante Rocks
Einstiegspreis 11.500 Euro

Morgens, halb acht in Deutschland, beim Auschecken im Hotel: Die etwa 18 Jahre junge Frau an der Hotelrezeption wirft beim Ausstellen der Zimmerrechnung einen Blick auf die Visitenkarte des Gastes und fragt erfreut: »Oh. Sie arbeiten auch bei der Ädäm Opel GmbH?«

Diese Situation zeigt, welche Bedeutung dem Opel Adam zuteil wird – von jungen Menschen gerne englisch [ædəm] ausgesprochen, obwohl er nach dem deutschen Firmengründer benannt ist. Kein Opel in diesem Jahrtausend erobert bis dato auf Anhieb so viele neue und jüngere Kunden, die meisten Frauenherzen noch dazu. Eine Image-Lokomotive und fast schon eigene Submarke, bekannt aus Funk und Fernsehen – in Deutschland ab 2013 insbesondere aus Germany's Next Topmodel by Heidi Klum. Und für viele Jugendliche und junge Erwachsene, die sich nicht mit der Lektüre von Wirtschafts- oder Automobilpresse belasten, der erste rundum positive Kontakt zur Marke. Ein Auto, das selbst in der renommierten *auto motor und sport* (ams) im Vergleichstest gegen den MINI gewonnen hat. »Warum sollte nur Ferrari den Vornamen des Firmengründers für ein wichtiges Modell nutzen? Zumal der Opel Adam im Kleinwagensegment gekonnt Ernst und Spaß verbindet. Der Kleine ist groß!«, urteilt *ams*-Edelfeder Jörn Thomas.

Doch der Reihe nach: Vorgestellt wird der Kleinwagen unterhalb des Beststellers Corsa am 22. September 2012 – anlässlich der Feier zum 150-jährigen Bestehen des Unternehmens. Gefertigt wird er im Werk Eisenach, in das dafür Investitionen in Höhe von 190 Millionen Euro geflossen sind. Die Produktion der Vorserienfahrzeuge startet im November 2012, die offizielle Serienproduktion im Januar 2013. Im März 2013 feiert der Zweisitzer die Publikums-Weltpremiere – zusammen mit dem Adam Rocks, seiner

Bekannt aus Funk und Fernsehen: der Adam – hier in der S-Version.

Offroad-Look-Variante mit Faltdach, die ab Juli 2014 im Handel steht.

Der Adam ist ein kleines Auto mit großer Persönlichkeit – und beinahe grenzenlosen Individualisierungsmöglichkeiten. Schon zum Marktstart können die Kunden wählen aus zwölf Karosserie- und zusätzlich drei kontrastierenden Dachfarben, 31 Rad- und Felgendesigns, austauschbaren Rad-/Felgendesigns, austauschbaren Felgen-Zierclips, vier Interieurfarben, 15 Sitzdesigns, 19 exklusiven Dekoren, sechs Dachhimmeln inklusive Sternenhimmel-Beleuchtung aus 63 Leuchtdioden, wie es sie sonst nur im Rolls Royce gibt. Die acht Ambiente-Beleuchtungen nicht zu vergessen. Quasi jeder Adam ist ein Unikat. In der Retrospektive muss man feststellen, dass einige Farbkombinationen für Menschen mit Neigung zur Farbenblindheit schlichtweg hätten verboten werden sollen.

Ein Blickfang ist das markant schwebende Dach. Das Typenschild platzieren die Designer nicht am Heck, sondern an der C-Säule. Das Topmodell Adam S mit einem 1,4 Liter großen Vierzylinder-Turbomotor mit 150 PS und Dachheckspoiler ist ab November 2014 zu bestellen – zu Preisen ab 18.690 Euro. Noch schneller ist nur ein Rallye-Umbau des Flitzers namens Adam Cup, den Opel schon im November 2012 vorstellt – und damit einen eigenen Markenpokal namens ADAC-Opel-Rallye-Cup mit 24 Startern begründet. Im November 2013 präsentiert Opel auf dem Genfer Autosalon die Studie Adam R2 für das FIA-Rallye-Reglement R2 – mit einem 1.6-Liter-Saugmotor mit 185 PS und einem Drehmoment von 190 Nm. »Der Adam ist unser Individualisierungs-Champion. Er beweist, dass eine Designphilosophie auch noch etwas völlig anderes umfassen kann: puren Spaß«, sagt Design-Chef Mark Adams. »Wir hatten vor der Einführung des Adam ein Premiumangebot mit dem Insignia, Sportlichkeit mit dem GTC, aber zu diesem Zeitpunkt fehlte es uns an einer Prise Spontanität und ein wenig auch der Spaßfaktor. Das war einer der Gründe, warum wir den Adam entwickelt haben. Als Kultfigur der Marke erfüllt er diese Erwartungen.«

Image-Lokomotive: Kein Opel erobert auf Anhieb so viele neue, jüngere Kunden und Frauenherzen.

Adam Rocks S: Ein Blickfang ist das markant schwebende Dach – nicht nur wie hier in der Sportversion.

Groß war die Empörung, als die Produktion des Adam eingestellt wurde, vor allem im Heimatmarkt Deutschland. Wie können die so dumm sein, fragten sich nicht wenige. CEO Michael Lohscheller indes ist schon immer ein großer Freund von ZDF – Zahlen, Daten, Fakten. Und der Adam ist schlicht zu komplex, zu teuer in der Fertigung und ein »Bad Actor« in der strengen CO_2-Bilanz. Kosten, Komplexität und CO_2 sind aber die drei Hebel, die allesamt bewegt werden, um auch die Bilanz mit dem Blitz wieder erstrahlen zu lassen.

Ein Verkaufsschlager ist der Adam zudem nur in zwei Märkten: Deutschland und Großbritannien. Pro Jahr hat Opel stabil zwischen 48.000 und 58.000 Einheiten in ganz Europa verkauft, davon ein Großteil in den beiden wichtigsten Märkten des Unternehmens. In Südeuropa sind zweitürige Kleinwagen mit einem überschaubar großen Kofferraum schlichtweg weniger beliebt als ein Corsa-Viertürer, der einer Familie oft als Erstwagen dient.

Mit dem Adam läuft auch das Sponsoring für *Germany's Next Topmodel* aus. Doch lange muss die »Germany's Next Topmodel«-Fangemeinschaft nicht auf ein Revival der Partnerschaft warten. 2021 stellt Opel den neuen Opel Mokka vor, für den intern auch der Namen Adam SUV diskutiert wird, und platziert ihn direkt wieder reichweitenwirksam in der erfolgreichen PRO7-Show.

FÜNFTER AKT

Produktionszeitraum 2014–2019
Werk Saragossa und Eisenach
Stückzahl rund 1,3 Millionen Exemplare
Karosserievarianten Drei- und Fünftürer
Motoren Ottomoren: 1,0–1,6 Liter, 51–152 kW; Dieselmotoren: 1,3 Liter, 55–70 kW
Einstiegspreis 11.980 Euro

Erstmals überspringt der »Kleine« die Vier-Meter-Marke. Optische Anleihen zum Bruder Adam sind gewollt.

Auf dem Pariser Automobilsalon im Oktober 2014 feiert die fünfte Generation des Corsa ihre Weltpremiere. Dynamisch, praktisch und stilvoll wird auch der Corsa E zum Bestseller mit rund 1,3 Millionen verkauften Exemplaren. Er läuft erneut im spanischen Opel-Werk in Saragossa sowie – bis Mai 2019 – in Eisenach vom Band.

Optische Anleihen zum Bruder Adam sind nicht zu verhehlen und gewollt. Die Front des »Corsa im Adam-Kostüm« (*AutoBild*) wirkt frischer als beim Vorgänger, an der Flanke gibt es die kraftvolle L-Kontur vom Insignia und am Heck strahlen neue Rücklichter. Das Fahrwerk des Corsa E wird vollständig neu entwickelt. Die Plattform indes entspricht weitgehend der des Vorgängers. Erstmals überspringt der »Kleine« die Vier-Meter-Marke und bietet auf einer Länge von 4,02 Meter viel Komfort und Top-Technologien.

Beheizbares Lenkrad, Sitzheizung und Klimatisierungsautomatik sind ebenso selbstverständlich im Angebot wie die Frontkamera mit Abstandsanzeige, Verkehrsschild- und Spurassistent. Für die Fahrt in der Stadt gibt es eine City-Option: Damit soll das Lenken bei langsamen Geschwindigkeiten serienmäßig noch leichter, das Einparken einfacher werden. Bestens vernetzt sind Corsa-Fahrer mit den Apple CarPlay und Android Auto kompatiblen IntelliLink-Infotainment-Systemen samt sieben Zoll großem Farb-Touchscreen.

Die sportliche Speerspitze des Kleinwagens markiert zunächst der 152 kW/207 PS starke Corsa OPC und im weiteren Modellverlauf der Corsa GSi mit 110 kW/150 PS. Um ihn als GSi zu adeln, bekommt er das auf der Nordschleife am Nürburgring abgestimmte Sportfahrwerk aus der OPC-Variante samt Lenkung und signalroten Bremssätteln. Die »Kleinen mit mächtig Feuer« (*auto motor und sport*) gelten heute als Geheimtipps unter Gebrauchtwagen. ///

Der Corsa GSi kommt mit 150 PS, der Corsa OPC sogar mit 207 PS.

DIE OFFENBARUNG

Produktionszeitraum Januar 2013–Juli 2019
Produktionsort Gliwice (Polen)
Stückzahl 43.366
Motoren Ottomotoren: 1,4–1,6 Liter, 88–147 kW; Dieselmotoren: 2,0 Liter, 121–143 kW
Einstiegspreis 23.700 Euro

Nach dem Adam und dem Mokka präsentiert Opel Anfang 2013 selbstbewusst ein viersitziges Ganzjahrescabrio, das gegen deutlich höherpreisige Mitteklasse-Cabrios von Premiumherstellern wie Audi, BMW und Mercedes positioniert ist: den Cascada (spanisch für Wasserfall).

»Bei Opel klappt es wieder. Der Cascada ginge auch als Insignia Cabrio durch«, lobt *auto motor und sport*. Die knapp 4,70 Meter lange »Offenbarung« (*AutoBild*) bestiсht mit lang gestreckter Silhouette und edlem Stoffdach. Für ein knackiges Fahrverhalten sorgen die extrem steife Karosserie, die HiPerStrut-Vorderachse, die für den Insignia OPC entwickelt wurde, und das adaptive mechatronische FlexRide-Fahrwerkssystem.

Fahrer und Passagiere können sich binnen kürzester Zeit den Wind um die Nase wehen lassen: Per Knopfdruck öffnet sich das Stoffverdeck in 17 Sekunden – und das bei Geschwindigkeiten von bis zu 50 km/h. Damit bietet Opel die gleiche Dachkonstruktion, wie sie Zulieferer Magna Car Top Systems (CTS) auch für das Porsche 911er Cabriolet entwickelt.

Komfort und Sicherheit bescheren zudem Premium-Ausstattungsmerkmale wie elektrische Gurtbringer, elektrische Easy-Entry-Einstiegshilfe, exklusive Nappaleder-Polsterung, belüftete Sitze und etliche Sicherheitssysteme. *AutoBild* urteilt: »Opel fahren in seiner schönsten Form. Der Cascada macht Lust auf Sommer. *Auto motor und sport* fehlt nur »ein Hauch mehr Temperament im Antrieb und etwas mehr Detailverliebtheit«.

Design-Chef Mark Adams erklärt: »Jedes unserer aktuellen Modelle steht für eine ausgewogene Mischung aus Qualität, Sportlichkeit und purem Spaß. Wir sind mit dem Herzen dabei und stehen für einen gewissen Fun-Faktor. Wir sind die emotionale deutsche Marke.« Für die Profilierung der Marke ist der Plan aufgegangen. Wirtschaftlich ist der Cascada kein Erfolg. Nur 43.000 Exemplare hat Opel in Gliwice gebaut – in sechseinhalb Jahren. So rechnet sich kein Business-Case. Im Jahr 2018 wird die Produktion deshalb ersatzlos eingestellt. Auch weil das Segment der großen Cabrios geschrumpft ist wie Butter in der Sonne. Cabrios sind traditionell relativ volumenschwache Segmente und die Modelle haben einen kürzeren Lebensyzklus.

Der Casada ist nicht das einzige Modell, das fast baugleich als Buick in anderen Märkten verkauft wird. Der Mokka ist das Schwestermodell des Buick Encore, das Astra-Stufenheck gibt's auch als Buick Verano und das Flaggschiff Insignia als Buick (und Holden) Regal. GM nutzt die in Rüsselsheim entwickelten Modelle, um seine US-Marke in deren Hauptmärkten USA und China zu stärken, während die Opel-Verkäufe auf Europa beschränkt bleiben.

Macht Lust auf Sommer: Das Stoffverdeck öffnet sich in 17 Sekunden per Knopfdruck.

ÄRGERT DIE OBERKLASSE

»Car of the Year« in Europa 2016 und zudem Gewinner des »Goldenen Lenkrads«. Fragen?

Produktionszeitraum 2015–2021
Werk Gliwice (Polen) und Ellesmere Port (UK)
Stückzahl 915.453 (bis einschließlich 2020)
Karosserievarianten Fünftürer und Sports Tourer
Motoren Ottomotoren: 1,0–1,6 Liter, 66–147 kW; Dieselmotoren: 1,5–1,6 Liter, 70–118 kW
Einstiegspreis 17.260 Euro

Ein echter »Quantensprung für die Marke«, so kommuniziert Opel stolz, ist der neue Astra, der auf der IAA 2015 seine Weltpremiere feiert. Nicht nur vom Design, sondern auch hinsichtlich seiner Ausstattung, die sonst eher Premiumautos vorbehalten ist. In der Werbung positioniert Opel sein Kompaktmodell deswegen mit dem Claim: »Ärgert die Oberklasse«. Und der prädestinierte Überflieger springt im TV-Spot 15 Meter weit über fünf schwarze Limousinen aus Sindelfingen, München und Ingolstadt.

Die Werbung ist ein gutes Omen. Einen besseren Start hätte sich die elfte Generation kompakter Opel-Modelle – nach sechs Kadett und fünf Astra in rund 80 Jahren – tatsächlich kaum wünschen können: Kurz nach der Weltpremiere auf der Frankfurter IAA wird der neue Astra K mit dem »Goldenen Lenkrad« in der Klasse Kompaktwagen ausgezeichnet; 2016 gewinnt er mit »Car of the Year« den wichtigsten europäischen Automobilpreis. Auch bei den Kunden steht er hoch im Kurs: Schon im September 2017 kann der Hersteller eine halbe Million Bestellungen vermelden. Und der Astra erreicht europaweit Platz 2, in manchen Ländern sogar Platz 1 bei den Zulassungen.

Das Erfolgsrezept lässt sich einfach beschreiben: Hightech für alle, sprich sinnvolle Innovationen breiten Käuferschichten erschwinglich machen. Bestes Beispiel ist seine wegweisende Lichttechnologie, die zuvor lediglich Fahrzeugen aus dem Luxus- und Premiumsegment vorbehalten ist: Der Astra ist das erste Modell, das die adaptiven Intelli-Lux LED Matrix-Scheinwerfer in die Kompaktklasse holt. Blendeffekt gleich null – und das bei bester Sicht. Oder wie Opel-Markenbotschafter Jürgen Klopp es mit breitem Grinsen auf den Punkt bringt: »Stadionhell – aber keiner wird geblendet.«

Auch der Komfortaspekt wird bei der fünften Astra-Generation großgeschrieben. Für ebenso wirbelsäulenfreundlichen wie entspannten Reisegenuss sorgen die von der »Aktion Gesunder Rücken e. V.« zertifizierten Aktivsitze. Die ergonomischen Sessel für Fahrer und Beifahrer verfügen auf Wunsch sogar über Funktionen wie Ventilation und Massageoption. Sogar die Rücksitze sind beheizbar. Nach der Modellpflege im Sommer 2019 bietet Opel für den Topbenziner auch ein besonders effizientes stufenloses Getriebe an.

Im TV-Spot springt der Überflieger über fünf schwarze Limousinen aus Sindelfingen, München und Ingolstadt.

Seine Qualitäten stellt der Astra K auch am anderen Ende der Welt unter Beweis: In China wird die Baureihe als Buick Verano, in Australien als Holden Astra verkauft. ///

EINE NEUE GRÖSSE

Produktionszeitraum 2017–2022
Produktionsort Rüsselsheim
Stückzahl 213.324 (8/2017–8/2022)
Motoren Ottomotoren: 1,5–2,0 Liter, 103–191 kW; Dieselmotoren: 1,5–2,0 Liter, 81–154 kW
Karosserievarianten Limousine, Sports Tourer, Country Tourer
Einstiegspreis 25.940 Euro Limousine/ 26.940 Euro Sports Tourer

»**7 in 17**« – das ist die Devise, mit der Opel ins Kalenderjahr 2017 startet – dem Jahr seiner größten Modelloffensive in diesem Jahrtausend: Neben dem Elektroauto Ampera-e, der als Reichweiten-Champion punktet, debütieren gleich zwei CUV-Fahrzeuge (Crossover Utility Vehicle) – der Crossland X und der Grandland X – sowie der variable Reisebegleiter Vivaro. Besonders prominent im Scheinwerferlicht steht aber das neue Flaggschiff in der Fünf-Meter-Klasse – und zwar gleich in drei Varianten: der Insignia Grand Sport, der große Sportkombi Insignia Sports Tourer (4,99 Meter lang) und der Insignia Country Tourer, als »Abenteurer mit Allrad und Offroad-Look«. Eine Stufenheck-Limousine ist im Gegensatz zum Vorgänger nicht mehr im Programm.

Der Country Tourer und der Insignia GSi feiern erst ein halbes Jahr später als Grand Sport und Sports Tourer ihre Weltpremiere – auf der IAA in Frankfurt im September 2017. Die Dachlinie wirkt coupéhaft und passt zum neuen Gesicht mit tieferem Grill. Es nimmt erstmals die Formensprache der Studie Monza auf und bügelt dem Insignia eine Menge Charakter ins Blech. Der Sports Tourer geht mit seinem schrägen Heck fast als Shooting Brake durch.

Neuer Insignia: Er nimmt erstmals die Formensprache der Studie Monza auf.

IN AUSTRALIEN HEISST ER COMMODORE

Drei der vier Versionen erfahren im Dezember 2019 noch eine Modellpflege – mit neuer Front, neuen Schweinwerfern und einer Unterbodenverkleidung, die den Luftwiderstandsbeiwert weiter verbessert. Der Country Tourer wird ab dem Facelift nicht mehr angeboten, um die Komplexität in der Produktion zu reduzieren.

Der Insignia B ist das letzte Modell, das Opel als Teil des General Motors-Konzerns entwickelt. Denn nach 88 Jahren verkauft GM im Jahr 2017 Opel/Vauxhall an die Groupe PSA.

In Vereinigten Königreich ist der Insignia wie immer unter dem Label der Schwestermarke Vauxhall im Angebot, in Nordamerika und China unter dem Namen Buick Regal und in Australien und Neuseeland als Holden Commodore.

Ende 2022 läuft das letzte Modell in Rüsselsheim vom Band. Im Gegensatz zu etlichen Wettbewerbern gibt Opel dieses Segment aber nicht auf, sondern arbeitet an einem vollelektrischen Nachfolger.

KRASSER CROSSOVER

Produktionszeitraum 2017–2024
Werk Saragossa, Spanien
Karosserie Crossover-SUV
Motorvarianten Ottomotoren: 1,2 Liter, 60–96 kW; Dieselmotoren: 1,5–1,6 Liter, 73–88 kW
Einstiegspreis 16.850 Euro

»**Kraftwerk**« am 1. Februar 2017 in Berlin: Rund 1.000 Gäste hat Opel in den Szenetreff mitten in der Hauptstadt geladen. Schauspieler, Markenbotschafter, Influencer, Journalisten, Händler und andere VIP besuchen eine Vernissage für den von Ellen von Unwerth fotografierten Opel-Kalender »Georgia & Grumpy«. Die Stars des Abends: Mick Jaggers Tochter, die mürrische Kultkatze und der Crossland X, der hier seine Weltpremiere feiert.

»Mit dem Mokka X stellen wir bereits die Nummer eins im SUV-B-Segment. Der neue Crossland X wird den Erfolg für die Marke weiter ausbauen und viele neue Kunden für Opel begeistern. Denn unser neuer Crossover ist das zweite Modell mit dem X-Faktor«, sagt der zu der Zeit amtierende Opel-Chef Karl-Thomas Neumann.

Opel positioniert den Crossover – das erste Modell aus der Allianz mit der Groupe PSA – als geräumiges, praktikables Stadtauto: Bei einer Fahrzeuglänge von 4,21 Meter ist der Crossland X 16 Zentimeter kürzer als ein Opel Astra und zugleich zehn Zentimeter höher. Daher genießen die Passagiere eine erhöhte Sitzposition und die damit verbundene gute Übersicht. Mit einem großen Panorama-Glasdach lässt sich diese sogar noch steigern. Zugleich bietet der Meriva-Nachfolger höchste Variabilität im Innenraum mit viel Platz für die ganze Familie. Dafür sorgt unter anderem die im Verhältnis 60/40 teilbare Rücksitzbank. So wächst das Kofferraumvolumen im Handumdrehen von 410 auf 520 Liter. Werden die Rücksitze komplett umgeklappt, ist sogar Platz für 1.255 Liter. Scharfe Linien an den Seiten sowie das scheinbar schwebende Dach, das an den Adam erinnert, strecken den Opel Crossland X optisch in die Länge.

Vollgepackt mit Innovationen ist er noch dazu: Adaptives Fahrlicht AFL mit Voll-LED-Scheinwerfern, ein Head-up-Display und die 180-Grad-Panorama-Rückfahrkamera sowie automatischer Parklenkassistent, Frontkollisionswarner mit Fußgänger-Erkennung und automatischer Gefahrenbremsung, Spur- und Geschwindigkeitszeichen-Assistent, Müdigkeitserkennung und Toter-Winkel-Warner sind nur einige Beispiele. Dazu kommt beste digitale Vernetzung dank IntelliLink-Infotainment-Technologie inklusive bis zu acht Zoll großem Farb-Touchscreen.

Anfang 2021 gönnt Opel dem urbanen Crossover ein großes Facelift: Die Front ziert fortan der markentypische Vizor, den Opel beim Mokka eingeführt hat. Seinen Namen trägt das Modell fortan selbstbewusst zentral auf der Heckklappe. Das X im Namen entfällt. Im Juni 2022 durchbricht der Verkaufsschlager die 500.000er-Marke in der Produktion. Ein Nachfolger kommt 2024 in den Markt. Damit wird bei Opel ausnahmslos jedes Modell auch batterieelektrisch bestellbar sein. ///

Der Crossland X ist das erste Modell aus der Allianz mit der Groupe PSA und vollgepackt mit Innovationen.

Seit dem Facelift Anfang 2021 ziert der markentypische Vizor aus dem Mokka die Front.

GROSSER SPORT

Produktionszeitraum 2017–2024
Werk Sochaux (bis Juli 2019), Eisenach (ab August 2019)
Karosserievarianten SUV
Motorvarianten Ottomotoren: 1,2–1,6 Liter, 96–133 kW; Dieselmotoren: 1,5–2,0 Liter, 74–130 kW; Benzin-Hybrid: 1,6 Liter, 165–221 kW
Einstiegspreis 23.700 Euro (zum Marktstart)

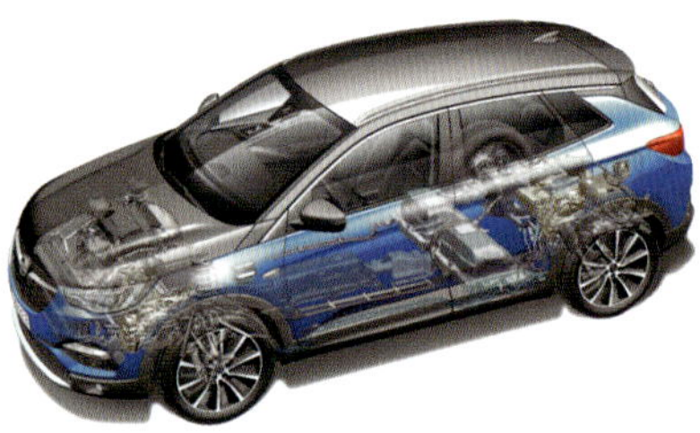

Ende 2022 markiert ein Grandland GSe ein Produktionsjubiläum: 75 Millionen Opel.

Nach dem gemeinsamen Training auf dem Sportplatz sind zwei Freunde auf dem Heimweg und gehen zum Parkplatz. Noch in Wettkampflaune prahlt einer der beiden, was sein deutsches Premium-Modell so alles draufhat: »300 PS. Von null auf 100 in sieben Sekunden. Plug-In Hybrid. Elektrische Allrad-Power. Und das Beste: Mit Technik-Vorsprung und jeder Menge Fahrfreude.« Der Zweite kontert unbeeindruckt mit einem smarten Lächeln: »Mein Opel hat das auch alles.« Er zieht den Ladestecker der Elektroladesäule aus dem Grandland X Hybrid4, steigt ein und lässt seinen Freund sprachlos zurück. So bewirbt Opel im von Velocity McCann entwickelten TV-Spot das SUV-Flaggschiff der Marke.

Seine Weltpremiere feiert es im September 2017 auf der IAA in Frankfurt. Der 4,48 Meter lange und 1,94 breite SUV ist 20 Zentimeter länger als seine Brüder Mokka X und Grandland X. Auf Wunsch ist eine Zweifarb-Lackierung erhältlich, bei der das optisch »schwebende« Dach kontrastierend in Schwarz glänzt. Und eine Armada an Assistenzsystemen sorgt für Sicherheit und Komfort. Der adaptive Geschwindigkeitsregler mit Fußgängererkennung und automatischer Gefahrenbremsung, Müdigkeitsalarm, automatischer Parkassistent und die 360-Grad-Rundum-Kamera, AGR-zertifizierte Ergonomie-Sitze (Aktion Gesunder Rücken e. V.), beheizbare Front- und Fondsitze sind nur einige Highlights.

Eine deutlich überarbeitete Version kommt – aufgrund eines globalen Halbleitermangels – erst Anfang 2022 in den Handel. Wie schon beim Crossland kommt auch hier die bekannte Frontpartie (»Vizor«) zum Einsatz und das »X« im Namen entfällt. Im Innenraum glänzt der Newcomer mit einem neuen, volldigitalen Pure Panel. Ein weiteres Highlight im besten Sinne ist das optionale adaptive IntelliLux LED Pixel Licht mit 168 LED-Elementen, das ebenso wie das Night Vision-System im Grandland Premiere feiert.

Seit Anfang 2023 ist der Grandland auch unter der neuen Subbrand GSe (»Grand Sport electric«) bestellbar: Das High-Performance-SUV bündelt die Kraft aus einem Turbobenziner mit 1,6 Litern Hubraum und 200 PS sowie zwei Elektromotoren. Der E-Motor an der Vorderachse liefert bis zu 110 PS, der an der Hinterachse bis zu 113 PS. So entsteht eine Systemleistung von bis zu 300 PS. Sie beschleunigt den Grandland in 6,1 Sekunden von null auf Tempo 100 und erlaubt eine Spitzengeschwindigkeit von 235 km/h. Mit seiner 14,6 kWh-Lithium-Ionen-Batterie legt er nach WLTP bis zu 63 Kilometer lokal emissionsfrei zurück.

Im November 2022 markiert ein weiß-schwarzer Grandland GSe ein besonderes Produktionsjubiläum – als 75-millionster Opel seit 1899. Der Produktionsstart des Grandland-Nachfolgers ist für die zweite Jahreshälfte 2024 geplant. In Eisenach investiert der Konzern dafür 130 Millionen Euro.

Seit Anfang 2022 ziert den Grandland der Vizor. Anfang 2023 folgt der Grandland GSe.

SIX SELLS

Mehrere Jahre in Folge der meistverkaufte Kleinwagen in Deutschland.

Mit dem Corsa F startet 2019 eine neue Ära: Erstmals seit 1982 basiert der Kleinwagen nicht mehr auf einer GM-Plattform, sondern auf der Leichtbau-Architektur CMP der neuen Konzernmutter Groupe PSA. Erstmals ist ein Corsa direkt ab Marktstart batterieelektrisch verfügbar. Zum ersten Mal gibt es einen Corsa nur noch als Fünftürer. Der »Kleine« mit dem Blitz gewinnt in der elektrischen Variante das »Goldene Lenkrad 2020« und verteidigt seinen Platz als meistverkaufter Opel im Portfolio.

»In 120 Jahren Automobilbau hat Opel stets deutsche Ingenieurskunst mit emotionalem Design verbunden und dabei wegweisende Technologien und Innovationen für alle verfügbar gemacht. Deshalb hat Opel mit dem Corsa seine populärste Baureihe gewählt, um die E-Mobilität endgültig von ihrem Nischendasein zu befreien«, erklärt der damalige CEO Michael Lohscheller bei der Weltpremiere auf der IAA in Frankfurt im September 2019.

Mit 4,06 Meter Länge bleibt der Corsa ein vorbildlich handlicher, übersichtlicher und praktischer Fünfsitzer. Die Dachlinie ist coupéhaft, um 48 Millimeter niedriger als beim Vorgänger, der vordere Überhang nun deutlich kürzer. Auch wandern die A-Säulen dichter an den Fahrer, was eine modernere Proportion ermöglicht. Vom niedrigen Schwerpunkt und der tieferen Sitzposition profitiert das Fahrverhalten. Das Fahrvergnügen wird dank zahlreicher Assistenzsysteme sicherer und komfortabler, darunter ein Frontkollisionswarner mit automatischer Gefahrenbremsung, Geschwindigkeits-Assistent sowie eine Fußgängererkennung.

Als modifizierter Corsa-e Rally zeigt er im Motorsport, wie sich Top-Leistungen und Umweltverträglichkeit vereinen lassen. Opel entwickelt damit als erster Hersteller ein batterie-elektrisches Rallye-Fahrzeug, das im ADAC Opel e-Rally Cup, dem ersten elektrischen Rallye-Markenpokal weltweit, seit 2021 an den Start geht.

Ende 2023 kommt ein großes Facelift in den Handel. Optisch wertet Opel es mit dem charakteristischen Markengesicht an der Front auf, dem »Vizor«. Dieses schwarze »Visier« integriert den Grill, die LED-Scheinwerfer und das Markenlogo in einem Element.

Neue Technologien machen die Fahrt entspannter, etwa ein volldigitales Cockpit auf Snapdragon Cockpit Plattform-Basis von Qualcomm Technologies. Das blendfreie Intelli-Lux LED Matrix Licht, das der Corsa 2019 ins Kleinwagensegment geholt hat, wird mit nun 14 LED-Elementen aufgewertet. Der Corsa Electric fährt zusätzlich mit mehr Leistung und verbesserter Batterie vor, was eine WLTP-Reichweite von bis zu 402 Kilometer ermöglicht. Er ist zudem das erste Opel-Modell mit 48-Volt-System-Hybriden.

CEO Florian Huettl: »Der Corsa war in den vergangenen beiden Jahren der meistverkaufte Kleinwagen Deutschlands sowie 2021 das meistverkaufte Auto überhaupt in Großbritannien. Dieser Erfolg ist für uns Bestätigung und Anspruch zugleich. Deshalb machen wir den Corsa jetzt noch moderner, emotionaler, besser: mit scharfem Design, Top-Technologien aus höheren Klassen sowie neuer, lokal emissionsfreier Elektro- und Hybrid-Technik.« ///

Produktionszeitraum Seit 2019
Werk Saragossa
Karosserievarianten Fünftürer
Motorvarianten Ottomotoren
1,2 Liter (55–96 kW)
Dieselmotor 1,5 Liter (75 kW)
Elektromotoren 100–115 kW
Einstiegspreis 15.390 Euro

Produktionszeitraum Seit 2019
Produktionsort Sevel Nord (Frankreich) und Luton (Großbritannien)
Karosserievarianten Großraumvan
Einstiegspreis 34.660 Euro

Seit Anfang 2022 gibt's den Zafira Life nur batterieelektrisch.

ROLLENDES PENTHOUSE

Der Zafira wird 2019 erwachsen: Aus dem Kompakt- wird ein Großraumvan. Und der fährt in drei Längen vor: Als »Small«-Variante mit 4,60 Meter Länge und kürzerem Radstand, als »Medium« mit 4,95 Meter sowie als »Large« mit 5,30 Meter. Die »S«-Version ist somit knapp zehn Zentimeter kürzer als der Vorgänger. Die »L«-Variante hingegen misst rund 65 Zentimeter mehr. Bis zu neun Passagiere finden hier ausreichend Platz. Baut man alle Sitze raus, lassen sich in der Langversion bis zu fünf Kubikmeter Ladung verstauen.

»Der Opel Zafira Life ist ein Großraum-Pkw nach Maß«, wirbt der damalige Vertriebs- und Marketingchef Xavier Duchemin. »In drei Längen deckt er gleich drei Fahrzeugsegmente ab. So findet jeder das für ihn perfekte Modell. Dazu kommen innovative Technologien. Sie reichen von der adaptiven Traktionskontrolle IntelliGrip über kamera- und radarbasierte Assistenzsysteme bis zu Features wie den sensorgesteuerten Schiebetüren.« In der Lounge-Ausstattung für die beiden größeren Versionen mit langem Radstand sind auch elektrisch beheizbare Vordersitze mit Massagefunktion bestellbar, dahinter vier Ledersessel mit jeweils komfortablen 48 Zentimetern Sitzbreite. Direkt ab Marktstart gibt es den Van auch als Allrad-Variante von Offroad-Spezialist Dangel. Die Nutzfahrzeugvariante namens Vivaro ist als Kastenwagen, Doppelkabine Kombi-Version sowie als Fahrgestell erhältlich. Den Zafira Life gibt es seit Anfang 2021 auch als rein elektrische Variante (wahlweise mit 230 oder 330 Kilometern Reichweite laut WLTP-Zyklus). Seit Anfang 2022 wird ausschließlich elektrisch angeboten und nicht mehr mit Verbrennungsmotoren. Zudem ist schon seit Anfang 2020 der Zafira Life Crosscamp erhältlich – eine Camping-Variante von Hymer, die zum Bestellstart ab 41.999 Euro ins Rennen geschickt wird. Und zwar inklusive Miniküche, Standheizung und ausklappbarem Schlafdach. Ein kleines Penthouse auf Rädern! ///

KOPFVERDREHER

»**Wow!** Genau in diesem Auto willst du gesehen werden«, sagt Ralph Alex, langjähriger *auto motor und sport*-Chefredakteur, voller Begeisterung, als ihm Design-Chef Mark Adams den neuen Mokka schon einige Monate vor der Veröffentlichung der ersten Fotos vertraulich präsentiert. Test bestanden – und zwar mit Bravour! Ein schöneres Urteil hätte sich das Opel-Team von einem der wichtigsten Fachjournalisten Europas nicht wünschen können. Und der Markterfolg zeigt, dass der kritische Journalist einmal mehr den richtigen Riecher hatte: Tatsächlich zieht – nach dem Adam – kein Opel so viele Architekten, Ärzte und andere Kunden von Premiummarken in die Opel-Autohäuser. Das stylische SUV ist ein »Hingucker«, ein Kopfverdreher. Er ist der erste Opel mit dem neuen Markengesicht. Und auch das zweite Modell in der Geschichte des Unternehmens, das direkt vom Start

Der Mokka ist der erste Opel mit dem neuen Markengesicht, dem Vizor.

Der Mokka-e gewinnt das »Goldene Lenkrad« 2021 – als bestes Auto unter 25.000 Euro.

Selbstbewusst steht der Modellname mittig auf der Heckklappe.

weg sowohl batterie-elektrisch als auch mit Verbrennern bestellbar ist.

»Bold and pure« ist das Motto der Designer, das in der Konzeptstudie GTX Experimental erstmals umgesetzt wird. Sichtbarstes Element ist die Frontpartie namens Vizor, die vom Kühler des Manta A inspiriert ist, und das »Pure Panel« im Innenraum, das volldigitale Cockpit. Das Gesamtpaket begeistert Kunden wie Medien gleichermaßen. In vielen Monaten ist der B-SUV das bundesweit meistverkaufte Elektroauto seines Segments. Und es wird überhäuft mit Auszeichnungen. Die wahrscheinlich wichtigste: das »Goldene Lenkrad« – der Oscar der deutschen Automobillandschaft für den Mokka Electric als bestes Auto unter 25.000 Euro.

Ende 2022 kündigt Opel eine verbesserte Batterie an: Mit dem neuen 54 kWh-Akku können Mokka Electric-Fahrer anstelle von bis zu 338 Kilometer bis zu 406 Kilometer gemäß WLTP (Worldwide harmonized Light vehicles Test Procedure) lokal emissionsfrei zurücklegen – eine Verbesserung um 20 Prozent. Opel CEO Florian Huettl: »Seit seinem Start begeistert unser außergewöhnliches SUV mit seinem mutigen und klaren Design, individuellem Charakter und ausgewiesener Alltagstauglichkeit. Und mit neuem Elektroantrieb und größerer Batterie machen wir den Mokka Electric jetzt noch stärker, effizienter und besser. Das verstehen wir bei Opel unter durchdachter ›Greenovation‹.« ///

Produktionszeitraum Seit 2021
Produktionsort Poissy (Frankreich)
Karosserievariante B-SUV
Motoren Ottomotoren: 1,2 Liter, 74–96 kW; Dieselmotor: 1,5 Liter, 81 kW; Elektromotoren: 100–115 kW
Einstiegspreis 19.990 Euro

Das ist kein Auto. 15-Jährige mit dem Rollerführerschein AM dürfen das Leichtkraftfahrzeug schon fahren.

DETOX TO THE MAX!

»Das ist kein Auto!« titelt die *BILD* über den Rocks Electric. Opel nennt ihn »Sustainable Urban Mobility«, also nachhaltige, städtische Mobilität. Ein Wettbewerber zum e-Scooter, und nicht etwa zum Ur-Smart. Ein vierrädriges Leichtfahrzeug für Jugendliche ab 15 Jahren mit einem Rollerführerschein AM. Bestellbar seit November 2021.

Das Schwestermodell des Citroen AMI ist halb so lang wie ein Mittelklassewagen, sprich 2,51 Meter kurz, 1,34 Meter schmal und bietet dennoch Platz für zwei Personen und Gepäck. Der Wendekreis liegt bei nicht einmal sieben Metern. Die E-Reichweite nach WLTP liegt bei stolzen 75 Kilometern. Von null auf 100 Prozent geladen ist die 5,5-kWh-Batterie in 3,5 Stunden – und zwar an jeder beliebigen Haushaltssteckdose.

Der optische Clou des »knuffigen Würfels« (ADAC): die gegenläufig öffnenden Türen. Der Treiber dieser Idee: die Wirtschaftlichkeit. Beide Teile sind identisch, das senkt die Komplexität und damit die Herstellungskosten. Deswegen gibt es auch kein Navi, sondern eine Smartphone-Halterung. Klassische Türgriffe? Fehlanzeige! Leichte Schlaufen erfüllen ihren Zweck. Klimaanlage? Nope! Dafür gibt es Klappfenster und kostenlosen Fahrtwind.

Spartanisch wirkt der Rocks Electric damit im Vergleich zu einem klassischen Kleinwagen. Geradezu luxuriös indes im Vergleich zum E-Bike oder E-Roller – insbesondere bei Wind und Wetter oder im Falle einer Kollision.

Detox to the max! Das ist die Devise der Entwickler. Das Resultat: Der Rocks Electric ist 471 Kilogramm leicht. Und kostet in der Basis nicht einmal 8.000 Euro. Alternativ eine monatliche Leasingrate, die nicht teurer ist als ein Handyvertrag.

Das macht ihn auch attraktiv für Paket-, Pizza- oder sonstige Lieferdienste: In der Kargo-Version – quasi der innovativen Micro-LCV(Light Commerical Vehicle)-Variante – bietet er statt eines Beifahrersitzes mehr als 400 Liter Ladevolumen.

»Der Rocks schließt die Lücke zwischen Fahrrad und Auto«, sagt Interieur-Designer Karim Giordimaina. »Und die Kids müssen aufpassen, dass ihnen die Eltern das Ding nicht wegschnappen. Es macht nämlich verdammt viel Spaß.« Trotz einer Höchstgeschwindigkeit von 45 km/h. Und das reicht in unseren Großstädten heute bekanntlich schon aus, um einen Strafzettel wegen zu schnellen Fahrens zu bekommen.

Produktionszeitraum Seit 2021
Motor 8-PS-Elektromotor
Einstiegspreis 7.990 Euro

Unikat: der Rocks e-xtreme.

GEWINNER DES »DESIGN HACK«

Zu noch sportlicherem Fahren lockt der Rocks e-xtreme – der Gewinner des »Rocks-e Design Hack«. Erdacht von Design-Student Lukas Wenzhöfer, der aus dem hessischen Hünfelden stammt und an der Hochschule für Gestaltung in Pforzheim/Baden-Württemberg studiert. Mit seiner Interpretation des Opel Rocks-e als geländegängigem Elektro-Fun-Mobil »Rocks e-xtreme« hat er die Jury überzeugt. Als Belohnung baut Opel den Entwurf als Unikat und stellt ihn erstmals – zusammen mit dem Astra Electric-Serienmodell – bei dessen internationalen Fahrveranstaltung in Berlin im Juni 2023 mehr als 350 Journalisten vor. ///

Der optische Clou des knuffigen Würfels: die gegenläufig öffnenden Türen.

75 km Reichweite und bis zu 45 km/h schnell.

GG OA 510E

ASTRALKÖRPER

Produktionszeitraum Seit 2022
Werk Rüsselsheim
Karosserievarianten Fünftürer und Sports Tourer
Motoren Ottomotoren: 1,2 Liter, 81–96 kW; Dieselmotoren: 1,5 Liter, 96 kW; Otto-Hybride: 1,6 Liter, 133–165 kW; Elektromotor: 115 kW
Einstiegspreis 22.465 Euro

»**Absolutely exceptional**«, sagt Jürgen Klopp, Welttrainer des Jahres, über seinen neuen Dienstwagen. Gut, der langjährige Opel-Markenbotschafter wird dafür bezahlt, er muss den Astra loben, sagen jetzt sicher kritische Leser. Deswegen sei hier ein Blick auf das Medienecho für die sechste Generation des Kompaktklasse-Bestsellers erlaubt, der intern den Beinamen L trägt. Spoiler: Es ist so berauschend wie nie zuvor.

Holger Appel, Test & Technik-Chef der *FAZ* und Car of the Year-Jurymitglied, lobt: »Wir legen uns schon nach der ersten Probefahrt fest: Das ist der beste Astra aller Zeiten.« Die *ADAC Motorwelt* urteilt: »Der Astra macht einen ziemlichen Sprung nach vorn. Er wird moderner, schicker und komfortabler – und hat dem Hauptrivalen VW Golf einiges entgegenzusetzen. In manchen Punkten gefällt er sogar besser.« Im UK-Leitmedium *AutoExpress* setzt sich der Astra im Vergleichstest gegen den Focus durch: »Der Astra gewinnt gegen den Ford in Disziplinen, die zeigen, dass er ein besseres, günstigeres Auto fürs Leben ist.« Beim führenden deutschen Auto-TV-Format *VOX Automobil* besiegt er – von Chefreporter Alexander Bloch auf Herz und Nieren getestet – den Golf.

Und auch den Auto-Oscar kann der Astra für sich sichern und damit das Triple komplett machen: Nach dem Corsa-e und Mokka-e gewinnt der Astra (Hybrid) das »Goldene Lenkrad« bei *AutoBild* und *Bild am Sonntag* als »Bestes Auto bis 50.000 Euro«. »Der neue Astra hat die Kompaktklasse aufgerüttelt, denn er hat viele Eigenschaften, die man in dieser Klasse braucht, um erfolgreich zu sein«, sagt Tom Drechsler, seinerzeit Chefredakteur AUTO der *BILD*-Gruppe. »Ein großes Display, ein vernünftiges Kofferraumvolumen und die Auswahl von verschiedenen Antrieben. Und wen das noch nicht überzeugt, muss einmal auf den ergonomischen Sitzen Platz nehmen.« Der Astra ist damit der 20. Sieger-Opel in 46 Jahren »Goldenes Lenkrad«. Nie zuvor hat Opel drei Jahre in Folge den Award abgeräumt.

Nach dem Corsa-e und Mokka-e gewinnt der Astra das »Goldene Lenkrad« als »Bestes Auto bis 50.000 Euro«.

Der Namenszug am Heck erscheint horizontal zentral auf der Heckklappe.

Blickfang und zentrales Designelement an der Front ist der weiterentwickelte Vizor. Er integriert hochmoderne Technologien wie die adaptiven, blendfreien IntelliLux LED-Scheinwerfer. Der Namenszug am Heck erscheint horizontal zentral auf der straff gespannten Heckklappe. Im Innenraum nimmt das digitale Pure Panel die Gestaltung des Vizors auf. Es vereint unter der vollverglasten, horizontal gestreckten Oberfläche nahtlos zwei Widescreen-Displays. Die hohe Qualitätsanmutung spiegelt sich auch in der Formgebung und Haptik des neuen Lenkrads und der schnörkellosen Bedientasten wider.

»Spricht für sich«, ist so auch der Claim in der TV-Werbung. Eine dynamische Kamerafahrt zeigt aus allen Perspektiven jedes Detail des Modells. Untermalt wird die Inszenierung nur von Geräuschen, die der Astra im Elektromodus selbst generiert. Jürgen Klopp ist wie immer direkter: »Sieht toll aus, fühlt sich gut an. Alles da, wo's hingehört, und wunderschön verarbeitet. Gut gemacht, Opel!« ///

RAUMSCHIFF AUS RÜSSELSHEIM

Der neue Opel Astra Sports Tourer führt nahtlos die Tradition erfolgreicher Kompaktkombis mit dem Blitz fort, die mit dem Kadett Caravan vor fast 60 Jahren begann – damals der erste Kompaktklasse-Kombi einer deutschen Marke. Wie der Fünftürer wird er in Rüsselsheim entwickelt, designed und auch gebaut. Die Kombiversion des Kompaktklasse-Bestsellers ist direkt seit Verkaufsstart im Juli 2022 als elektrischer Plug-in-Hybrid erhältlich und damit der erste elektrifizierte Kombi der Marke. Der Astra ist auch das erste Modell in der Geschichte des Unternehmens, das sowohl mit Hybrid als auch voll-batterieelektrischem Antrieb aufwartet. Das macht insbesondere den Sports Tourer einzigartig, denn kein anderer deutscher Hersteller kann in diesem Segment mit einem ähnlichen Angebot aufwarten.

Der Elektromotor im Astra liefert 115 kW/156 PS und kräftige 270 Newtonmeter maximales Drehmoment. Während viele andere Elektro-Pkw bei 150 km/h abgeregelt werden, sind mit dem neuen Astra Electric 170 km/h Spitze drin. Die Energie wird in einer 54 kWh fassenden Lithium-Ionen-Batterie gespeichert. Die in 17 Modulen untergebrachten 102 Akkuzellen sorgen dafür, dass sich mit dem neuen Astra Electric gemäß WLTP bis zu 418 Kilometer zurücklegen lassen.

Mit den kompakten Außenmaßen von 4,64 x 1,86 x 1,48 Meter (Länge x Breite x Höhe) und einer Ladekantenhöhe von rund 60 Zentimeter vereint der neue Sports Tourer sportliches Styling und effizientes Packaging. Denn trotz eines auf 2,73 Meter gewachsenen Radstands (plus sieben Zentimeter) ist er sechs Zentimeter kürzer als das Vorgängermodell. Die kurzen Frontüberhange machen es möglich. Bei umgeklappten Sitzen wächst das Ladevolumen von 600 auf bis zu 1.634 Liter. Selbst in den Plug-in-Hybrid-Varianten mit im Unterboden verbauten Lithium-Ionen-Batterien fasst das Heckabteil 516 bis 1.553 Liter.

Zugleich steht der neue Astra in allen Karosserie- und Antriebsarten einmal mehr dafür, Technologien und Innovationen für alle erschwinglich zu machen. Zu den elektronischen Helfern zählen der Frontkollisionswarner mit automatischer Gefahrenbremsung, Fußgängererkennung, Spurhalte-Assistent, Verkehrsschild- und Müdigkeitserkennung genauso wie der Parkpilot für Front und Heck oder eine 180-Grad-Rückfahrkamera. Auch das schlägt sich in positivem Medienecho nieder: »Mehr Nutzwert und Fahrspaß lässt sich bei diesem Einstandspreis derzeit kaum finden«, urteilt die *Süddeutsche*. Und Achim Stahn, Chefredakteur des Redaktionsbüros InterPress Media und deutsches AutoBest-Jury-Mitglied, resümiert: »Schick, geräumig, nicht so teuer. Der Astra SportsTourer trumpft mächtig auf.« Auch bei Lesern und Kunden kommt der Kombi gut an und gewinnt auf Anhieb die Auszeichnung »Familienauto des Jahres« des Magazins *AutoStraßenverkehr*. ///

Das »Familienauto des Jahres« macht seinem Titel alle Ehre.

SUPERBOSS DER NEUZEIT

Grand Sport Electric: Der Astra fährt mit 225 PS Systemleistung vor.

GS/E, GT/E, GSI, OPC. Das sind die Namen der legendären Sportabzeichen der Marke mit dem Blitz. Jene höchsten Ausstattungslinien, die zugleich mit der stärksten Performance und dem am sportlichsten abgestimmten Fahrwerk aufwarten. In Südafrika legen die Opel-Verantwortlichen sogar noch einen drauf und kreieren den »Superboss« auf Basis des Kadett E GSi.

Seit Januar 2023 sind die Modelle der neuen Sub-Marke »GSe« bestellbar. Grand Sport! Das »e« steht heute nicht mehr für Einspritzung, wie beim Commodore GS/E und Monza GS/E, sondern für »electric«. Die Systemleistung von 225 PS kann sich sehen lassen. Der 1,6-Liter-Vierzylinder leistet 180 PS, der E-Motor steuert dabei bis zu 110 PS bei. Das maximale Drehmoment: 360 Newtonmeter. Aus dem Stand beschleunigt die fünftürige Sport-Limousine in 7,5 Sekunden auf 100 km/h. Höchstgeschwindigkeit: 235 km/h. Und dank der 12,4 kWh-Lithium-Ionen-Batterie kann der Astra GSe nach WLTP bis zu 64 Kilometer lokal emissionsfrei zurücklegen.

Das Fahrwerk ist noch agiler und präziser ausgelegt. Das Chassis liegt um 10 Millimeter tiefer. Lenkung, Federung und Bremsen reagieren unmittelbarer und direkter auf jeglichen Befehl des Fahrers. Die KONI-FSD-Technologie (Frequency Selective Damping) ermöglicht so je nach Situation eine unterschiedliche Dämpfungscharakteristik für präzises Handling und hohen Komfort gleichermaßen.

Die beiden Astra GSe fahren auf exklusiven 18-Zoll-Leichtmetallrädern vor und haben charakteristische GSe-Frontstoßfänger und -Heckdiffusor. Innen gibt es exklusive GSe-Performance-Sitze. Somit signalisiert auch das Design: Hier kommen die Top-Sportler.

Produktionszeitraum Seit 2023
Werk Rüsselsheim
Karosserievarianten Fünftürer und Sports Tourer
Motor 165 kW (225 PS)
Einstiegspreis 45.510 Euro

Wenn Tuning-Fans den Namen »XS« hören, schlagen ihre Herzen höher. Denn die Spezialisten der XS-Crew verwandeln Autos in einzigartige Liebhaberstücke. Kein Wunder, dass sie sich auch des Opel Astra angenommen haben. Das erste unverwechselbare Einzelstück präsentieren die Tuner bei der XS Carnight im Juli 2022 im Berliner Olympiastadion. Initiiert hat die Kooperation Peter Junghanns, ein Musterbeispiel des loyalen Opelaners und seines Zeichens Manager für Markenstrategie: »Tief, tiefer, Astra Hybrid XS. Dieses unverwechselbare Unikat in Arktis-Weiß und High-Gloss-Black und seinen 20-Zoll-Felgen im Turbinendesign ist ein Eyecatcher und auch eine Reminiszenz an die Opel-Motorsportgeschichte.« Ein Publikumsmagnet ist er auch auf dem »Blitzgewitter«, dem großen Opel-Treffen 2023 vor den Toren Hamburgs. /

TRANSPORTER-TRIO

Sie stehen in der Tradition des Coloss' von Rüsselsheim auf Basis des Patentwagen Lutzmann: die Opel-Nutzfahrzeuge. Der letzte Transporter namens Blitz verabschiedet sich 1987 aus dem aktiven Dienst. Zehn Jahre bietet Opel gar keine größeren Nutzfahrzeuge oberhalb des kleinen Kastenwagens Combo (seit 1986) mehr an. Dann startet Opel 1997 mit dem Vivaro-Vorgänger namens Arena (1997 -2000) einen Neubeginn in der Transporter-Produktion.

Der Markterfolg des Renault Trafic-Klons ist allerdings bescheiden. Deswegen ersetzt ihn Opel schon ab September 2001 mit der ersten Generation des Vivaro (2001-2014), der genau wie der Vivaro B (2014-2019) ein Gemeinschaftsprojekt mit Renault ist. Richtig durchstarten kann aber erst der Vivaro C (seit 2019), der - nach der Übernahme der Marke durch die Groupe PSA im Jahr 2017 - natürlich auf einer neuen Konzernplattform steht.

Der kleine Combo Cargo steht - in seiner nunmehr fünften Generation - seit 2018 auf einer Groupe PSA-Plattform; seine Pkw-Variante trägt den Beinamen Life. Der Combo A (1986-1993) ist der Nachfolger des Kadett Combo. Combo B (1993-2001) und Combo C (2001-2011) basieren auf der jeweiligen Corsa-Generation, der Combo D (2011-2018) ist ein Schwestermodell des Fiat Doblò.

Das größte, leichte Nutzfahrzeug im Bunde ist seit 1998 im Markt. Sowohl der Movano A (1998-2010) als auch der Movano B (2010 -2021) sind - wie schon der Vivaro - eine Kooperation mit Renault. Erst der Movano C steht seit Anfang 2021 auf einer Stellantis-Plattform.

Heute punkten das Transporter-Trio Combo E Cargo, Vivaro C und Movano C mit niedrigen Kosten (Total Cost of Ownership),

Combo-e Cargo, Vivaro-e und Movano-e machen Opel 2022 zum Marktführer bei batterieelektrischen Transportern in ganz Europa.

Der Combo A (Foto, 1986–1993) ist der Nachfolger des Kadett Combo.

Arena (1997–2000) heißt der Vorgänger des Vivaro.

hohem Ladevolumen und Variantenreichtum, höchster Variabilität und demokratisierten Innovationen wie wegweisender Lichttechnik und Top-Assistenzsystemen.

Einmal mehr ist Opel hier Vorreiter. Denn schon heute ist die gesamte Nutzfahrzeugpalette mit dem Blitz batterie-elektrisch erhältlich. Elektromotoren mit Leistungen bis 100 kW/136 PS und Batterien mit bis zu 75 kWh Kapazität inklusive der passenden Ladelösungen halten die Gewerbetreibenden verlässlich mobil. Und sie erfreuen sich einer großen Beliebtheit: 2022 ist Opel Marktführer im Segment der elektrischen Transporter. Und zwar in ganz Europa.

Opel hält seit Ende 2021 aber auch schon die ideale Lösung für Flottenkunden bereit, die lokal emissionsfrei weite Strecken absolvieren wollen und noch schneller auftanken müssen: den elektrisch fahrenden Wasserstoff-Brennstoffzellen-Transporter Vivaro-e Hydrogen, der gemäß WLTP vollgetankt bis zu 400 Kilometer weit fahren kann. Das Auftanken mit Wasserstoff dauert dabei gerade einmal drei Minuten. ///

Der Movano A (1998–2010) ist eine Gemeinschaftsentwicklung mit Renault.

ROCKSTARS
AUS RÜSSELSHEIM

Automobildesign muss auch in Rüsselsheim betrieben werden. Was heute selbstverständlich ist, nimmt erst 1930 seinen Anfang: Kurz nachdem General Motors die Marke kauft, gibt GM-Chefdesigner Harley Earl diese klare Richtung vor. Automobil-»Entwerfer« sind daraufhin für mehr als drei Jahrzehnte Mitarbeiter der Karosserieabteilung im Entwicklungszentrum. Gekleidet in weiße Kittel – mit Stiften in der Brusttasche – arbeiten sie im hoch geheimen »Modellraum« im fünften Stock des Rüsselsheimer Technischen Entwicklungszentrums (kurz TEZ) an der jeweils nächsten Neuheit.

Im Juni 1964 ereignet sich dann der große Durchbruch: Opel eröffnet – als erster Automobilhersteller in Europa – ein eigenes Designcenter. Das »Opel Styling« ist ein Flachbau namens N10 in unmittelbarer Nähe des TEZ. Organisationstruktur, Abläufe und selbst die Architektur sind an das hochmoderne Designstudio in Detroit angelehnt – das zu dieser Zeit weltweit größte seiner Art. Was zuvor im TEZ-Gebäude im Obergeschoss des Gebäudes C14 von rund 50 Stylisten, Modelleuren und Ingenieuren geleistet wird, erhält nun mit mehr als 120 Kreativen einen ganz neuen Antrieb.

»Wir Designer sind nicht nur umgezogen, wir sind ausgebrochen. Es herrschte Aufbruchstimmung bei Opel wie zuletzt Mitte der 20er mit den Raketenwagen. Das war ein Bruch, eine Revolution«, erinnerte sich Erhard Schnell in einem Interview für das Buch *GT LOVE*. GM hat Clare MacKichan, seit 1952 Leiter des Chevrolet Design Studios, 1962 zum ersten Opel-Designchef ernannt und mit ihm diesen Geist der Freiheit nach Deutschland gebracht. Das erste Resultat dieser »Befreiungsbewegung« ist der futuristische Sportwagen GT Experimental – gleichzeitig das erste Konzeptmodell in Europa, lange bevor Volkswagen, Mercedes und Co. an solche Aktivitäten auch nur einen Gedanken verschwenden.

Drei neuartige Abteilungen – »Studios« – werden im sogenannten N10 beheimatet – und diese Grundstruktur hat sich bis heute nicht verändert: Das Exterieur-Design widmet sich der Karosserie, dem Gesicht, der Silhouette und den Proportionen. Das Interieur-Design arbeitet an den Formen und Materialien im Innenraum, verantwortet die Gestaltung von Sitzen, Armaturentafeln und Verkleidungen. Erstmals finden hier auch Frauen einen Arbeitsplatz: Man(n) schreibt ihnen eine besonders feinfühlige Hand bei der attraktiven Gestaltung des »Aufenthaltsraums« zu. Die dritte Abteilung ist ein absolutes Novum – das Advanced Design, in dem sich die Denker und Visionäre abseits des Tagesgeschäfts den weiten Blick in die Zukunft widmen dürfen. Eine absolute Revolution in Europa, einer grenzenlosen Plattform für automobile Kreativität. Man erhält leichter Zugang zu Fort Knox als ins N10.

Das Opel Styling wird zum Magneten für Designer aus aller Welt. Wie ein Lauffeuer verbreitet sich der Ruf an Hochschulen – und löst einen wahren Sturm an Bewerbungen aus. Das Rüsselsheimer Studio mit seinen polyglotten, weltoffenen Designern gewinnt schnell den Ruf einer Kaderschmiede.

Erhard Schnell (rechts) und seine Kollegen erschaffen die Ikone GT im Advanced Design.

Der Befreiungsschlag im Opel Design passiert in dieser Zeit nicht nur räumlich, organisatorisch und zahlenmäßig, sondern auch modisch. Die weißen Kittel weichen feinem Zwirn und italienischem Chic der 70er. Maßanzüge, Schlaghosen, bunte Hemden, überdimensionierte Sonnenbrillen, dicke Koteletten. »Und sie sehen nicht nur so aus wie Rockstars, sie leben oft auch ein ähnliches Leben. Ihre Frauen sind It-Girls, Models. Zu Alkohol und Zigaretten haben sie auch ein entspanntes Verhältnis«, umschreibt Jens Cooper, der an einem ganzen Buch zum Thema »Rockstars in Rüsselsheim« arbeitet. Skizzen von Designern wie Erhard Schnell zieren Playboy-Bunnys – mit und ohne Bikini-Oberteil. Die Freizügigkeit inspiriert die Kreation der Karosserien.

Designer entwickeln sich so zu »Auto Couturiers«. Ihre Konzeptautos sind wie die Haute Couture der Modewelt. Modehäuser wie Autodesigner kreieren exklusive Unikate mit einem klaren Ziel: neue Wege zu erkunden, neue Techniken, Strukturen, Materialien und Kombinationen. Daraus setzen sie Trends, denken Avantgarde. Motorshows zelebrieren den Wettkampf der schönsten Konzeptautos. Sie sind die Fashion Weeks der Automobilindustrie, ein Jahrmarkt der Eitelkeiten. Pressekonferenzen werden zu glamourösen Laufstegen. Und Design-Chefs zu gefeierten Autodesign-Schöpfern.

Kein geringerer als Ferry Porsche erkennt die Qualität der Opel-Designer schon Ende der 60er Jahre: Der Zuffenhausener Sportwagenfabrikant kommt selbst nach Rüsselsheim und wirbt Anatole Lapin, den damaligen Chef des Advanced Designs und Schöpfer der Schwarzen Witwe, sowie einen großen Teil seiner Mannschaft ab – inklusive Dick Söderberg und Wolfgang Möbius. Der Erfolgsgeschichte des Opel Stylings versetzt das einen herben Schlag. Zumindest kurzfristig. Bei Porsche blüht Lapine weiter auf und gestaltet unter anderem die G-Serie des Porsche 911 und die Frontmotor-Modelle 924, 928 und 944.

Die Personalliste der Opel Styling Studios liest sich auch aus heutiger Sicht wie das Who is Who der Designerwelt: Chris Bangle (später BMW), Gert Volker Hildebrand (später VW, Seat, Mini, Mitsubishi und Qoros), Kurt Beyer (heute Prof. Transportation Design der Fakultät für Gestaltung in Pforzheim), Stefan Lamm (heute Leitung Mercedes Advanced California), Achim Badstübner (heute Leitung Mercedes Exterior), Bertrand Bach (Design Chef Changan), Belinda Guenther (heute Leitung Color & Trim bei Mercedes), Ivo van Houlten (heute Director Interieur bei Porsche). Dass auch Anthony Lo, seit 2021 Vice President Design bei Ford, seine Zeit bei Opel, Vauxhall und Saab (2004–2010) nicht vergessen hat, sieht man zuletzt am Ford Explorer: Seine Leuchtengrafik hat unverkennbar die Opel Wing Signature zum Vorbild, die Opel bereits 2008 mit dem Insignia A einführt.

Clare »The Mac« MacKichan (1962–1967) | Charles »Chuck« Jordan (1967–1971) | David Holls (1971–1974) | Henry Haga (1974–1980) | Gorden Brown (1980–1983) | Wayne K. Cher (1983–1991)

DIE OPEL-DESIGNCHEFS SEIT 1964

Elf Chefs leiten seit 1964 das Opel-Design. Der Einfluss von GM auf Opel lässt sich dabei nicht leugnen: Acht der Führungskräfte sind US-Amerikaner, Martin Smith und Mark Adams sind Briten, Hans Seer ist Deutscher. Ihre Teams sind so international aufgestellt wie wenige andere Fachabteilungen. Niemand Geringeres als Erhard Schnell – der Vater des Calibra und Sohn des GT – hat die Design-Chefs auf Leinwand gezeichnet. In Anlehnung an die fünf berühmten Opel-Söhne auf ihrem Tandem.

Richard F. Ruzzin (1991–1996) | Hans Seer (1996–2002) | Martin Smith (2002–2004) | Bryan Nesbitt (2004–2007) | Mark Adams (seit 2007)

ERHARD SCHNELL †

(1927–2020) studierte Gebrauchsgrafik an der Werkkunstschule, der heutigen Hochschule für Gestaltung in Offenbach, und startete 1952 bei Opel. Vielen Designern brachte er das Zeichnen bei. Er gilt als »Vater des GT«. Bescheiden nannte er sich selbst aber »Sohn des GT« mit Blick auf seinen damaligen Chef Clare MacKichan. Auch der Rekord, Ascona B, Kadett B, Corsa A und Aerodynamik-Weltmeister Calibra sind untrennbar mit seinem Namen verknüpft. Studien wie der Opel Genève, Coupé Diplomat und Tech 1 tragen seine Handschrift. Erhard Schnell trug dazu bei, das Automobildesign in Europa zu etablieren. Stolz war er auch auf Details wie den Schriftzug für den Rekord.

GEORGE GALLION

(Baujahr 1937): Der gebürtige Amerikaner hat nach eigenen Aussagen 22 Babys – vom Chevrolet Camaro und Buick Riviera und – ab 1969 – auch mehrere Opel. Sein erster Opel: der Manta A. Auch das Logo, den schwimmenden Rochen, entwickelte Gallion: »Ich bin dafür extra zu Meeresforscher Jacques Cousteau nach Paris geflogen.« Von 1985 bis 2002 bestimmte Gallion die Opel-Designaktivitäten maßgeblich mit – unter anderem als Assistant Director Design von General Motor Europe. Heute lebt er in Schlangenbad im Rheingau – natürlich nicht in einem herkömmlichen Haus, sondern im Bungalow entworfen vom Wiener Architekten Richard Neutra. Gallion: »Mein Stück California-Look in Hessen.« Ihm gehört einer der beiden Prototypen des Aero GT.

FRIEDHELM ENGLER

(Baujahr 1963) hat das Design von Opel für drei Dekaden maßgeblich beeinflusst. Der Winzersohn absolvierte sein Designstudium an der Hochschule in Pforzheim. Von dort ging es für drei Jahre als Produktdesigner nach Tokio. Bei Opel begann er 1992 als Transportation Designer, war später Chefdesigner des Meriva A und des Astra H. Von 2007 bis 2010 leitete Engler die Designabteilung für alle GM-Marken in Shanghai. Zurück in Rüsselsheim übernahm der Badener 2010 zunächst das Advanced Design, später die Umsetzung aller Serienfahrzeuge bis zum Produktionsanlauf. Er gestaltete federführend Concept Cars wie den GT Concept. Von den Serienmodellen ist der heutige Mokka sein Highlight. »Das war der perfekte Zeitpunkt, um nach 30 Jahren Lebewohl zu sagen«, erklärt er seinen Entschluss, sich im September 2021 zurückzuziehen und viel zu reisen. Er blickt zurück auf eine einzigartige Karriere: »Opel und ich – das hat einfach gepasst und das bleibt für immer.«

HIDEO KODAMA

(geboren 1944 in Yokohama) zeichnete schon als Kind Autos. Er studierte an der Tama Art University in Tokio und arbeitete direkt nach seiner Graduierung 1966 bis zu seiner Rente bei Opel. 1992 machte er den großen Wurf mit dem Bestseller Corsa B. Als S-(Small)-Car-Studioleiter war er schon am Corsa A beteiligt und verantwortete auch maßgeblich den Corsa C, Agila und Tigra – ebenso wie Designstudien wie den Junior und den Twin.

CARLOS BARBA

(geboren 1954 in Guadalajara, Mexiko) studierte erst Architektur und später Design am Art Center College in Pasadena (1982–1985), bevor er bei Opel angeheuert hat: Nach neun Jahren als Senior Designer war er acht Jahre Studio-Chef und mitverantwortlich für den Calibra, den Cadillac Catera, der ebenfalls in Rüsselsheim von Band lief, und den Vectra als Limousine und Caravan. 2002 beförderte GM ihn zum General Director of Design in Brasilien, 2008 zum Executive Director. 2012 übernahm er bei GM die Design-Verantwortung für ganz Südamerika. Seit 2018 ist er Chef seiner eigenen Beratungsfirma – Barba Design Consultancy – in Frankfurt am Main.

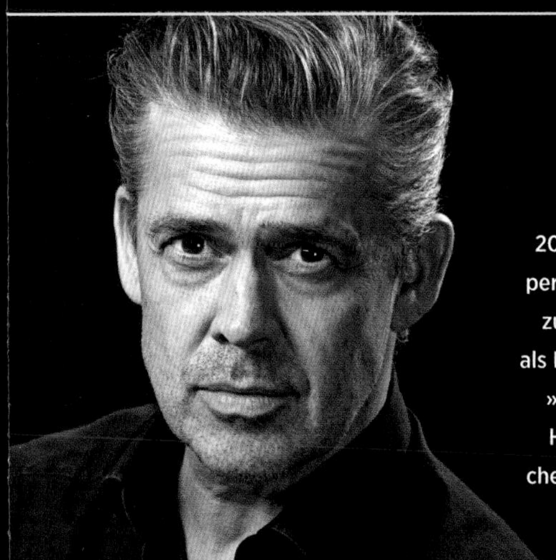

BORIS JACOB

(Baujahr 1967) sammelte elf Jahre lang Erfahrung als Designer bei Ford und Volkswagen, bevor er 2005 als Chief Designer Advanced Design anheuerte – und für 13 Jahre lang bei Opel wirkte. »Meine persönlichen Highlights bei Opel sind der Monza, GT und GTX«, sagt Jacob. Im Juli 2018 wechselte er zur Groupe PSA nach Paris, war dort etwa Car Line Director Peugeot, bevor es ihn im Sommer 2022 als Exterior Director Design zu Maserati nach Turin führte. Wegbegleiter zollen ihm höchsten Respekt: »Boris ist der Visionär, der Künstler, der Design als Experiment auslebt. Intuitiv aus dem Bauch, mit Herz und Seele und ganz dicht am Objekt. Mit seinem Team zusammen steht er oft bis zu den Knöcheln im Ton. Für ihn ist Design ein Erlebnis. Das ist Arbeiten an der Skulptur«, schwärmt Engler über den passionierten Maler von Ölgemälden.

MALCOM WARD

(Baujahr 1965) hat eine besonders enge Bindung zu Opel und Vauxhall durch seine Familienhistorie. Schon sein Großvater arbeitete sein Leben lang bei Vauxhall in Luton am Band. Sein Vater war 20 Jahre Formendesigner bei der britischen Marke in Luton und stellte ihn im Alter von 16 Jahren dem globalen GM-Designchef Wayne Cherry vor. Ein prägendes Erlebnis. Der Brite studierte Industriedesign an der Universität von Coventry; 1989 startete er im Opel Design und bekam 1987 ein Stipendium für ein weiteres Studium am weltberühmten Royal College of Art in London. Von 2005 bis 2009 wirkte er als Chief Designer im Epsilon Studio, wo er die Verantwortung für den Insignia und den Saab 93 und 95 trug. Seit 2009 ist Ward Director Exterior Design bei Opel/Vauxhall und in der Zeit verantwortlich für Modelle wie den Adam, Cascada, Mokka, Ampera, Astra, GTC. Privat schaltet der Vater vierer Kinder und Eintracht Frankfurt-Fan gerne beim Mountain Bike-Fahren ab.

KARIM GIORDIMAINA

(Baujahr 1969) studierte von 1987 bis 1991 Design am Center for Creative Studies in Detroit und startete seine Karriere 1993 bei Opel – wo er sich vom Creative Designer bis hin zum Design Director Interior hochgearbeitet hat. »Ich bin mit Anfang 20 zu Opel gekommen und hier in der Opel-Familie gewachsen. Der Spirit, das Talent, die Leidenschaft der Menschen, die hier Hand in Hand Autos erschaffen, sind einzigartig in der gesamten Automobilbranche. Hier zu arbeiten bedeutet eine lebenslange Hingabe an die Marke mit dem Blitz.« Besonders stolz ist der Designer, dessen italienische Eltern in Ägypten und Eritrea geboren wurden, auf das Interieur-Design des aktuellen Astra. »Damit haben wir ein neues Level unseres Bold and Pure-Designs erreicht.« Inspiration schöpft der Vater zweier erwachsener Söhne privat aus der Fotografie.

STEFAN ARNDT

(1963) hat Industrial Design an der Hochschule der Künste in Berlin studiert und ist schon 1986 bei Opel eingestiegen – als Creative Designer Exterior für den Omega B. Fast vier Jahrzehnte später arbeitet er immer noch voller Begeisterung für die Marke mit dem Blitz. »Und ich werde hier auch in die Rente gehen. Denn ich könnte mir kein fantastischeres Team vorstellen«, sagt Arndt. Als Interior-Designer verantwortete er unter anderem die Innenräume von Signum und Vauxhall Lightning Concept, zuletzt jene von Grandland, Mokka und Astra. »Mein größter Stolz sind das Trixx Concept und die Interiors von Meriva, Adam und Insignia«, sagt Arndt. »Spannende Projekte mit tollen Kollegen in Rüsselsheim, Detroit, Göteborg, London, Turin und Paris waren das i-Tüpfelchen bei meiner Arbeit, die meine Passion ist.« Ausgleich findet Arndt beim Segeln, Skifahren und Radfahren. »In der Natur kann ich abschalten; sie ist eine große Kraftquelle für meine Arbeit.«

RICHARD SHAW

(Baujahr 1965), studierte Transportation Design an der Universität von Coventry. Der Brite arbeitet seit 1988 in Rüsselsheim. Stolz ist er darauf, dass er Anfang der 90er einer der ersten Opel-Designer war, der das Advanced Design Studie in Italien – bei Stile Bertone – mit aufbaute. Heute ist er maßgeblich daran beteiligt, die Interior-Design-Konzepte der zukünftigen Modelle mitzubestimmen, ihre Formen, Farben und Materialien. Eines seiner persönlichen Highlights ist die Arbeit an Mobilitätskonzepten der Zukunft, wie dem RAK e und RAD e. »Das ist ein völlig frischer Blick auf die Mobilität von morgen gewesen«, so Shaw. »Und ich bin jedes Mal wieder begeistert und stolz, dass so viele Menschen eine Geschichte zu ihrem Opel haben, der in diesem Design-Center erschaffen wurde. Und ihre Geschichte wird fast immer von einem warmen Lächeln begleitet.«

NIELS LOEB

(Baujahr 1966) hat schon als Elfjähriger davon geträumt, Automobildesigner zu werden. »Meine ersten Vorbilder waren italienische Götter mit unaussprechlichen Namen, wie Giorgetto Guigiaro, Nuccio Bertone and Sergio Pininfarina«, sagt der Australier. Studiert hat er zunächst Industrie-Design an der University of Sydney, bevor er 1991 zu Opel kam und der Hersteller ihm dann ein Studium des Fahrzeugdesigns am Royal College of Art in London finanzierte. An mehr als 30 Modellen hat er seitdem gearbeitet, darunter als Chief Designer für den Speedster, Corsa D, Zafira Tourer und Insignia. Auslandseinsätze genoss er bei Stile Bertone (Turin), wo er Nuccio Bertone persönlich kennenlernen durfte, Saab (Trollhättan), Heuliez (Cerizay, Frankreich) and Lotus (Coventry und Hethel, UK). Und er ist bis heute geblieben. »Denn die Energie des Wandels, die Projektvielfalt und Auslandseinsätze, das internationale Team – all das macht das Opel Design Studio zu einem hochspannenden Arbeitsplatz.«

CARSTEN AENGENHEYSTER

(Baujahr 1970) fühlt sich auch nach 20 Jahren bei Opel genau richtig. »Opel ist für mich schon immer Kult. Ich liebe die Underdog-Attitüde. Sie erlaubt uns Designern, unerwartete, ja unorthodoxe Lösungen zu finden, die überraschen. Wir sind die Herausforderer«, sagt der Chief Designer, der seit Ende 2021 zum Austausch in Turin arbeitet – und vor seiner Zeit bei Opel schon neun Jahre bei Nissan wirkte. »Opel hat ein derart reiches und inspirierendes Erbe, das uns Designer schon dazu zwingt, immer am Puls der Zeit zu sein und den Status quo herauszufordern.« Sein persönliches Highlight war 2005 die federführende Rolle bei der Gestaltung des ersten Insignia Exterior Designs. »Die Herausforderung fürs ganze Team war hier, die Designsprache neu zu erfinden und die Wahrnehmung von Opel in der Öffentlichkeit zu drehen. CEO Carl-Peter Forster persönlich hat uns damals das Briefing dafür gegeben.« Privat zeichnet der Designer gerne nebenbei Cartoons. »Und eines Tages werde ich die noch in einem Buch veröffentlichen.«

DER HERR DES OPEL-DESIGNS

Warum sind Sie seit mehr als eineinhalb Dekaden der Marke Opel treu geblieben?

Dafür gibt es gleich mehrere gute Gründe: Opel ist eine Marke, die mir natürlich sehr ans Herz gewachsen ist. Wir können hier Automobile designen, die die Menschen lieben. Die das Straßenbild prägen. Ich habe auch immer eine sehr starke Verbindung zu den Menschen gefühlt. Opel ist eine große Familie. Auch die Beziehung zu meinen Vorgesetzten ist immer von größtem Respekt geprägt gewesen. Außerdem habe ich hier viele Kapitel erleben dürfen, in denen sich die Marke neu erfunden hat. Ja, bei Opel ist es niemals langweilig geworden.

Mark Adams ist seit schon seit 2007 für das Design von Opel und Vauxhall verantwortlich – so lange wie kein Design-Chef vor ihm in der Geschichte des Unternehmens. In der Zeit hat er mit neun Opel CEOs zusammengearbeitet und mit seinem Team 13 Konzeptautos sowie 27 Serienfahrzeuge erschaffen.

Wie stark ist Ihre Verbindung zu Opel und Vauxhall?

In meiner Karriere war ich 18 Jahre bei Ford und bislang 21 Jahre bei Opel. Als Brite in einem deutschen Unternehmen habe ich schon immer einen leicht anderen Blickwinkel auf die deutsche Seite der Marke Opel gehabt. Ich habe mich seit jeher stark bei meinen Kollegen dafür eingesetzt, dass »deutsch« als Markenwert gepflegt und herausgestellt wird. Seid stolz auf eure Wurzeln. Seid da nicht schüchtern! Insbesondere im Ausland ist deutsches Design ein absolutes Qualitätssiegel. Zudem bin ich jahrelang zwischen London und Frankfurt gependelt. Es ist eine einzigartige Perspektive, jede Woche unsere beiden größten Märkte zu beobachten. Im Führungsteam bin ich die Stimme von Vauxhall.

Was ist das Besondere am Opel-Design?

Opel hat schon immer außerordentlich schöne Autos angeboten. Insbesondere in der Zeit der 60er bis in die frühen 90er. Danach gab es zugegebenermaßen eine eher unauffällige Phase, eine Dekade, in der wirtschaftliche Schwierigkeiten das gesamte Unternehmen bremsten. Natürlich gab es – wie bei jeder Marke – auch das eine oder andere schwächere Modell. Ab Anfang der 2000er ist das Opel-Design wieder deutlich erstarkt. Das war eine Zeit, in der das Design und unsere Produkte insgesamt deutlich stärker waren als die Marke und die wirtschaftliche Situation. Heute haben wir endlich die Situation, dass die Stärke unserer Bilanz zusammentrifft mit der Stärke unserer Marke und unseres Designs.

Wie lässt sich die aktuelle Opel-Designphi-

MARK ADAMS (Baujahr 1961) machte seinen Bachelor-Abschluss in Maschinenbau/Fahrzeugtechnik und seinen Master in Autodesign am Royal College of Art in London. Nach verschiedenen Positionen im Design bei Ford (1984–2002) startete der Brite 2002 als Leiter Exterior Design für General Motors Europa. Fortan prägte Adams alle Exterieurs der Produktionsfahrzeuge, insbesondere beim Insignia, Corsa und Astra GTC. Seit 2007 verantwortet der Vice President Design das Gesamterscheinungsbild der Opel- und Vauxhall-Modellpalette. Von August 2012 und Juli 2013 war er zusätzlich Executive Director of Design für die globalen GM-Marken Cadillac und Buick. Für sein Wirken hat ihn Automotive News Europe zum Eurostar 2021 gewählt – ein Ritterschlag der Branche.

produzierte Opel Autos, die gut gemacht und verarbeitet waren. Aber ihnen fehlte aus meiner Sicht die emotionale Qualität. Der Insignia Concept sollte Herz und Hirn ansprechen. Er war die Vision, wie das zukünftige Top-Modell im Portfolio aussehen könnte, und der Abschied von der konventionellen Limousine. Wir haben hier erstmals eine »Premium-Aura« umgesetzt. Sein coupéartiges Profil und seine muskulöse Linienführung waren ein selbstbewusstes Statement für den neuen Weg. Die skulpturale Formgebung spricht das Herz an, sie schafft Emotionen. Den Kopf

ausgewählt haben. Sie sind ein intrinsischer Teil der Designabteilung und der gesamten Firma. Sie waren immer da, sie sind schon immer Teil der Opel DNA gewesen, auch wenn sie nicht als Buzz Words genutzt wurden. Bevor wir begannen, etwas für unsere erneuerte Markenausrichtung zu entwerfen, führte ich lange Diskussionen mit meinem Team. Wir haben »Bold & Pure« als geschärfte Designphilosophie gewählt, weil sie die komplexen Emotionen unseres Markendesigns in einer leicht verständlichen Form einfängt. Meine Aufgabe ist es, diesen kreativen Prozess zu orchestrieren. Mein Team herauszufordern, die Kreativität und Ästhetik zu maximieren und dabei stets innerhalb dieses einfachen Rahmens zu arbeiten. So kreieren wir Autos mit eigenständigen Persönlichkeiten.

Was sind die in Ihren Augen herausragendsten Opel-Modelle aus Design-Perspektive?

Da gibt es einige Ikonen. Mit dem Experimental GT hat 1964 alles begonnen. Der CD Concept von 1969 ist in meinen Augen wahrscheinlich eine der größten Design-Ikonen der Automobilgeschichte. Der Manta A ist auch einer meiner Favoriten und nicht zuletzt ein Teil der Inspiration für unser neues Markengesicht, den »Vizor«. Unter den Serienmodellen zählt auch der Calibra in diese Kategorie.

Was sind die Technologie-Trends, die das Design am meisten beeinflussen?

Die Elektrifizierung ist eindeutig der Wandel unserer Generation. Da wir bald auf rein elektrische Plattformen umsteigen, haben wir die Möglichkeit, neue Proportionen und ein neues Packaging zu erschaffen.

1965

2023

MONZA

REVOLUTION AUS RÜSSELSHEIM

DIE GESCHICHTE DES EXPERIMENTAL GT ERZÄHLT VON EMANZIPATION UND REVOLUTION. DAS ERGEBNIS IST SPEKTAKULÄR: EINE ART FERRARI DINO AUS RÜSSELSHEIM.

Der Experimental GT aus dem Jahr 1965 ist das erste Konzeptauto in der Geschichte der europäischen Automobilindustrie, erschaffen im ersten europäischen Designzentrum. »Es herrschte Aufbruchstimmung bei Opel wie zuletzt 1928 beim Bau der Raketenwagen«, erinnert sich der ehemalige Designer Erhard Schnell Jahrzehnte später. »Wir waren jung und geradezu euphorisch, einen zweisitzigen Sportwagen entwerfen zu dürfen.«

Opel-Designchef Clare MacKichan ist überzeugt, dass seine Truppe einen klassischen Sportwagen entwickeln kann. Er stellt sich ein kompaktes, besonders aussagekräftiges Fahrzeug vor. Klar ist nur, dass es ein zweisitziger Sportwagen auf Kadett-Basis werden soll. Die Strategen um Verkaufsleiter Bob Lutz stützen die Entscheidung mit einer Marktuntersuchung, die einen klaren Bedarf für einen »rassigen, deutschen, modern konstruierten Sportwagen mit beachtlichen Leistungen in der 10.000-DM-Preisklasse« identifiziert. Inspiriert vom Erfolg des Kadett Coupé von 1963 – mit 48 PS und 132 km/h Höchstgeschwindigkeit – ziert die ersten Entwürfe des GTs so auch der Arbeitstitel »Kadett GT«.

Doch Schnells Mannschaft geht mit dem Experimental GT viel weiter als ursprünglich geplant: »Wir wollten nicht nur einen Kadett GT machen. Wir haben uns gesagt: Das machen wir jetzt richtig. Einen rassigen Sportwagen.« Die Motorposition verlegt Schnell hinter die Vorderachse. Den ersten Skizzen folgen schnell skalierte Modelle aus Modellierton und – wie typisch im Design-Entwicklungsprozess – bald auch Modelle in Originalgröße. Um das Auto filigran und leichtgewichtig aussehen zu lassen und die A- und B-Säulen schlank darzustellen, integrieren die Modelleure sogar Plexiglasscheiben in das Tonmodell.

Heutzutage hätte ein Konzeptauto von der Bedeutung des Experimental GT die Aufmerksamkeit eines ganzen Design-Teams. Schnell kann sich seinerzeit dem Sportcoupé nur mit monatelangen Unterbrechungen konzentriert widmen. »Das war ein Auftrag in der geheimen Abteilung. Geheim, geheim«, schmunzelte Schnell. Clare MacKichan hat den Vorstand nicht eingeweiht. Als die Studie dann fast fertig ist, muss er doch seine

Der flache Sportwagen ist eine Skulptur mit gespannten Flächen und geschwungenen Linien.

Vorgesetzten informieren, um den Sportwagen auf der IAA zeigen zu können. »Uns ist dann ein riesiger Stein vom Herzen gefallen, als die hohen Herren bei der ersten internen Vorführung spontan applaudiert haben und völlig hingerissen waren.«

Friedhelm Engler, langjähriger Chef des Advanced Designs bei Opel, ist begeistert vom Ergebnis: »Es war schon sehr vermessen, ein echtes Frontmittelmotorkonzept auf Basis der B-Kadett-Fahrzeugarchitektur vorzuschlagen. Statt bewährte Großserien-Zutaten mit einer neuen Außenhaut zu garnieren, hatte man keine Scheu vor dem ganz großen Wurf, einem wirklichen Gran Turismo. In den gerade eröffneten Opel Styling Studios war alles möglich. Das hatte fast schon etwas Lausbübisches, etwas Freches. Schlagartig konnte man in Rüsselsheim in einer Design-Liga mit den großen Italienern mitspielen, mit den Scuderias wie Ferrari, Pininfarina oder Bertone. Der GT hat durchaus ein italienisch inspiriertes Design. Man könnte fast sagen, der GT ist der Dino aus Rüsselsheim: stahlgewordener Mut. Chapeau!«

Nicht aus Zuffenhausen, nicht aus Maranello, sondern aus Rüsselsheim kommt die Sensation der IAA 1965.

WELTPREMIERE DES EXPERIMENTAL GT

Nicht aus Zuffenhausen, nicht aus Maranello, sondern aus Rüsselsheim kommt so dann auch die Sensation der Internationalen Automobil-Ausstellung 1965 in Frankfurt: Opel präsentiert eine silberne Skulptur, den Silberstreif im grau-braun-beigefarbenen Opel-Universum: die Experimental-Studie Opel Gran Turismo Coupé. Das Glanzlicht in der braven Kadett- und Rekord-Palette verkörpert den Traum von einem zweisitzigen Sportwagen. Die Nummer zwei der Zulassungsstatistik hinter Volkswagen trifft mit dieser Studie den Zeitgeist. Die Wunden des Weltkriegs sind verheilt, das Wirtschaftswunder lässt das Land erblühen und die Menschen den Wohlstand genießen.

»Das Opel Gran Turismo Coupé demonstriert in die Zukunft weisende Tendenzen hinsichtlich Form und Konstruktion«, formuliert Opel am 13. September 1965. Der flache Sportwagen ist eine Skulptur mit gespannten Flächen und geschwungenen Linien. Ein ausdrucksstarkes Design ziert die Flanke: muskulöse Kotflügel und eine schlanke Taille – das Coke-Bottle-Design. Die Türen haben die Designer weit ins Dach gezogen, das kurze, abrupt abreißende Heck zieren zwei mittige Auspuffrohre und links und rechts je zwei markante Leuchten.

Offiziell bestreitet Opel die Pläne, dieses Auto jemals in Serie zu produzieren. »Das Opel GT Coupé wird als Versuchsfahrzeug für Hochgeschwindigkeitsfahrten zur Erprobung von Karosserieformen, Motoren, Bremsen, Lenkungssystem und Radaufhängungen auf den Hochgeschwindigkeitsstrecken des Dudenhofener Prüffelds eingesetzt«, heißt es in der Pressemitteilung. Die Resonanz ist allerdings derart überwältigend, dass kurz darauf intern der Startschuss gegeben wird für »Projekt 1484«. Und während Ingenieure und Designer an der Serienreife feilen, sorgt die Studie weiter für Aufsehen auf Automessen von Turin über Genf und Paris bis nach New York. ///

TOPLESS TEMPTATION

OPEL-CHEFDESIGNER CHUCK JORDAN FEHLT FÜR DIE IAA 1969 NOCH EIN HIGHLIGHT. KEIN PROBLEM: DESIGNER ERHARD SCHNELL, DER SCHON SEIT 1966 AN »TOPLESS«-STUDIEN ARBEITET, WIRD FÜR DEN GT ZUM »AUFSCHNEIDER«. DER AERO GT IST GEBOREN UND IST FÜR OPEL SO ETWAS WIE DER TARGA FÜR PORSCHE.

Weil die eigenen Kapazitäten ausgelastet sind, beauftragt Opel die italienische Karosserieschmiede Fissore mit der Fertigung eines offenen GTs. Sie ist auf den Bau von Prototypen spezialisiert. Im italienischen Savigliano entsteht in kürzester Zeit der Aero GT – mit einem Targabügel und schwarz lackiertem Heck, in Ziegelrot mit schwarzen »Aero/ GT«-Streifen, wie sie später beim GT/J wieder verwendet werden.

Das schwarze Kunststoffdach kann, einmal herausgenommen, hinter den Sitzen verstaut werden. Das »Gepäckabteil« fällt damit noch kleiner aus als beim Serien-GT. Die massivere C-Säule verzieren vier Kiemen. Das Windschott liefert Opel in Form einer elektrisch betriebenen Scheibe. Fotografiert wird der Aero GT in der Regel mit Heidi Schmidt als Model, der späteren Ehefrau von Verkaufsleiter Bob Lutz. Bei der Messepremiere gibt es angeblich spontane Interessenten für den Aero. Ein Prospekt mit technischen Daten macht Hoffnung: »Heute Experimental-Modell, morgen Serien-Automobil?«

Opel will mit dem Aero GT auf allen wichtigen europäischen Messen punkten. Doch weil die GM-Schwestermarke Buick die gleichen Pläne mit dem Sportwagen für die USA hat, muss ein zweiter Aero gefertigt werden. Dieses Mal bekommt Giovanni Michelotti den Zuschlag und fertigt einen fast identischen Aero, diesmal allerdings in Monzablaumetallic.

Nach den beiden Prototypen stoppt Opel die Pläne für den Aero GT. Grund: Die Produktionskosten wären zu hoch, die Nachfrage zu niedrig, die Kritik für den noch geringeren Stauraum zu laut, die Konkurrenz durch den Porsche 914 ist inzwischen zu groß. Darüber macht sich der Opel-Vorstand keine Illusionen. Der Aero GT bleibt ein Traum.

Heute stehen beide Unikate in der Opel-Classic-Werkstatt in Rüsselsheim, als Dauerleihgabe zweier Opel-Rentner: Hans Ohl konnte im Jahr 1972 den Fissore-Prototyp aus dem Bestand von Opel Design kaufen. Zum Preis von 7.000 Mark. Ohl ist zu dieser Zeit Leiter der Abteilung »Qualitätsförderung und Inspektion« und der Aero ein Geschenk für seine Frau. 1972 bekommt der Aero tatsächlich eine Straßenzulassung, 1985 nach einem

Fotografiert wird der Aero GT meist mit Model Heidi Schmidt, der späteren Ehefrau von Verkaufsleiter Bob Lutz.

Der zweite Prototyp kommt nicht mehr von Karosserieschneider Fissore, sondern von Giovanni Michelotti.

Auffahrunfall ein neues Heck und gleich noch eine andere Farbe. Seit Frühjahr 1999 steht das Unikat von Fissore wieder in der Classic-Garage von Opel, wo er 2007 wieder in seiner ursprünglichen Farbe lackiert wird.

Kein Geringerer als George Gallion ist der stolze Besitzer des monzablauen Aero GT von Michelotti, den er 1973 als stellvertretender Designchef und Vorgesetzter von Erhard Schnell dem Opel-Generaldirektor Alex A. Cunningham abkauft. Als er 1969 ins Opel Design kommt, ist die Mitarbeit am Aero sein erstes Projekt. ///

AVANTGARDE EN ANGLAIS

EIN FRÜHES BATMOBIL?
EIN VORLÄUFER DER CORVETTE?
NEIN, DER COUSIN DES GTS
VON DER INSEL

Inspiriert durch die Corvette und Studien von General Motors wie dem Mako Shark II, zaubert die britische Opel-Schwester im Jahr 1966 ihren eigenen GT aus dem Hut. Ganz ohne Kenntnis der Aktivitäten in Rüsselsheim, aber ebenfalls in einem gerade frisch eingeweihten Design- und Entwicklungszentrum. Damals halten die Design Studios des GM-Konzerns selbst untereinander ihre Entwürfe und Kreationen geheim. Der Name des Insel-GTs: eXperimental Vauxhall Research oder kurz XVR.

Das Auto ist die radikalere Weiterentwicklung einer bereits zwei Jahre zuvor gezeigten braven Vauxhall-GT-Studie: »Der XVR zeigt die Zukunft des Automobildesigns«, sagt David Jones, Vauxhalls Director of Design, ganz unbescheiden bei der Enthüllung des Hinguckers auf dem Genfer Automobilsalon

1966. Jones' Chef ist der legendäre Wayne Cherry, gerade ein Jahr zuvor von GM aus Detroit nach England entsandt. Später sollte er erst Opel-, dann globaler GM-Designchef werden.

Die grazilen, vorn in der Scheibenmitte angeschlagenen Flügeltüren des XVR sind höchst innovativ und spektakulär, aber nicht sonderlich alltagstauglich. Anstelle einer Motorhaube und einer Heckklappe können die kompletten Karosseriepartien aufgeklappt werden, wie zuvor schon beim Chevrolet Experimental Corvair Monza GT. Die Klappscheinwerfer ähneln entfernt jenen des Opel GTs, ebenso die Doppelauspuffrohre, und ein Kofferraum fehlt ebenfalls.

Der britische GT ist kein Unikat. Die Opel-Schwester, die seit 1925 zu GM gehört, baut insgesamt drei XVR: zwei mit Glasfaser- und einen mit Stahlblechkarosserie. Letzterer ist in British Racing Green lackiert und wird erst auf dem Genfer Automobilsalon enthüllt, später ist er auch auf den Motorshows in Paris und London zu sehen. Danach geht's in die Schrottpresse.

Ausgestattet ist die fahrfähige Konzeptstudie mit einem Zweiliter-Vorserienmotor, der eine Geschwindigkeit von mehr als 160 mph erlaubt haben soll und später in Vauxhalls Mittelklassebaureihen Einzug findet. Der Motor ist so tief und so weit hinter der Vorderachse montiert, wie es nur möglich war.

Vauxhall verfolgt das gleiche Ziel wie die deutsche Konzern-Schwester: die Innovationskraft und Sportlichkeit der Marke herauszustellen. Oder wie Mark Adams, Vice President Design bei Opel/ Vauxhall, es formuliert: »Mitte der 60er Jahre haben Opel und Vauxhall ihre eigenen Interpretationen eines Leichtbau-Sportwagens kreiert. Beide waren durch und durch modern und von dynamischer, skulpturaler Form. Es ist sicherlich schwer, derartige Ikonen neu zu erfinden. Aber so avantgardistisch jede dieser Studien zu ihrer Zeit war, so wegweisend ist der GT Concept, der 2016 seine Weltpremiere auf dem Genfer Automobilsalon feiert – absolut pur, minimalistisch, gleichzeitig mutig und kompromisslos. Und der beeindruckende Beleg der Weiterentwicklung unserer Designphilosophie.« ///

VAUXHALL

Vauxhall, die britische Schwestermarke von Opel, wird 1857 in London als Maschinenfabrik gegründet und produziert seit 1903 Autos. Das erste ist ein leichter, sogenannter Runabout oder Motor-Buggy mit einem 5-PS-Einzylindermotor. Die englische Automarke gehörte von 1925 bis 2017 zu General Motors. Seit Mitte der 1970er Jahre hat Vauxhall keine eigene Entwicklungsabteilung mehr und bietet ihren Kunden im Wesentlichen in Rüsselsheim entwickelte Modelle, die vor allem hinsichtlich Lenkung und Fahrwerk an die britischen Straßen angepasst werden. Imageträchtige Ausnahme sind der Monaro VXR (2001–2006), der von der australischen GM-Marke Holden importiert wird, sowie der VXR (2007–2017), der vom Holden Commodore abgeleitet ist – mit V8-Motor und 420 PS. Als Logo verwendet Vauxhall einen Greif, also ein Mischwesen aus Adler und Löwe, das in seinen Fängen eine stilisierte Standarte mit dem Buchstaben V hält.

Der britische GT ist kein Unikat: Die Opel-Schwester baut drei XVR – zwei mit Glasfaser- und einen mit Stahlblechkarosserie.

RASSIGES AUS RÜSSELSHEIM

OPEL DESIGN-CHEF CHUCK JORDAN UND SEIN TEAM SIND ERMUTIGT VON DER FULMINANTEN RESONANZ DES EXPERIMENTAL GT. IHR NEUER AUFTRAG LAUTET, DIE MASSEN ERNEUT ZU BEGEISTERN UND DAS OPEL-IMAGE WEITER AUFZUBAUEN. SO PRÄSENTIEREN SIE EBENFALLS AUF DER IAA IM SEPTEMBER 1969 DEN NÄCHSTEN VOLLTREFFER: DIE ATEMBERAUBENDE STYLING-STUDIE CD CONCEPT, EIN VOLLBLUT-GRAN-TURISMO.

Die rundum gewölbte Verglasung aus Front- und Seitenscheiben ohne A-Säulen lässt sich wie bei einem Kampfjet hydraulisch nach oben klappen.

Die futuristische Vision eines zweisitzigen Luxus-Coupés glänzt mit seiner extremen Keilform.

CD – das steht für »Coupé Diplomat« und gibt einen Hinweis auf die technische Basis, den Diplomat B mit einem 230 PS starken 5,4-Liter-V8-Motor, den Opel bereits im Frühjahr auf den Markt brachte. Der metallic-rote Sportwagen mit Klappscheinwerfern ist allerdings nur 1,11 Meter hoch und mit 4,57 Metern genau 30 Zentimeter kürzer als der Diplomat.

Als »Vision vom Auto der weltraumfahrenden Generation« bezeichnet Opel das Fahrzeug bei der Premiere. Schließlich lag die Mondlandung erst wenige Wochen zurück. An Selbstbewusstsein mangelt es den Opelanern auch beim Texten nicht: »Bei der Gestaltung des Äußeren zeigten die Rüsselsheimer ›Automobil-Couturiers‹ ihr Können: Im Opel CD verbinden sich Kraft, Eleganz und Rasse.«

Die futuristische Vision eines zweisitzigen Luxus-Coupés glänzt mit seiner extremen Keilform und der rundum gewölbten, riesigen Komplettverglasung aus Front- und Seitenscheiben ohne A-Säulen, die sich wie bei einem Kampfjet hydraulisch nach oben klappen lässt. O-Ton 1969: »In den Opel CD kann daher auch eine Dame im Abendkleid lässig und mit Anmut einsteigen.«

Die Karosserie des Showcars ist einteilig und aus Fiberglas. Auch das untermauert den technologischen Anspruch deutscher Ingenieurskunst: Die Sitze sind fest eingebaut, mit der Fahrzeugstruktur verbunden, das Cockpit samt Pedalen, Lenkrad und dem Instrumententräger sind beweglich und individuell justierbar. Natürlich wird auch an Details wie einer innovativen Klimaautomatik und einem Autotelefon nicht gespart. Auf den Einbau von Motor, Getriebe sowie Lenkung in das Designmodell wird aus Kostengründen verzichtet. Ziel war es schließlich nur, einen Ausblick auf das künftige Opel-Design zu geben. Stattdessen wird ein Technikmodell gebaut, das alle Details für den kundigen Messebesucher sichtbar macht.

»Gegenwärtig hat Opel nicht die Absicht, den Opel CD in Produktion zu nehmen«, so verlautbart es Opel 1969 offiziell. Der ab 1970 amtierende Opel-Verkaufschef Bob Lutz indes erkennt die imagefördernde Wirkung eines Sportwagens im Stile der CD-Studie und will ihn am liebsten unter dem Namen »Strada«

Bei der Gestaltung des Äußeren zeigen die Rüsselsheimer Automobil-Couturiers ihr Können:
Im Opel CD verbinden sich Kraft, Eleganz und Rasse.

Innovatives Interior: ein Cockpit wie das heutige Pure Panel. Auch ein Autotelefon fehlt nicht.

vermarkten. Opel-intern ist das jedoch nicht umsetzbar.

Erste externe Gehversuche mit dem Intermeccanica Indra, einem italienischen Sportwagen mit Opel-Mechanik, gestaltet von Franco Scaglione und konstruiert von Erich Bitter, scheitern an der Qualität. Im Anschluss fertigt Karosserieschneider Frua für Opel zwei fahrtüchtige Exemplare einer neuen Coupé-Studie. Die Umsetzung scheitert hier an den Kapazitäten für die weitere Entwicklung und Serienfertigung. Bob Lutz erinnert sich an Erich Bitter, Rennfahrer, Abarth-Händler und Tuner, der als Importeur des Indra längst darauf sinnt, ein eigenes Auto auf die Beine zu stellen. Nach vier Jahren Vertragspoker folgt schließlich der Segen von GM und Opel: Der Sportwagen mit dem Namen Bitter CD darf 1973 in Serie gehen. Genau 395 Stück werden bis 1979 produziert und verkauft – unter anderem an Rosi Mittermaier, Udo Lattek, Paul Breitner, Karl-Heinz Rummenigge und Heino. ///

Diesel GT: Zwei Weltrekorde und 18 internationale Rekorde an drei Tagen.

REKORDFAHRTEN IM SELBSTZÜNDER-GT

SCHWARZ-GELB RÜSSELSHEIM WILL 1972 DIE VIERTE GENERATION SEINES TABELLEN-STÜRMERS REKORD AUF DEN MARKT BRINGEN. ERSTMALS MIT EINEM DIESEL. DAS PROBLEM: SELBSTZÜNDER-KOMPETENZ HABEN ZU JENER ZEIT NUR MERCEDES UND PEUGEOT. DIE LÖSUNG: REKORD-FAHRTEN MIT EINEM DIESEL-GT

Promimente Fahrer sorgen für Publicity.

Zwei Weltrekorde und 18 internationale Rekorde stellt Opel an drei Tagen im Juni 1972 mit dem Diesel GT auf. Mit ihrer aerodynamisch verbesserten Karosserie erreicht die »Nagelfeile« bei Versuchsfahrten im Opel Testzentrum Dudenhofen eine Höchstgeschwindigkeit von 197 km/h. Die Fahrer kommen aus ganz Europa und sollen anschließend in ihren Ländern für Publicity sorgen: die französische Rallyepilotin Marie-Claude Beaumont, Rallye-Ass Henri Greder, ebenfalls aus Frankreich, die Schwedin Sylvia Osterberg, der italienische Rennfahrer Giorgio Pianta, der Journalist und Rennfahrer Paul Frère aus Belgien und ADAC-Sportchef Joachim Springer aus Deutschland.

Der Antrieb ist nicht serienmäßig: Während im Rekord ein 2,1-Liter-Wirbelkammer-Motor mit 60 PS arbeitet, sorgt im Versuchsauto ein riesiger Turbolader von Zulieferer Eberspächer für ein Bar Ladedruck und 95 PS bei 4.400 Umdrehungen. Das Chassis stammt vom GT, der Aufbau ist eine modifizierte GT-Karosserie, die praktisch über der Motorhauben-Oberkante endet. »Das Ganze durfte nicht viel kosten«, erinnerte sich GT-Designer Erhard Schnell. »Deshalb haben wir bei einem Auto, das ursprünglich zum Cabrio umgestaltet werden sollte, einfach das Dach abgeschnitten.« Die entstandene Öffnung der Karosserie-Oberseite wird mit einem Rohrrahmen ausgesteift, bevor Fachleute die Türen einschweißen und einen Überrollbügel in die Struktur integrieren. Der Fahrersitz liegt unter einer Plexiglashaube, die zum Heck hin in eine windschlüpfige Karosserieausformung übergeht.

Die Klappscheinwerfer weichen – weil bei Nacht aerodynamisch ungünstig – einfachen flachen Scheinwerfern. Rechts neben dem Fahrer wird ein 85-Liter-Kraftstofftank aus Aluminium installiert. Weil das Fahrzeug fast ausschließlich im Volllastbetrieb unterwegs ist, bauen die Ingenieure eine Fahrpedalarretierung ein. Mehr als 50 Stunden lang hetzen die Piloten den GT um den Rundkurs. Erst nach 500 Kilometern gibt es Tankstopps mit Fahrerwechsel. Schwerstarbeit, die dazu beigetragen hat, dem Diesel zum Durchbruch zu verhelfen. ///

MANTA, MANTA – FAST DER ZWOTE TEIL

Gebaut Anfang 1972 und dann für mehr als drei Jahrzehnte unter Verschluss gehalten: Die elegante Fieberglas-Studie für einen Manta B stellt Opel zum ersten Mal im Jahr 2005 der Öffentlichkeit vor, bei einer Sonderausstellung über Prototypen und Studien im Stammwerk Rüsselsheim.

Wie sie entstanden ist? Kurz nach dem Anlauf der Manta A-Produktion beginnen im Designstudio von Erhard Schnell, dem Schöpfer des Opel GTs, die Arbeiten an einem Nachfolger. Die Innenausstattung ist bei dem 1:1-Fiberglas-Modell nur angedeutet, deshalb verfügt das Fahrzeug auch über keine detaillierten Technikkomponenten.

Die Studie ist ein Blickfang mit einer klassischen Formensprache und coupéhaften, stark ausgeprägten Silhouette sowie großen Fensterflächen. Über das Konzept-Stadium kommt der Entwurf nicht hinaus. Das Design-Modell hat aber maßgeblichen Einfluss auf die Gestaltung des Manta B, der zwar einige Details der Studie aufnimmt, doch deutlich moderner auftritt.

Ein Blickfang mit coupéhafter Silhouette und großen Fensterflächen.

OPEL SAFETY CAR

Nicht alle Konzeptstudien sind eine pure Augenweide und dienen dem Ausblick auf die Zukunft der Design-Sprache. Manche zielen schlicht darauf, Technologie-Kompetenz zu untermauern. So wie der Opel OSV 40 – die Vision eines ultra-sicheren Kompaktwagens, vorgestellt 1974 auf der zweiten ESV-Konferenz (International Technical Conference on the Enhanced Safety of Vehicles) in London. In den 70ern steckt der Insassenschutz noch in den Kinderschuhen. Kopfstützen und Sicherheitsgurte auf der Rückbank? Fehlanzeige! Kinder toben hinten herum wie auf einer Spielwiese, ganz gleich bei welcher Geschwindigkeit. Die Unfallbilanz ist verheerend: 1970 gibt es mehr als 19.000 Verkehrstote.

Spielwiese der Ingenieure: Vision eines ultra-sicheren Kompaktwagens.

Deswegen präsentiert Opel mit einem Ideenträger, der das Bewusstsein der Öffentlichkeit in Richtung aktiver und passiver Fahrzeugsicherheit schärft. Und zwar auf der technischen Basis des Kadett C. Der Name ist Programm: OSV steht für »Opel Safety Vehicle« und die Zahl 40 für die Frontalaufprall-Geschwindigkeit in Meilen pro Stunde, also knapp 65 km/h. Die seriennahe Sicherheitsstudie verfügt über stabile Längs- und Querprofile und verstärkte Türen und Schweller. Statt graziler zeitgenössischer Blechstoßstangen kommen voluminöse Kunststoff-Stoßfänger zum Einsatz. Dank ihrer Füllung mit Polyurethan-Schaum wirken sie energieabsorbierend und verzeihen jeden Parkrempler bis 5 km/h. Selbst die nach Metall aussehenden Frontscheinwerfer-Rahmen sind nur eine Lack-Illusion.

Vier hochgesetzte und für den rückwärtigen Verkehr optimal sichtbare Zusatzleuchten hinter der Heckscheibe signalisieren Notbremsungen und dienen als Warnblinkanlage. Der zweigeteilte Rückspiegel eliminiert im unteren Bereich den toten Winkel. Die Vordersitze sind so breit, dass sie eine durchgehende Abgrenzung zum Fond bilden. Zum Einsatz kommen auch Kopfstützen, Dreipunktgurte auf allen vier Sitzplätzen und vorn sogar schon automatische Gurtstraffer.

Bei den Crashtests erfüllt der OSV 40 mit seinem 1,2-Liter Motor (44 kW/65 PS) alle Zielvorgaben. Nach dem Frontalaufprall mit Tempo 65 gegen eine feststehende Barriere lassen sich noch alle Türen ohne Werkzeuge öffnen. Der Vorderwagen nimmt die Energie bei der Kaltverformung dermaßen gut auf, dass er sich um exakt 50 Zentimeter verkürzt. Überzeugen kann der OSV 40 auch beim frontalen 50-km/h-Crash gegen einen Mast, beim Heckaufprall, dem seitlichen Einschlag in einen Pfahl und dem Überschlagstest bei Tempo 48. Erkenntnisse aus dem OSV 40 fließen in die Serienentwicklung ein, etwa bei Ascona und Manta B. ///

EIN NEUER MASERATI AUS MODENA? EIN LAMBO-PROTOTYP AUS SANT'AGATA BOLOGNESE? NEIN, EIN OPEL AUS RÜSSELSHEIM! UND POTENZIELLER NACHFOLGER DES UR-GT. SEIN NAME: GENÈVE!

FEINGOLD

Er ist flach wie ein Lamborghini Miura, ein De Tomaso Pantera oder ein Monteverdi Hai. Ein Sportwagen von internationalem Format, mit weit ausgestellten Kotflügeln und tief gezogener Frontscheibe. Der potenzielle GT-Nachfolger aus Fiberglas ist nach aerodynamischen Gesichtspunkten gestaltet. Die Front neigt sich flach und breit auf die Straße. Die Haube ziert ein großer Blitz, aber kein traditioneller Kühlergrill, sondern vom Haifisch inspirierte Lüftungskiemen. Die Dachsäulen sind schlank, fast grazil. Das Heck ist nicht minder elegant – auch dank der schmalen, schlitzartigen Leuchten, die sich in das vollflächige Heck integrieren »Wir haben immer mehr nach Italien geschielt als nach Detroit«, sagt Designer Erhard Schnell Jahrzehnte später rückblickend. Der Genève ist ein betörender Blickfang. Er geht zwar nie in Serie, aber seinen Auftrag, eine aufregende Vision der Marke zu vermitteln, erfüllt er voll und ganz.

»Für den Genfer Automobilsalon hatten wir kein Showcar in Planung, den Genève haben wir in kürzester Zeit entworfen«, erinnert sich Schnell. Für die Messe im März 1975 erstrahlt der intern zunächst GT/W genannte Prototyp in Goldmetallic. Schnell ist stolz darauf, dass der Entwurf zur schönsten Studie des Genfer Salons gekürt wurde. Optisch ist eine Verwandtschaft zum bereits 1973 vorgestellten und bei Pininfarina realisierten Chevrolet GT (XP-987) nicht zu leugnen, obgleich der Opel klarer gezeichnet ist. Schlankere Säulen, modernere Lufteinlässe, eine aufgeräumtere Front mit ausfahrbaren Lampen statt mit vier eingesetzten rechteckigen Scheinwerfern machen den Genève zur Avantgarde.

L'Automobile Sport Mécanique urteilt: »Es ist schwer, irgendeine Kritik zu formulieren. Im Moment bewundern wir dieses Modell und hoffen, dass es über das Stadium eines Showcars hinaus weiterentwickelt wird. Obwohl es als das schönste Auto des Salons gilt, ist dieses Opel-Coupé ein Auto ohne Seele. Kein Motor unter seiner Außenhaut, nur vorgetäuschte Lufteinlässe, keine zu öffnenden Türen, ein hastig zusammengefügtes Innenleben. Leider ist es nur eine Designstudie, leider ist es nur eine konstruierte Täuschung.« Heute steht diese Studie in der Opel-Classic-Werkstatt. Sie beeindruckt jeden Besucher.

Das »W« im ursprünglichen Namen GT/W steht dabei für Wankel, denn zunächst soll ein Kreiskolbenmotor zum Einsatz kommen. Im Herbst 1974 wird diese Idee jedoch abrupt fallengelassen – so entscheidet es die GM-Zentrale. Unter neuem Namen und ohne Erwähnung des Wankelantriebs darf Opel seine rassige Sportwagenstudie dennoch in Genf zeigen. Warum GM früh die Reißleine für die Technik zieht? Es gelingt den Motorentechnikern nicht, den Wankelmotor konkurrenzfähig weiterzuentwickeln und ihm gute Manieren anzuerziehen. Die Drehkolbenmotoren sind Spritfresser und in der Herstellung teurer als ein Achtzylinder, ganz zu schweigen von Problemen mit den Dichtleisten der Drehkolben. All dies führt schließlich dazu, dass der damalige Mutterkonzern General Motors das Programm beendet, so wie es auch Mercedes-Benz beim C111 macht.

Ein weiterer Vorläufer des Genève ist der GT 2+2, der den Beinamen »Schwarze Witwe« trägt. Die Studie kommt allerdings über den Status eines Fullsize-Plastilin-Modells nie hinaus und wird nie auf einer Messe präsentiert. Dabei liegt ihr ein kluger Grundgedanke zugrunde. Weil der Ur-GT oft dafür kritisiert wird, nur über zwei Sitze zu verfügen, spendieren die Designer der Studie zwei separate Extra-Sitze im Fond. Das Nummernschild ziert die Aufschrift »2+2« und eine von Erhard Schnell entworfene schwarze Spinne mit einem roten Punkt. Schon 1973 wird das Projekt »GT 2+2« wegen der Ölkrise eingestellt. Details wie die Felgen kommen später in den Genève. Und die Grundzüge der »Schwarzen Witwe« fließen auch in die nächste Opel-Experimentalstudie ein, den GT2. ///

GEISTESBLITZ

WIE DIE ZEITEN SICH ÄNDERN: DIE ZAHL DER VERKEHRSTOTEN STEIGT. DER SPIEGEL WARNT VOR »ERDÖL-ERPRESSUNG« UND DEM »ENDE DER ÜBERFLUSSGESELLSCHAFT«. DER OBERBÜRGERMEISTER VON MÜNCHEN MAHNT: »DAS AUTO MORDET UNSERE STÄDTE.« GENAU ZEHN JAHRE NACH DEM EXPERIMENTAL GT ZEIGT OPEL DAHER AUF DER IAA 1975 DEN GT2 – EINEN IDEENTRÄGER FÜR DIE ZUKUNFT.

»Unser Ziel war nicht allein die Konstruktion eines technischen Meisterstücks, sondern vor alle der Wunsch, durch neue Lösungen eine bessere Anpassung des Automobils an die Bedürfnisse seiner Nutzer zu erreichen«, preist Henry G. Haga, seit Juli 1974 neuer Opel-Designdirektor, den GT2. Als Antwort auf die steigenden Benzinpreise wird deshalb Aerodynamik bei dieser Studie großgeschrieben: Der als 2+2-Sitzer ausgelegte Sportwagen hat eine extrem ausgeprägte Keilform, geklebte Scheiben mit aufgedampfter Isolierschicht gegen Sonneneinstrahlung und voll versenkbare Hauptscheinwerfer. Die Außenspiegel mit integrierten Türgriffen sind verkleidet, die Radhäuser teilweise verdeckt. Der im Windkanal ermittelte c_w-Wert liegt bei 0,326 und damit rund 20 Prozent niedriger als beim Ur-GT. Wie beim GT ist der Motor hinter der Vorderachse positioniert und ermöglicht einen tief heruntergezogenen Bug. Die 105-PS-Leistung des CiH-Vierzylinder-Reihenmotors aus dem Manta GT/E soll rund 200 km/h Höchstgeschwindigkeit ermöglichen, bei einem Verbrauch von 7,5 Litern Benzin pro 100 Kilometer.

Selbst die innovativsten Design-Details sind so funktionell wie möglich: In seinem vollklimatisierten Innenraum bietet der GT2 Sitze mit Vollschaum-Polsterung, unterschiedlichen Nachgiebigkeitsgraden und Luftzirkulation. Statt auf Analoginstrumente blickt der Fahrer erstmals auf hochinnovative Digitalanzeigen, die später beim Opel Monza in Serie gehen, Spitzname »Mäusekino«. Dieser »Bordcomputer« erlaubt es, per Knopfdruck Informationen über Zeit, Öldruck und Verbrauch abzurufen. Erstmals verfügt ein Opel mit dem Namen GT über einen von außen zugänglichen Kofferraum. Und die Schiebetüren sollen ein bequemeres Ein- und Aussteigen ermöglichen und beim Nebeneinander-Parken Platz sparen.

»Das Innovativste am GT2 sind sicher die großen Schiebetüren, auch wenn sie damals noch zu futuristisch und auch zu teuer waren, um sie in die Serie zu bringen«, sagt Designer Erhard Schnell in der Rückschau. In Serie geht der GT2 ohnehin nie. Opel schenkt das Showcar dem Deutschen Museum in München, wo es als Beleg für fortschrittliches Design der 70er Jahre zu bestaunen ist. ///

Der Sportwagen hat eine extrem ausgeprägte Keilform und einen c_w-Wert von 0,326.

EIN TEKKIE AUS OPEL TOWN

Weniger Abgas- und Geräuschemissionen, niedriger Energieverbrauch und mehr Sicherheit – das war der Bundesregierung schon in den 1970er Jahren wichtig. So startete sie eine Initiative zur Förderung solcher Autokonzepte. »Energiesparen« ist auch das Zauberwort auf der IAA 1981 in Frankfurt. Opel präsentiert dort eine Studie namens »Tech I« – einen aerodynamisch optimierten Prototypen, der Antworten auf die Fragen zur Zukunft der Mobilität geben soll.

»Opel ergreift die Initiative mit einem aerodynamischen Forschungsprojekt: Tech I – realitätsnah, unter Verwendung fortschrittlicher Komponenten der Serienproduktion. Das Konzept eines Automobils, das Wirklichkeit für jedermann werden kann«, trompetet Opel. Die technische Grundlage liefert der Kadett D. Die stromlinienförmige Karosserie besticht durch seine elegante Proportion, den filigranen Dachaufbau und natürlich die Glaskuppel im aufgeräumten Heckbereich. Die moderne und markante Front mit dem in die Motorhaube integrierten Lufteinlass mündet in einer Zweifarb-Lackierung der Flanke und streicht damit die gestreckte Form der Studie.

Das fließende Design setzt Aerodynamik visuell gekonnt um. Es überzeugt durch wenige, filigrane, klar strukturierte Linien und Flächen. Glattflächig verklebte Scheiben und Unterboden senken den c_w-Wert auf bemerkenswerte 0,235; Anfang der 1980er Jahre eine Sensation!

Im Innenraum präsentiert die Studie hinter einer großen Panorama-Scheibe ein Cockpit mit zukunftsweisenden, elektronisch-digitalen Instrumenten und elektronischen Tipptasten zur Steuerung fast aller Funktionen – mit Ausnahme von Lenkung, Bremse, Gas und Kupplung. Aufgegriffen wird das Tech-I-Design beim ersten Opel Omega 1986. ///

Das fließende Design setzt Aerodynamik visuell gekonnt um.

SCHLAUES LÜFTCHEN

Corsa Spider: Ein-, Zwei- oder Viersitzer.

Einen Vorboten für seine nagelneue Kleinwagen-Baureihe zeigt Opel auf dem Genfer Automobilsalon im Frühjahr 1982: die Studie Corsa Spider. Der Wagen ist als Einsitzer ausgelegt und lässt sich durch Auswechseln einzelner Komponenten in einen Zwei- oder Vier-Sitzer verwandeln. Ein Plus an Sicherheit verleiht dem Fahrer eine Kopfstütze mit Überrollschutz im Stil offener Le Mans-Rennwagen. Für das Exterior-Design zeichnet Hideo Kodama verantwortlich. Der spätere BMW-Designer Chris Bangle gestaltet den Innenraum. Der Clou: Das in der Mittelkonsole eingebaute kleine Kassettengerät kann nach dem Parken entnommen und als »Walkman« weiterbenutzt werden. Alle Schalter im Innenraum sind spritzwassergeschützt.

1983 einigt sich Opel mit dem schwäbischen Opel-Tuner Irmscher auf eine Serienproduktion des Corsa Spider in leicht entschärfter Form. Die dreitürigen Corsa liefert Opel aus Spanien direkt an Irmscher in Remshalden, wo sie zum Roadster umgebaut werden. Der Irmscher Spider kann ab März 1984 in allen Ausstattungen beim Opel-Händler bestellt werden und ist mit allen serienmäßigen Motorisierungen erhältich sowie mit dem Irmscher 1.3i-Einspritzmotor mit 83 PS. Sie machen den Spider – so der Verkaufsprospekt – zu einer »echten Windsbraut«. Rund 1.000 Cabrios kommen so auf den Markt. ///

JUNIOR SWEET

Obwohl der Corsa A gerade erst auf den Markt gekommen ist, denkt man in Rüsselsheim bereits über ein noch kompakteres Fahrzeug nach. Das Ergebnis: der Junior, der perfekte Kleinwagen für den immer dichter werdenden Stadtverkehr. Seine Weltpremiere feiert er auf der 50. IAA Frankfurt im September 1983.

Damit ist sein Design ein erster Testballon für die weichere und femininere Formensprache des Corsa B, später auch ein Impulsgeber für die Studie Trixx (2004). Wie kaum ein anderes Automobil demonstriert der Junior den gesellschaftlichen Wandel im Europa der 80er Jahre.

Ein Stadtauto braucht keine Sportwagen-Leistung. Deswegen verbaut Opel einen effizienten 1,2-Liter-Motor mit 55 PS (40 kW). Die tropfenförmige Karosserie – mit einer tief heruntergezogenen und kantenfreien Front – erlaubt einen Luftwiderstandsbeiwert von 0,31. Auch das niedrige Gewicht von 650 Kilogramm begünstigt den vorbildlichen Verbrauch von 4,0 Litern pro 100 Kilometern. Der Junior ist nur 3,41 Meter lang – 21 Zentimeter kürzer als der erste Corsa – und bietet dennoch Platz für vier Passagiere. Und für viele innovative Ideen, die dem wachsenden Freizeitbedürfnis der Kunden Rechnung tragen. Das Dach besteht aus einem Plastikteil, das sich schnell gegen ein Cabrioverdeck auswechseln lässt. Die Hecktür ist zweiteilig und lässt sich so auch in engen Garagen und Parklücken leicht öffnen. Radio und Lautsprecher können zum Strand oder Picknick mitgenommen werden. An den Türinnenseiten befinden sich herausnehmbare Container für den kleinen Einkaufsbummel zwischendurch. Abnehmbare Sitzpolster lassen sich als Schlafsäcke oder Liegedecken nutzen. Opel ist eben schon damals »simply clever«. ///

Junior: demonstriert den gesellschaftlichen Wandel im Europa der 80er Jahre.

TRIMM ZWEI

Mit der Kraft der zwei Heckmodule.

Auf dem Genfer Autosalon im Februar 1992 präsentierte Opel eine ganz besondere Zukunftsstudie im One-Box-Design, einen radikalen Bruch mit konventionellen Kleinwagen: den Twin. Seinen Namen verdankt er dem Antriebskonzept – genauer gesagt zwei Heckmodulen. Sie sind austauschbar und enthalten jeweils Motor, Getriebe, Hinterachse und Energiespeicher. Ein Modul ist vollelektrisch, das zweite verfügt über einen Verbrennungsmotor. Dank spezieller Schnellverbindungen soll ein Opel-Händler in der Lage sein, sie blitzschnell zu wechseln. Für den Überlandverkehr steht ein Dreizylinder-Ottomotor (0,8 Liter, 25 kW/34 PS) zur Verfügung; für den Stadt- und Kurzstreckenverkehr das Elektromodul mit zwei Radnabenmotoren (je 10 kW/14 PS). Dass das Antriebsaggregat im Heck untergebracht ist, ermöglicht eine innovative 1+3-Sitzanordnung. Der Fahrer sitzt nicht vorne links, sondern auf einem mittig angeordneten Einzelsitz, während im Fond drei weitere Passagiere Platz finden.

Das Design verantwort erneut S(mall)-Car-Studioleiter Hideo Kodama. »Er entwickelte das Corsa-Designgefühl weiter und zieht es ins Extreme. Dank der Position des Motors im Heck sehen wir hier den wahrscheinlich kürzesten Überhang vorne, den je ein Opel zierte«, erklärt sein ehemaliger Mitarbeiter Friedhelm Engler. ///

INNOVATE TO THE MAXX

Auf dem Genfer Autosalon 1995 präsentiert Opel der Weltöffentlichkeit eine Studie, die wie kaum eine andere für Flexibilität und Variabilität steht: den MAXX, ein innovatives Konzept für ein Stadtauto der Zukunft.

Der MAXX ist mehr als ein Auto, eher eine Art Wundertüte, die eine maximale Anzahl an Ablegern ermöglicht: Die Grundversion bietet vier Sitzplätze und Gepäckraum. Auf derselben Plattform können ein Cabrio, ein zweisitziger Speedster, eine Motorsport-Variante, ein Pick-up, ein Offroader oder ein Van entstehen. Wie? Statt gepresste Stahlblechteile zu verwenden, hat Opel die Struktur der Karosserie mit gezogenen Aluminium-Profilen ausgelegt und damit eine stabile Leichtmetallstruktur geschaffen.

Radikal funktional ist auch der Innenraum gestaltet. Ein wichtiges Element sind die Leichtbau-Sitze aus Alurohren. Die vordere Sitzbank lässt sich um eine Mittelachse drehen. Die Rücksitze können eingeklappt oder ganz aus dem Auto genommen werden.

Das Einzelstück ist 650 Kilogramm leicht und mit einem hochmodernen Einliter-Dreizylinder-Benziner der Ecotec-Motorenfamilie motorisiert. Der Verbrauch: kaum mehr als 3 Liter je 100 Kilometer. Weniger als zwölf Monate später überrascht Opel mit der Ankündigung, den Dreizylinder-Reihenmotor in Serie zu bringen. Das innovative Konzept des Maxx indes bleibt auf der Strecke. Jedenfalls unter dem Markennamen Opel. ///

Wundertüte mit stabiler Leichtmetallstruktur.

SEHET, EIN ZEICHEN!

Die Konzeptstudie Signum vom Genfer Automobilsalon 1997 gibt einen frühen Ausblick auf das gleichnamige Serienmodell, das Opel von Februar 2003 bis Juli 2008 produziert.

Sie ist eine Kombination aus einem Sportwagen und einem luxuriösen, eleganten Familienfahrzeug. Opel preist es als viertüriges Coupé mit aerodynamischen Design und scharfen Linien. Die Karosserie ist aus Kohlefaser gefertigt. Unter der Motorhaube des Opel Signum-Studie arbeitet ein 3,2-Liter-V6-Motor mit 230 PS. Dieses starke Herz erlaubt eine Höchstgeschwindigkeit von 250 km/h und Beschleunigung von 0 auf 100 km/h in 7,5 Sekunden.

Im Interieur beeindruckt der Signum mit einem digitalen, über die volle Fahrzeugbreite gestreckten Cockpit sowie mit vier voll verstellbaren Einzelsitzen, die mit Leder und Alcantara bezogen sind. Sie verfügen über Sitzheizung und Massagefunktion. Die Konzeptstudie bietet Innovationen, die zu dieser Zeit noch nicht in Serienfahrzeugen zu finden sind, wie das Advanced Forward Lighting System, das automatisch die Leuchtweite der Schweinwerfer je nach Geschwindigkeit und Fahrbahnbedingungen anpasst.

Mit dem Signum präsentiert Opel das Flex4-Konzept: Es passt den Innenraum des Fahrzeugs an die Bedürfnisse des Fahrers an. Die hinteren Sitze können umgeklappt oder nach vorne geschoben werden. In Serie geht das innovative Sitzsystem zwei Jahre später nochmals weiterentwickelt im Zafira. ///

Sportlich, luxuriöse Familienkutsche.

WELTRAUM FÜR ALLE

Neue Kundenkreise will sich Opel mit der Corsa-Variante Moon erschließen. Einen Prototyp des High-Tech-Mobils stellt Opel im Frühjahr 1997 auf der Vulkaninsel Teneriffa vor, in der Mondlandschaft ums weltweit größte Sonnenobservatorium auf 2.390 Metern Höhe. Eingebettet in die ternationale Pressevorstellung für das Corsa B-Facelift.

Friedhelm Engler, zu diesem Zeitpunkt Assistant Chief Designer, erinnert sich an die Reaktion seines Chefs Hideo Kodama, als der aus dem Testwagen herausspringt und das Exponat erblickt: »Er war fassungslos. Regelrecht schockiert. Er wusste von nichts.« Denn der Corsa Moon ist – 28 Jahre nach der Mondlandung – das erste Konzeptauto, das nicht der Opel-Designabteilung entspringt, sondern der Fantasie eines besonders kreativen Strategen: Jean-Philippe Kempf, langjähriger Product PR-Chef bei Opel.

»Nachdem der Corsa bis 1997 in 75 Ländern der Erde 2,7 Millionen Mal verkauft wurde, sehen wir gute Chancen, mit dem Corsa Moon auch außerhalb irdischer Märkte Erfolge zu erzielen«, texten Kempf und sein Kollege Uli Weber im Release, das am 1. April 1997 veröffentlicht wird.

Die zweite Generation des Weltraum-Corsa präsentiert Opel 26 Jahre später. Ziel: als erster Mobilitätsanbieter entspannten Tourismus auf dem Mond ermöglichen. »Getreu dem Opel-Credo, Innovationen für alle zugänglich zu machen – überall!«, schreibt Opel in einer Pressemeldung vom 1. April 2023. ///

Stahlgeflecht-Reifen, Solarzellen und Satellitenschüssel.

WOHIN SPAREN WIR?

Keine IAA ohne spannende Opel-Studie. 1999 präsentieren die Rüsselsheimer in ihrem »Future Theater« einen Aerodynamik- und Verbrauchsweltmeister auf Basis des Astra G: den G90. Der Name ist Programm. Lediglich 90 Gramm CO_2 pro Kilometer emittiert die Studie. Damit unterbietet der vier Meter lange Prototyp den von der Europäischen Union erst für das Jahr 2008 vorgesehenen Hersteller-Flottenwert von 140 Gramm pro Kilometer um gut ein Drittel. Dies entspricht einem MVEG-Normverbrauch von nur 3,88 Litern auf 100 Kilometern.

Woher rührt diese Sparsamkeit? Der G90 wiegt nur 750 Kilogramm, dank des intelligenten Einsatzes von Aluminium und Magnesium. Er setzt neue Maßstäbe bei der Windschlüpfigkeit mit einem extrem niedrigen Luftwiderstandsbeiwert von 0,22. Und sein hocheffizienter 44 kW (60 PS) Dreizylinder-Benzinmotor ist höchst genügsam.

Die Karosserie des G90 mutet mit ihrer ausgeprägten Tropfenform futuristisch an. Trotz der leicht abfallenden Dachlinie und der Abrisskante am Heck hält das Interieur ordentlich Platz für die Fondpassagiere bereit. Auch die Ladekapazität kann sich sehen lassen. Es stehen 350 bis 980 Liter Platz für Gepäck zur Verfügung. Die dahinterstehenden Packaging-Ideen gelangen schließlich auch in die Serie, etwa beim Astra G und Zafira A. Auch deswegen gewinnt der G90 einige Monate später auf der Tokyo Motor Show die Auszeichnung »Concept-Auto des Jahres«. ///

Aerodynamik- und Verbrauchsweltmeister auf Basis des Astra G.

NEUZEIT-LAUBFROSCH

Für die »Generation Playstation«.

Frankfurt, IAA, am 11. September 2001: Geschockt blickt die Welt nach Amerika. Islamistische Terroristen verüben schreckliche Anschläge auf das World Trade Center in New York und das Pentagon. Messeneuheiten geraten zurecht komplett in den Hintergrund. So auch der Opel Frogster – die Idee für die »Generation Playstation«.

Knallgrün lackiert wie der legendäre »Laubfrosch«, so präsentiert sich der 3,72 Meter kurze Frogster auf Basis des Agila. »Wandlungsfähig wie ein Hollywoodstar« soll er sein. Denn der Wagen hat kein herkömmliches Dach, sondern ein aus stabilen Aluminiumprofilen hergestelltes Rollo, das den Frogster per Knopfdruck vom ein- oder zweisitzigen Roadster in ein drei- oder viersitziges Cabriolet oder einen Pick-up verwandelt. Dazu gibt es zahlreiche praktische Details, die dem Verwandlungskünstler einen gewissen »Kübelwagen-Charakter« verleihen, wie etwa seitliche Trittstufen oder wie Haltegriffe geformte große Verzurrösen am Heck. Die Designstudie hat vier einzeln umlegbare Sitze, die mit einem Neopren-ähnlichen Material bezogen sind.

Der Stadtwagen verfügt zudem über einen zentral in die Armaturentafel einsteckbaren Mini-Computer. Dieser PDA (Personal Digital Assistant) dient nicht nur als elektronischer Helfer, sondern per Funk auch als »Autoschlüssel«. Aber all das sind Nebensächlichkeiten an dem Tag, der als 9-11 in die Geschichtsbücher eingeht. ///

DER EXTREM-SPORTLER

Der 444-PS-V8-Motor katapultiert in 3,9 Sekunden auf 100 km/h.

»Mit diesem High-Tech-Sportler wollen wir mal zeigen, was wir wirklich können«, sagt Volker Strycek, ehemaliger Rennfahrer und Ex-OPC(Opel Performance Center)-Chef, über den Opel Supersportwagen-Studie Astra OPC X-Treme. Seine Weltpremiere feiert er im März 2001 auf dem Genfer Automobilsalon.

Das Konzept des straßentauglichen Zweisitzer-Sportlers entsteht auf Basis des in der Deutschen Tourenwagen Masters (DTM) erfolgreich eingesetzten Astra Coupé V8-Rennwagens der Saison 2000. Optischer Blickfang sind die Flügeltüren und die feuerrote Lackierung. Den kraftvollen Auftritt der Studie betonen spezielle Reifen im Format 245/25 vorne und 285/25 hinten. Für eine optimale Schwerpunktlage ist der 444 PS starke Vierliter-V8-Motor des X-Treme wie im DTM-Vorbild hinter der Vorderachse platziert, die Position von Fahrer und Beifahrer sind entsprechend zurückversetzt. In beachtlichen 3,9 Sekunden sind 100 km/h erreicht, die Höchstgeschwindigkeit liegt bei bis zu 330 km/h.

Geplant ist zunächst eine Kleinserie zum Preis von rund einer Million DM. Dafür soll aber ein erweiterter »lebenslanger« Service mit dabei sein. Doch das Fahrzeug geht nie in Serie. Es ist einfach zu aufwendig in der Entwicklung und im Service.

Mit dem Erfolg des Astra in der DTM-Saison 2000 und der Gründung von OPC will man viel von den Erfahrungen in die Serienfertigung übernehmen. Aufgebaut wurde der Bolide im OPC DTM-Center in Bobingen (bei Augsburg), in direkter Nachbarschaft zur Holzer Racing Firmengruppe.

Die Karosserie besteht aus kohlenstofffaserverstärktem Kunststoff und sitzt auf einem Gitterrohrrahmen. Stoßdämpfer und Stabilisatoren des Fahrwerks können eingestellt werden. Alles wird der Fahrperformance untergeordnet – ABS und ESP werden gar nicht erst verbaut. Zur Präsentation des Astra GSe im Januar 2023 reaktiviert Opel den Astra OPC X-treme. Im *VOX-Automagazin* am 29. Januar 2023 präsentieren sich beide Fahrzeuge gemeinsam. ///

EIN HOCH AUF DEN NEUEN: SIGNUM²

Die Zukunftsstudie Signum² ist der zweite Teaser auf das gleichnamige Serienmodell, das ab 2003 im Handel steht. Das viertürige Kombi-Coupé-Konzept glänzt auf der IAA 2001 mit einer großzügig verglasten Heckklappe, einem Glas-Panoramadach und rahmenlosen Seitenscheiben ohne B-Säulen. Es zeigt: Beim Signum ist mit viel Potenz zu rechnen.

Im Innenraum besticht die Studie mit drehbaren Vordersitzen und einem versenkbaren Lenkrad für einen komfortablen Einstieg. Auf der Beifahrerseite bietet Opel einen Computer mit Internetanschluss samt Tastatur, die per Infrarot gesteuert wird. Im Fond sind zwei DVD-Player mit Kopfhörern und Videobrillen in die Mittelarmlehne integriert.

Ein innovatives Staubox-System ist variabel auf einer Schiene zwischen den Sitzen in Längsrichtung verschiebbar. Bis zu zwei Boxen sind im Passagierraum fixierbar, drei weitere im Gepäckraum. Und eine hochwertige Espressomaschine ist in einer der Stauboxen integriert.

Angetrieben wird die Studie vom Prototypmotor »XV8« – ein kraftvoller, aber trotzdem sparsamer 4,3-Liter-V8 aus Vollaluminium. Weitere Merkmale des Motors sind Benzindirekteinspritzung, zwei übereinanderliegende zentrale Nockenwellen, drei Ventile pro Zylinder, Zylinderabschaltung und variable Nockenwellenverstellung. Das Aggregat leistet 300 PS, damit ist eine Höchstgeschwindigkeit von 250 km/h möglich. ///

Mit DVD-Playern und Espressomaschine.

WENIGER IST SCHWER

Die Serienversion des Mittelmotor-Sportwagens Speedster hat Opel bereits im März 1999 auf dem Genfer Automobilsalon vorgestellt. Auf dem Pariser Automobilsalon 2002 folgt eine ganz besondere Variante: der Eco Speedster.

Walter Treser, Direktor der Opel-Vorausentwicklung, und sein Team haben hier eine knifflige Aufgabe zu lösen: Wie baue ich einen Versuchsträger nach der Formel »250 km/h Höchstgeschwindigkeit bei nur 2,5 Liter Verbrauch«? Die Physik können Treser und Team nur überlisten, indem sie an allen Variablen schrauben. Und ausnahmsweise die Designer außen vor lassen.

Der Eco Speedster fährt in 24 Stunden 17 internationale Rekorde ein. Er knüpft damit an die Weltrekorde des Opel Diesel-GT von 1972 auf gleicher Strecke an.

Basierend auf dem Serien-Speedster kreieren die Opelaner einen flachen Flügeltürer im Le-Mans-Stil. Er hat eine spektakuläre Langheck-Karosserie mit überragender Aerodynamik und einen drastisch reduzierten Luftwiderstandswert von 0,20. Die zweisitzige Studie verfügt über eine Kohlefaser-Karosserie, die das Gewicht auf gerade mal 660 Kilogramm drückt. Als Antrieb wählt Tresers Truppe einen höchst sparsamen, 82 kW (112 PS) starken 1.3 CDTI Ecotec-Motor.

Das Ergebnis: Am 27. Juli 2003 um 12:44 Uhr gehen die Rekordfahrten mit dem Opel Eco Speedster auf der Hochgeschwindigkeits-Bahn in Rodgau-Dudenhofen erfolgreich zu Ende. Der Bolide fährt innerhalb von 24 Stunden 17 internationale Rekorde für Spezialautomobile mit aufgeladenem Dieselmotor in der Hubraumklasse von 1.100 bis 1.499 cm³ ein. Damit knüpft der Eco Speedster an die Weltrekorde des Opel Diesel-GT von 1972 auf gleicher Strecke an. Mit einer Durchschnittsgeschwindigkeit von 225,079 km/h wird die alte Bestmarke sogar um bemerkenswerte 98,295 km/h überboten. Die schnellste Runde während der 24 Stunden wird mit dem imposanten Stundenmittel von 256,269 km/h absolviert.

Extrem sparsam zeigt sich ein identisches Schwesterfahrzeug, das von internationalen Fachjournalisten gleichzeitig auf öffentlichen Straßen getestet wird: Mit 2,54 Litern pro 100 Kilometer wird auch hier eine bemerkenswerte Bestleistung erreicht.

Diese Rekordfahrten nutzt Opel kommunikativ für eine neue Diesel-Offensive: In den nächsten Quartalen bringen die Rüsselsheimer vier Common-Rail-Diesel von 70 bis 177 PS auf den Markt. ///

AUSBLICK AUF DEN ASTRA

So sportlich kann eine dreitürige Limousine sein! Das ist die Botschaft der Opel-Designer mit dem GTC Genève auf dem 73. Genfer Automobilsalon im März 2003. »GTC« steht für Gran Turismo Compact. Die Studie verrät die neue Formensprache des Astra H. Zudem nimmt sie die extreme Proportion seines Nachfolgers Astra GTC vorweg.

»Mit dem GTC Genève haben wir einen sportlichen Dreitürer auf die Räder gestellt, der einerseits hohe Dynamik signalisiert, andererseits bequemen Platz für vier Personen bietet – und sofort als Opel zu erkennen ist«, fasst Opel-Designchef Martin Smith zusammen.

Das Rezept der Designer: straffe Linien, klare Oberflächen, dreidimensionale Scheinwerfer an Front und Heck, ausgeprägte Radläufe. Der Coup: Das Konzeptfahrzeug (4.349 lang, 1.773 breit und 1.352 Meter hoch) hat zudem ein getöntes, transparentes Dach, das sich von der Windschutzscheibe bis zur Heckscheibe erstreckt.

Im Interieur ist der Champagner-silberfarbene GTC mit sportlichen in Leder eingefassten Stoffsitzen ausgestattet. Einige dunklere Oberflächen stellen einen bewussten Bruch mit dem Klischee dar, dass Aluminium automatisch Sportlichkeit bedeutet.

»Neben einem dynamischen Auftritt werden unsere Autos auch bei technischen Innovationen weiter Zeichen setzen, zum Beispiel mit adaptiven Fahrwerksystemen, die aktive Sicherheit, Komfort und Fahrspaß auf höchstem Niveau bieten,« ergänzt der damalige Opel-Vorstandschef Carl-Peter Forster. ///

Das transparentes Dach erstreckt sich von der Windschutzscheibe zur Heckscheibe.

NACH OBEN HOFFEN

Die Vision für den Wiedereinstieg in die Oberklasse.

Besucherrekord! Rund eine Million Gäste meldet die IAA im September 2003. Ein Konzeptauto von Opel trägt seinen Teil zu diesem Erfolg bei. Die Vision für einen Wiedereinstieg in die Oberklasse: der Insignia Concept. Er hat fast etwas von einem Bentley Continental GT.

»Der Insignia ist keine teure Luxuslimousine, sondern Botschafter des neuen Opel-Selbstbewusstseins«, verlautbart Konzernchef Carl-Peter Forster, der 2001 das Ruder bei Opel übernimmt. Die Studie glänzt mit zahlreichen Innovationen wie einer hydropneumatischen Fahrwerksfederung. Ins Auge springt direkt das auffällige Türkonzept: ein neuartiger Pantograph-Öffnungsmechanismus für das schiebetürartige Öffnen und Schließen der hinteren Türen und der Heckklappe.

Die neue Opel-Designsprache zeigt sich mit dem markanten Kühlergrill. Voll aus Aluminium gefräst und flankiert von großen seitlichen Lufteinlässen dominiert er den pfeilförmigen Bug, als ob er rufen wolle: Das ist ein Opel mit mächtig Power! Unter der Motorhaube der coupéhaften Oberklasse-Limousine steckt ein 344 PS starkes 5,7-Liter-V8-Aluminium-Triebwerk, das aus der Corvette bekannt ist. Höchstgeschwindigkeit: 250 km/h.

Augenschmeichler sind die Silhouette mit fein proportionierten Abmessungen (Länge/Breite/Höhe: 4.803/1.914/1.414 mm), eleganten, fließenden Linien und kurzen Überhängen. Die breite Spur von 1.666 Millimetern unterstreicht den dynamischen Auftritt der Studie ebenso wie breite Reifen auf mattierten 21-Zoll-Alufelgen. Dieses Konzept-Auto ist der erste Aufschlag von Mark Adams, noch als Design-Direktor Exterior unter der Leitung von Martin Smith. »Wir sehen hier erstmals eine skulpturalere Formensprache. Und ein Concept Car in bisher nicht gekannter Manufaktur-Qualität«, sagt Designer Friedhelm Engler.

Im Innenraum schmeichelt der Insignia Concept mit feinstem Leder und edlem Macassar-Ebenholz. Im Tunnel integrieren die Designer eine Reihe von Luxus-Accessoires: einen DVD-Spieler mit ausfaltbarem Bildschirm, ein Kühlfach mit Platz für zwei Flaschen Champagner sowie einen Humidor zur Aufbewahrung feiner Zigarren. LEDs tauchen den gesamten Innenraum stilvoll in blau-grünes Licht, das fast schon geheimnisvoll aus unsichtbaren Schlitzen in den Türen und im Dachhimmel schimmert. Insgesamt 405 Leuchtdioden verbauen die Ingenieure in Scheinwerfer, Rückleuchten, Nebellampen, Bremslichter, Instrumente und Innenraum. Sie lassen die Studie buchstäblich in bestem Licht erscheinen.

Vergebens. Die Träume von der Rückkehr in die Oberklasse bleiben Schäume. Zu schwer, zu teuer, zu aufwendig war das Konzept des Hecktrieblers. Immerhin der Name bleibt. Als Nachfolger des Vectra bringt Opel Ende 2008 den Insignia auf den Markt. ///

TRIXX IN THE CITY

Praktisch für die City und engste Parklücke: beidseitige, elektrische Schiebetüren.

Nomen est omen. Mit dem Trixx präsentiert Opel auf dem Genfer Automobilsalon 2004 eine superkompakte Stadtflitzer-Studie, die pickepackevoll ist mit innovativen Tricks.

Schon der Zugang zum Multitalent mit Mini-Maßen (3.040 mm lang, 1.660 mm breit 1.570 mm hoch) wird den Passagieren einfach und bequem gestaltet – mit beidseitigen, elektrischen Schiebetüren, zwei auf der Beifahrer- und eine auf der Fahrerseite. Besonders praktisch für die City, insbesondere in engsten Parklücken.

Beim Raumkonzept, einer Paradedisziplin von Opel, lassen die Rüsselsheimer ihrer Kreativität vollen Lauf. Für alles genügt jeweils nur ein Knopfdruck: Ein zusätzlicher Rücksitz bläst sich in zehn Sekunden auf. Hinter dem Fahrer klappt ein Kindersitz aus der Rückwand. Der Beifahrersitz lässt sich flach wegfalten, sodass die Lehne bündig mit Mitteltunnel und Fondabteil abschließt. Nutzt man den Fond nicht, so werden in dem kleinen Trixx aus 150 Liter Kofferraum bis zu 890 Liter Staufläche.

Eine Dachluke nimmt dem nächsten Großeinkauf bei Ikea jede Angst, egal ob für die aufrechte Beförderung langer Pakete oder eines Gummibaums. Eine versenkbare Heckscheibe macht aus der coolen Kiste einen Pick-up. Ein Heckgepäckträger, der sich wie eine Schublade herausziehen lässt, dient zum Transport schwerer oder schmutziger Lasten. Opel hat diese Finesse später etwa beim Astra in Serie gebracht – als FlexFix-Fahrradträger.

Angetrieben wird der Ein- bis Viersitzer mit seinen kurzen Überhängen von einem aus dem Agila und Corsa bekannten 1,3-Liter-CDTI-Turbodiesel-Motor mit Common-Rail-Direkteinspritzung und einer Leistung von 51 kW/70 PS.

Mit dem Trixx hat Opel die Version eines sportlich-frechen und innovativen Kompaktfahrzeugs in der Dreimeter-Klasse geschaffen. Viele Medienvertreter sehen den Bonsai-Opel bereits als erfolgreichen Wettbewerber zum Smart ForTwo. »Das Vorstandsauto für verstopfte Innenstädte«, meint Designer Stefan Arndt und gibt einen Hinweis auf die Zielgruppe: hippe Großstädter mit anständigem Haushaltseinkommen, die bereit sind, für feine Innovationen auch Geld auf den Tisch zu blättern.

Die Serienfertigung ist dem Trixx jedoch nicht vergönnt. Zu aufwendig in der Entwicklung wäre er für den zu diesem Zeitpunkt defizitären Traditionshersteller. Stattdessen entscheiden sich Opel-Chef Carl-Peter Forster und sein damaliger Entwicklungsvorstand Hans Demant für die weitere Zusammenarbeit mit Suzuki und bringen vier Jahre später den Agila B auf den Markt. ///

Innovativ ist auch das Interior: So verliert man auch die Geschwindigkeit nie aus dem Blick.

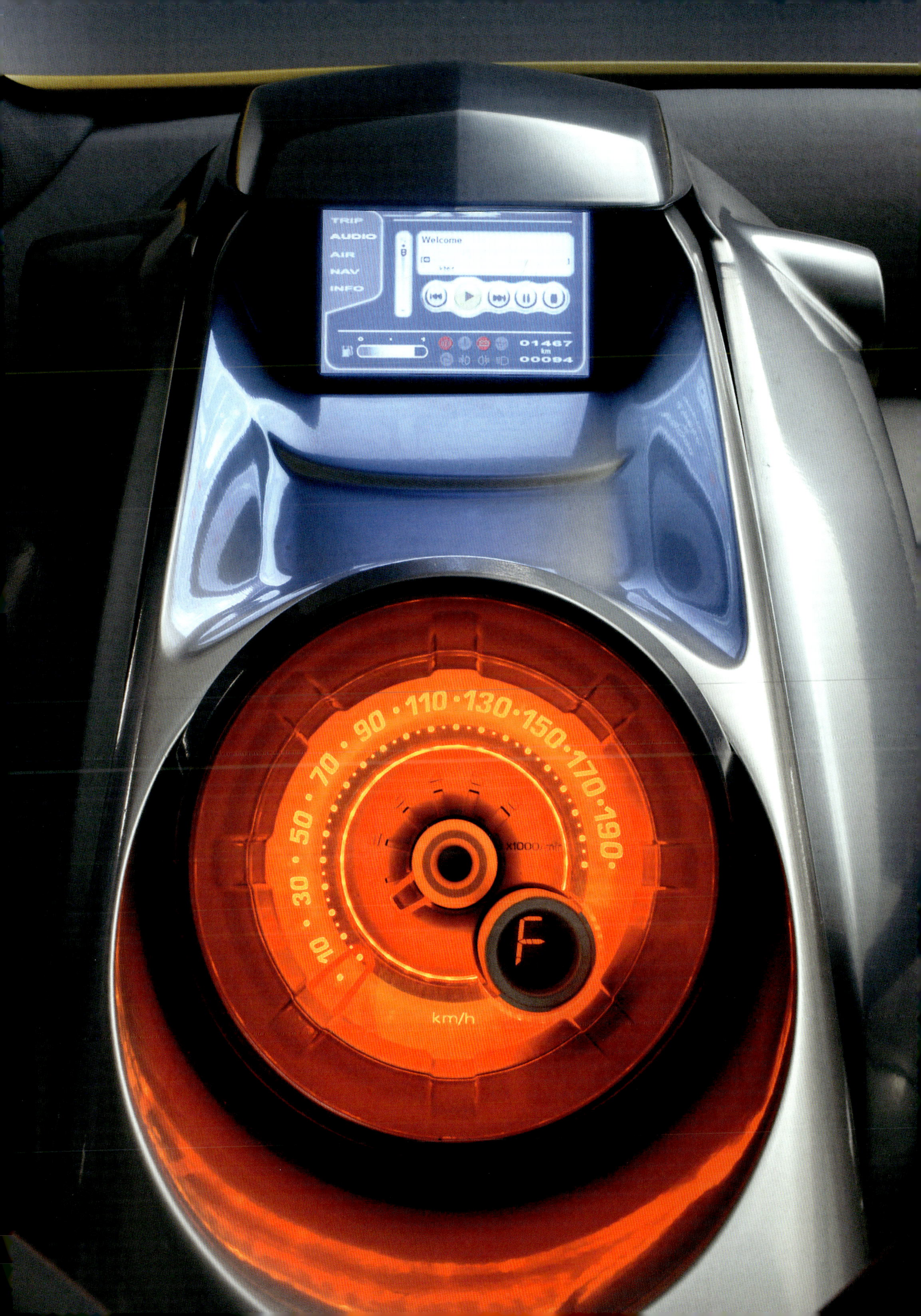
TRIP
AUDIO
AIR
NAV
INFO
Welcome
01467
km
00094
10 · 30 · 50 · 70 · 90 · 110 · 130 · 150 · 170 · 190 ·
x1000
F
km/h

GRAN TURISMO CROSSOVER

Auf die B-Säule verzichten die Designer, auf imposante 20-Zoll-Räder natürlich nicht.

Das Wort »Antara« stammt aus dem indischen Sanskrit und bedeutet »von innen nach außen«. Er ist Namensgeber für Bewegungsübungen. Und für Fingerübungen der Opel-Designer Anfang der 2000er Jahre. Antara GTC nennt Opel seine Studie, die auf der IAA 2005 ihre Weltpremiere feiert. Als eine Mischung aus SUV und Coupé gibt sie – wie der Name schon sagt – einen Ausblick auf den späteren Opel Antara und den Astra GTC. Die Abkürzung steht für Gran Turismo Crossover.

Das britische Fachmagazin *Autocar* wählt die sportliche Offroad-Studie zum »Concept of the year«. Was sie nicht zuletzt ihrem Design verdankt, mit Highlights wie dem v-förmigen Kühlergrill, der fehlenden B-Säule, imposanten 20-Zoll-Rädern aus poliertem Aluminium und etlichen cleveren Innovationen.

Die Frontsitze sind auf Mono-Schienen verankert und scheinen somit im Innenraum zu schweben. Mithilfe eines Easy-Entry-Systems gleiten sie auf Knopfdruck ganz nach vorn zur Instrumententafel, um den Einstieg zu den hinteren Einzelsitzen zu erleichtern. Die beiden gegenläufigen Rundinstrumente schweben hinter einer Scheibe und leuchteten im Dunkeln türkis. Die zwei hinteren Einzelsitze können vom Heck des Fahrzeuges aus völlig versenkt werden, wodurch eine offene Ladefläche entsteht.

Die Heckklappe ist zentral an einem Pantograph-Scharnier befestigt: Sie schwenkt beim Öffnen direkt nach oben und nach vorne und verhindert, dass der Fahrer gezwungen wird, einen Schritt zurückzutreten.

Angetrieben wird die Allrad-Studie von einer 212 PS starken TwinTurbo-Version des 1,9-CDTI-Vierzylinder-Diesels. Die Herstellungskosten für die Einzelanfertigung liegen bei den damals üblichen zwei Millionen Euro, berichten diverse Medien. ///

DAS WAHRE GESICHT

Eine neue Ära in Sachen Design und Dynamik! Nicht mehr und nicht weniger läutet Opel für sich als Marke mit dem GTC Concept auf dem 77. Internationalen Genfer Automobilsalon im März 2007 ein. »Die Studie zeigt die neue Interpretation der Marke Opel«, erklärt der damalige Marketing-Chef Alain Visser.

»Unser Team hat die neue Quintessenz der Marke – selbstbewusster, substanzieller, eigenständiger – visuell umgesetzt. Diese stilistische Richtung wird man bei künftigen Modellen wiederfinden«, bekräftigt Designchef Bryan Nesbitt. Das Gran Turismo Coupé nimmt tatsächlich das Design des Insignia und das Frontthema der Sportvariante OPC vorweg.

Das Gran Turismo Coupe nimmt das Design des Insignia vorweg.

Die Front des Fahrzeuges dominieren markante vertikale Lufteinlässen und ein trapezförmiger Grill mit einer Querspange aus poliertem Aluminium. Die Lichtanlage ist mit LED-Technik und den damit verbundenen freieren Formen realisiert. »Das ist das erste Fahrzeug mit der bis heute aktuellen, sehr markanten ›Flügel‹-Leuchtensignatur! Opel ist die einzige Marke, die ein solches Element mit hohem Wiedererkennungswert seit mehr als eineinhalb Jahrzehnten konsequent durchzieht«, betont Designer Friedhelm Engler rückblickend. Das Opel-Logo erstrahlt überarbeitet und hat den Firmennamen im oberen Teil des nun etwas schmaleren Ringes, der Blitz ist plastischer modelliert.

Die Seitentüren beinhalten einen stark ausgeprägten Schwung. Das Heck zieren abgedunkelte Rückleuchten, ein kleiner Heckspoiler und zwei Auspuffrohre. Das Armaturenbrett ist bereits sehr eng an die spätere Serienfertigung des Insignia A angelehnt. Die Armaturenbeleuchtung leuchtet rot, die Farbe findet sich auch in den Ziernähten wieder. Aluminium-, Elfenbein- und Klavierlack-Optik versprühen einen Hauch von Luxus. Das neu entwickelte System »Flex4« verwandelt den Viersitzer wahlweise in einen Drei- oder Zweisitzer; die Rückenlehnen beider Fondsitze können ferngesteuert per Knopfdruck an die vorderen Sitze andocken. Dadurch entsteht eine bis zu 1,80 Meter lange Ladefläche, das Gepäckraumvolumen steigt von 500 auf bis zu 1.020 Liter.

Gleichzeitig stellt Opel mit dem GTC Concept die zweite Generation der GM-Epsilon-Plattform vor. Der Wagen ist 4,83 Meter lang, knapp 1,87 Meter breit und 1,43 Meter hoch. Er hat einen Radstand von 2,73 Metern. Den Antrieb übernimmt ein aus dem Vectra C OPC optimierter 2,8-Liter-V6-Turbo-Motor mit 220 kW/300 PS. Seine Kraft bringt das Aggregat über ein elektronisch gesteuertes Allradsystem auf die Straße. Das maximale Drehmoment von 400 Newtonmetern liegt bereits bei 1.850 Umdrehungen an. ///

VERFLEXT NOCHMAL!

Er ist ein Vorfahre des revolutionären Ampera und ein Meilenstein in der Entwicklung der Elektromobilität: der Flextreme. Er verkörpert eine Elektroauto-Studie mit Range Extender, die Opel auf der IAA 2007 in Frankfurt enthüllt. Unter der formschönen Monocab-Haut steckt das umweltfreundliche Antriebskonzept »E-Flex«. Es besteht aus einer Lithium-Ionen Batterie, einem elektrischen Antriebsaggregat mit 120 kW/163 PS und 370 Nm Drehmoment sowie einem 1,3 Liter großer Diesel-Verbrennungsmotor. Dieser Generator dient lediglich dazu, die Batterie aufzuladen und so wiederum Strom zu gewinnen – der einzigen Antriebsquelle. So kann der Flextreme im Bedarfsfall viele hundert Kilometer ohne Zwischenstopp zurücklegen.

»Die neue, ausdrucksstarke Opel-Designsprache kommt beim Flextreme voll zum Tragen: skulpturale Oberflächen, die Motorhaube mit der Mittelfalz, sichelförmige Sicken an den Fahrzeugflanken und die Bumerang-förmigen Scheinwerfer sind nur einige Beispiele«, heißt es in der Pressemitteilung. Zwei seitliche Kameras sowie eine Front- und Heckkamera sorgen für komplette Rundumsicht und machen Außenspiegel überflüssig.

In Kühlergrill, Frontschürze und Felgen arbeitet Opel leichte Polycarbon-Transparentblenden ein. Aus dem gleichen Material gefertigt, reicht die von einem wirbelsäulenartigen Designelement verstärkte Windschutzscheibe weit ins Dach hinein. Diese »Panorama-Scheibe« kommt – wie schon im Astra H GTC – etliche Jahre später auch wieder im Zafira zum Serieneinsatz.

Zwei besondere Showeffekte, die für Aufmerksamkeit auf der Messe sorgen: die hinten angeschlagenen Fondtüren, also das »FlexDoors«-Türkonzept, das später im Meriva B umgesetzt wird. Und der »FlexLoad«-Unterflur-Gepäckraum, der zwei Elektro-Personenroller beherbergt. Für die letzte, emissionsfreie Meile nach dem Parken. ///

Seiner Zeit voraus: mit »FlexLoad«-Unterflur-Gepäckraum für zwei E-Roller.

Das Design des Monza Concept vermittelt athletische Leichtigkeit.

OPEL VERLEIHT DEM MONZA FLÜGEL

Frankfurt am Main, 10. September 2013, Blitzlichtgewitter in der »Opel Arena« – dem 3.200 Quadratmeter großen Opel-Stand in Halle 8 der 65. Internationalen Automobil Ausstellung. Opel-Chef Karl-Thomas Neumann präsentiert einer Schar internationaler Medien die wichtigste der sieben Weltpremieren. »Der Monza Concept ist unsere Vision von vernetzter und effizienter Mobilität. Er zeigt eindrucksvoll, dass wir bei Opel eine klare Vision haben, in welche Richtung wir unsere Technik und unser Design entwickeln. Er ist das Leitbild, das uns antreiben wird. Und er ist ein Symbol für unsere wieder erstarkte Marke!«

Starke Worte – für eine 4,69 Meter lange Zukunftsstudie, die niemand von Opel erwartet hat. Ein elegantes viersitziges Sportcoupé mit markanten Flügeltüren, die im geöffneten Zustand einen spektakulären Anblick bieten. Zumal sie zu diesem Zeitpunkt die größten der Automobilgeschichte sind und auch einen bequemen Einstieg in den Fond ermöglichen.

Das Design des Monza Concept vermittelt athletische Leichtigkeit. Die Front mit den schmalen LED-Scheinwerfern und dem markanten Falz auf der Haube wirkt kraftvoll und entschlossen, das Bumerang-Motiv der äußeren Lufteinlässe findet sich auch an den vorderen Flanken und den Heckleuchten wieder. »Die skulpturalen Oberflächen sind auslaufenden Meereswellen nachempfunden«, dichten die Verantwortlichen. Keine unnötigen Ornamente, keine Außenspiegel, nicht einmal eine B-Säule stört den Fluss der Linien.

Was die Inspirationen der Designer waren? Der Monza von 1978 und ein Windhund. Das erkennt man speziell an den eingezogenen Schwellern vor den hinteren Radläufen. Die sportlich-flache Silhouette mit einer Höhe von gerade einmal 1,31 Meter erzeugt keine Einschränkungen beim Innen-, Kopf- oder Kofferraumverlust. Im Gegenteil, der Monza Concept bietet ein geräumiges Gepäckabteil mit einem Volumen von 500 Litern und viel Kopffreiheit für alle Passagiere.

Im Innenraum des Monza Concept steuert der Fahrer alles über Bildschirme. Traditionelle einzelne Monitore sucht der Fahrer vergebens; stattdessen fällt sein Blick auf eine von Tür zu Tür verlaufende Instrumententafel, eine in sich geschlossene Projektionsfläche. Die Oberfläche, die der Fahrer personalisieren kann, zeigt wichtige Informationen und dekorative Elemente. Insgesamt 18 LED-Projektoren entwerfen ein anpassungsfähiges Multifunktionsdisplay – eine Weltneuheit im Automobilsektor. Opel-Designer sind die ersten mit der Idee, diese im Event-Bereich etablierte Technologie in einem Pkw zum Einsatz zu bringen. Bei großen Ereignissen wie dem Thronjubiläum der britischen Königin sorgt sie zuvor bereits für Furore.

Die Bedienung erfolgt über Lenkrad, Sprachsteuerung und Smartphone. Letzteres sorgt für die Vernetzung mit der Außenwelt. Mit drei Erlebniswelten – namens ME, US und ALL – kann sich der Fahrer entweder vollkommen auf sein eigenes Fahrerlebnis konzentrieren oder sich mit Freunden verbinden. Oder mit der gesamten Internet-Community. Statt Außen- und Innenspiegel zeigen Kameras den rückwärtigen Verkehr und spielen ihre Bilder am oberen Rand des Cockpits ein.

Der Elektroantrieb im Monza Concept stammt im Prinzip vom Ampera. Beim Monza Concept übernimmt der Dreizylinder 1,0 SIDI Turbo der neuen Generation, der ebenfalls auf der IAA Premiere feiert, die Aufgabe als Reichweitenverlängerer. Allerdings nutzt er Erdgas anstelle von Benzin, was die CO_2-Gesamtbilanz des Modells weiter verbessert.

Schon einmal feierte ein Opel Monza auf der IAA seine Weltpremiere: 1977 als großes Coupé. Bis 1986 wurde der Monza gebaut und gehört längst zu den Opel-Modellen mit Kultstatus. Friedhelm Engler, zu jener Zeit Director Advanced Design, betont im Rückblick: »Der Monza Concept ist absolut eigenständig. Es finden sich aber einige bewusst gesetzte Zitate des Monza A in ihm, etwa die angedeuteten Lufteinlässe der C-Säule. Oder die großzügige skulpturale Verglasung. Sie bringt Leichtigkeit, nimmt auch optisch Gewicht raus. Ansonsten ist der Monza A nur Namensgeber, eine Referenz. Wir hatten ihn zwar bei uns im Studio stehen. Aber für uns war Retro-Design noch nie ein Thema, wir kochen Historie nicht wieder auf.«

Beflügelt in die Zukunft: Das elegante, viersitzige Sportcoupé begeistert nicht nur die Medien. Die markanten Flügeltüren ermöglichen sogar einen bequemen Einstieg in den Fond.

»This is Opel. Tomorrow!«, textet so auch die PR-Abteilung selbstbewusst als Abbinder für eines der wahrscheinlich emotionalsten Opel-Videos, das in diesem Jahrzehnt gedreht wurde – auf dem Campus der Uni Frankfurt, mit einem Model und einem Windhund als Protagonisten. Beide haben auch ihren Auftritt auf der Messe. »Obwohl klar ist, dass dieses Konzeptfahrzeug nicht in Serie gehen wird, zeigen wir damit die Formensprache künftiger Modelle. Eine Verbindung von deutscher Präzision und innovativer Technologie, von höchster Effizienz und maximaler Vernetzung«, schwärmt der damalige PR-Chef Johan Willems.

Das Medienecho ist umwerfend: »Endlich: Opel wacht auf! Der Monza kommt wieder«, titelt *AutoBild* schon einige Wochen zuvor, als der damalige Chefredakteur Bernd Wieland das erste Mal davon Wind bekommt. »Die Botschaft ist klar: Es geht aufwärts in Rüsselsheim.« Robin Hornig, im September 2013 noch Online-Redakteur, heute Chefredakteur von *AutoBild*, urteilt: »Opel startet endlich durch. Bis 2016 will Opel schwarze Zahlen liefern. Eine Reform der Motorenpalette und neue Modelle wie Adam, Cascada und Mokka tun der Marke gut und beweisen sich in Tests. Nun geht es noch darum, das angeschlagene Image wieder aufzupolieren. Dabei wird der Monza helfen.« *auto motor und sport*-Reporter Alexander Bloch meint: »Die Opel Monza-Studie von Mark Adams ist ein Hammer. Mutig und extravagant interpretiert Opel das Thema Coupé.« Und die *Auto Zeitung* schwärmt: »Beflügelt in die Zukunft«. ///

GUT RING BRAUCHT EILE

Es ist ein Über-Astra, den Opel auf dem 84. Genfer Autosalon im März 2014 der Öffentlichkeit vorstellt. Ein Rennfahrzeug auf Basis des Astra OPC Cup aus der deutschen VLN-Langstreckenmeisterschaft (Veranstaltergemeinschaft Langstreckenpokal Nürburgring) mit Straßenzulassung: Astra OPC Extreme.

Das Herz der Supersportler-Studie ist der stärkste Opel-Vierzylinder aller Zeiten, ein Zweiliter-Turbomotor mit 300 PS – 20 mehr als beim regulären Astra OPC – in Verbindung mit einem manuellem Sechsganggetriebe und einem mechanische Sperrdifferenzial, das er unverändert aus dem Cup-Rennwagen übernimmt.

Das Gewicht drücken die Ingenieure vom namensgebenden internen Werkstuner OPC (Opel Performance Center) mit viel Karbon um stolze 100 Kilogramm im Vergleich zum serienmäßigen Astra OPC. Heckflügel, Diffusor, Bugspoiler, Motorhaube, Domstrebe, Motorabdeckung, die kompletten Räder, die hintere Radhausentlüftung und die gesamte Dachpartie – alles ist gefertigt aus dem hochfesten und superleichten Kohlefaserverbundstoff.

Das Fahrwerk lässt sich wie bei einem echten Tourenwagen einstellen. Auch die Innenausstattung zeigt, dass der extreme Astra vom Rundkurs kommt. Sicherheitsbügel, Schalensitze und Sechspunktgurte erfreuen das Auge des sportlichen Fahrers.

Auf einem der ersten veröffentlichten Fotos steht der Extremsportler in der Boxengasse des Nürburgrings. Dort befindet sich zu dem Zeitpunkt auch das Entwicklungszentrum von OPC.

Nie zuvor ist ein Opel-Straßenauto so nah an der Rennversion. In den Handel schafft es der Astra OPC Extreme aber nie geschafft. Er untermauert aber nochmal eine Kernbotschaft: »Egal ob Corsa OPC, Astra OPC oder Insignia OPC – alle Opel-Sportasse müssen umfangreiche Vollgas-Abstimmungsfahrten und ein 10.000-Kilometer-Testprogramm unter härtesten Bedingungen auf der Nürburgring-Nordschleife absolvieren.« ///

Über-Astra: Die Supersportler-Studie mit 300 PS ist ganz nah an der Rennversion.

EINER FÜRS SURFEN

Ein Highlight auf der IAA 2015 ist der Vivaro Surf Concept. Nur ein Jahr nach dem erfolgreichen Marktstart der zweiten Generation präsentiert Opel die Passagierversion des leichten Nutzfahrzeugs für sportliche Anlässe. Perfekt für den Transport von schmutzige Sportgerät nach einer Fahrt ans Meer oder in die Berge. Die exklusive kupferbraun-weiß glänzende Lackierung und maßgeschneiderte Leichtmetallräder von Irmscher sind Blickfänger.

Fünf bis sechs Passagiere samt Sport- und Freizeitausrüstung sind für das Spaßmobil kein Problem. Denn hinter den beiden Sitzreihen bietet es einen abgeschlossenen Laderaum, der je nach Radstand zwischen 3.200 und 4.000 Liter Gepäck fasst. Egal, ob umfangreiche Ski- und Snowboard-Ausrüstungen, Surf-Equipment oder Fahrräder: Der Laderaum des fünf Meter langen und bis auf 2,9 Tonnen Gesamtgewicht ausgelegten Vans nimmt alles auf. Unter der Motorhaube sorgt ein 140 PS starkes BiTurbo-CDTI-Triebwerk für Leistung. Die Luftfederung an der Hinterachse schluckt Fahrbahnunebenheiten und garantiert Komfort.

Der Traum von der Serienfertigung – zumindest als »Limited Edition« – geht nicht in Erfüllung. Nur ein *AutoBild*-Leser kann sich freuen: Zum 30. Jubiläum des Blatts gewinnt er das Unikat im Dezember 2016 als Hauptpreis bei einer Verlosung gewonnen. Damit ist der Vivaro Surf das zweite Concept Car in seiner Geschichte, das Opel quasi verschenkt. ///

GERMANY'S NEXT TOPMODEL

»Der erste GT wirkte erfrischend wie eine Coke. Der GT Concept ist ein Energy Drink.« (Ralph Alex, Ex-Chefredakteur *auto motor und sport*)

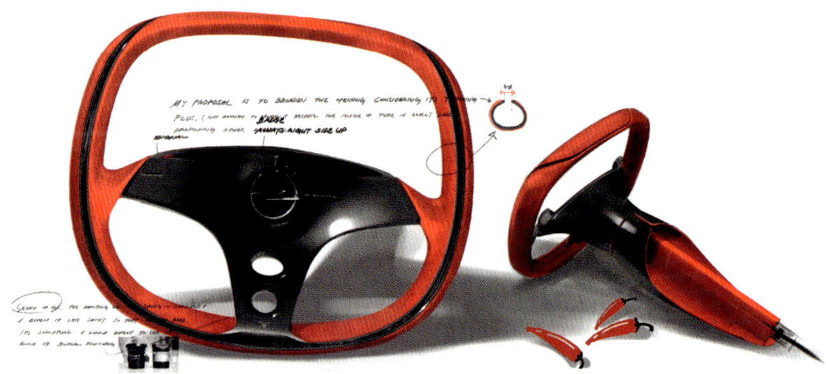

Der Genfer Automobilsalon ist vor der Corona-Pandemie über Jahrzehnte hinweg der Ort, an dem Konzeptautos miteinander konkurrieren wie nirgendwo sonst auf der Welt. Entsprechend hoch sind im Frühjahr 2016 die Erwartungen an den jüngsten Wurf aus Rüsselsheim, den GT Concept. Wie kommt er an, dieser austrainierte Sportwagen mit Frontmittelmotor und Heckantrieb, wenn er – etwa als Gegenpol zu einem Bugatti Chiron mit 1.500 PS – in einer Halle steht?

Schon das erste Medienecho ist überragend: »Eine Studie, die wie schon das historische Vorbild auf den ersten Blick elektrisiert«, schreibt die *AutoBild* und skizziert die Reaktionen der Redakteure beim Anblick der ersten Fotos: »Kollege Dirk Branke, seit jeher ein Freund zurückhaltender Worte: ›Die Geilheit auf Rädern!‹ Chefredakteur Bernd Wieland kniet sogar nieder, was er sonst nur zu Ehren von Pininfarina und Zagato macht, streckt seinen Kopf ganz nah vor den Monitor und sagte: ›Hammer!‹«

Auf der Messe erfüllt der GT Concept alle Erwartungen. Ausgezeichnet wird er als »Best Concept Car« und »Best Car of the Show«. Car Design News kürt ihn zum »Unanimous car of the show«. Und hinter den Kulissen freuen sich die Opelaner sehr darüber, dass das Konzeptauto insgesamt das »sichtbarste«, also meistbesprochene Auto der Messe ist – nicht nur während der Pressetage, sondern über Monate hinweg.

Der GT Concept hat starke Wurzeln. Friedhelm Engler, seinerzeit als Advanced-Design-Chef der Ideengeber und Treiber des Unikats, sagt: »Mein Team und ich sind gedanklich schon im Jahr 2030. Wir denken an autonomes Fahren, an die volle Vernetzung, an neue Mobilitätskonzepte. Wir schauen in unserer täglichen Arbeit nicht in den Rückspiegel. Schon gar nicht bis in die 70er. Aber klar ist auch: Wenn du dich in die Zukunft bewegen willst, muss du wissen, wo du herkommst. Jeder Kompass braucht eine Einnordung. Um eine Marke wie Opel zu begreifen, musst du die Ikonen der Vergangenheit verstehen. Und wenn es eine absolute Ikone, einen Ankerpunkt gab, dann ist es der GT. Mit der DNA des Ur-GTs kann man die DNA von

Manchmal ist man schon angekommen, bevor man überhaupt losgefahren ist.

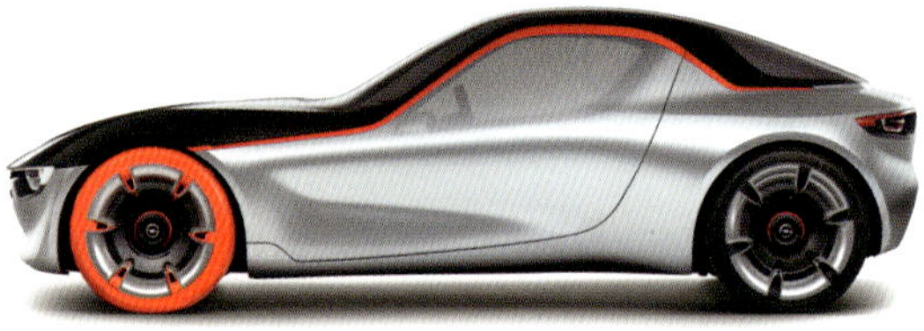

Opel heute beschreiben. Da ist alles drin: Lebensgefühl, Dynamik, Skulptur und technische Innovation. Dieses Auto ist entstanden in den 70ern. Das war die Pop- und Disco-Ära. Die Freiheit des Seins war Lifestyle. Es herrschte Aufbruchsstimmung. Und dieses Gefühl hatten wir auch beim GT Concept. Unser Ziel war: das Lebensgefühl der Ikone aus den 70ern in die Zukunft zu tragen.« Worte mit Wucht!

Der GT Concept ist ein Augenschmeichler aus jeder Perspektive. »Ein wesentlicher Baustein bei der Umsetzung in die Moderne war, die Einfachheit, die Klarheit, die Simplizität der Skulptur in die Moderne zu übertragen, ohne in irgendeiner Form in die berüchtigte Retrofalle zu tappen. Das Ergebnis ist ebenso avantgardistisch wie puristisch: lange Motorhaube, extrem kurze Überhänge und breite Spur. Ein Sportwagen in Reinkultur«, so Engler.

DIE LÄSSIGKEIT DER PROPORTIONEN

»Ich sage immer, das Erfolgsrezept für ein zeitlos gutes Design enthält drei wesentliche Hauptzutaten: Proportion. Proportion. Und nochmal Proportion. Das heißt auch einfache,

klare Linien und formvollendete Flächen. Der GT Concept bietet genau dies. Er nimmt nur wenige Zitate aus der Ur-GT-Vergangenheit auf: die lange Motorhaube, den Verzicht auf eine Kofferraumklappe, den zentral angeordnete Doppelauspuff. Er kommt ohne Ornamente aus. Im Laufe der Design-Entwicklung haben wir mehr Details weggenommen, statt hinzuzufügen. Weniger ist mehr. Es gibt weder sichtbare Türgriffe noch Außenspiegel oder überflüssige dekorative Elemente. Wir haben in einem neuen Gestaltungsansatz Farben, Grafik und Materialien wie Glas und Metall in eine harmonische Form verschmolzen. Eine stolze rote Linie gliedert und streckt den Wagenkörper, definiert die Form und verstärkt die extreme Proportion. Wir nennen sie die Signaturlinie.«

Fahrer und Beifahrer sitzen weit hinten im GT Concept. Ob sie wollen oder nicht. Denn der Sitz lässt sich nicht verstellen. Der Schwerpunkt des Fahrers liegt damit immer an der optimalen Position – dicht an der Hinterachse. Realitätsfern? Weit gefehlt! Denn Lenkrad und Pedale werden elektrisch in die perfekte ergonomische Position herangefahren. Der GT Concept denkt mit. Er erkennt den Fahrer und fährt alles automatisch auf die korrekte Position. Auch die Außenspiegel muss man nicht einstellen. Denn es gibt keine. Sie haben nur unnötig die Aerodynamik und damit die Skulptur gestört. Deswegen sind Kameras in den vorderen Teil der Signaturlinie im Kotflügel integriert. Ihre Bilder werden auf Monitore links und rechts im Cockpit übertragen. Die Zeit der toten Winkel ist damit vorbei.

Die Heckansicht des GT Concept besticht durch wenige, markante Elemente: »Breite Spur, schlanke Glaskuppel, muskulöser Grundkörper. Das bringt die Klarheit des Entwurfs zur Geltung«, schwärmt Engler. »Den Kofferraum und auch die Verprägung für ein Nummernschild haben wir großzügig weggelassen. Das hätte nur die Skulptur gestört.«

Der GT Concept ist zudem ein Labor für Ideen, ein Meer der Kreativität, ein Trendsetter in Sachen künstliche Intelligenz. Opel implementiert eine selbstlernende OnStar-Vision in das User-Interface. Das HMI-System erkennt und speichert als persönlicher Assistent die Präferenzen des Fahrers. Seinen Terminkalender, seine Musikpräferenzen, die Lieblingsstrecken. So kann sich der Fahrer voll auf den Fahrgenuss konzentrieren. »Über die digitale Konnektivität im Innenraum schaffen wir eine Symbiose aus Mensch und Maschine. Man findet im GT Concept übrigens keine profanen Knöpfe. Stattdessen operiert der Fahrer mit Gesten und Spracherkennung. Ich kann voller Stolz sagen, dass Opel so ein radikales, skulpturales und innovatives Konzept seit dem Ur-GT im Jahr 1970 nicht mehr präsentiert hat«, so Engler.

Der GT Concept ist mit seinen 3,85 Meter Länge und 1,68 Meter Breite deutlich kürzer und schmaler als der Kleinwagen Opel Corsa. »Emotion erzeugst du eben nicht durch PS-Protzerei und Preis, durch Dimensionen, die völlig außer Reichweite sind für jeden normalen Menschen. Wir haben hier einen Sportwagen für jedermann erschaffen. Wie Erhard Schnell seinerzeit mit dem Ur-GT.« Neben den ultrakompakten Dimensionen punktet er auch mit einem niedrigen Gewicht von deutlich unter 1.000 Kilogramm. Damit wiegt der GT Concept, vollgepackt mit Hightech, nicht mehr als der Ur-GT. »Das ist für heutige Verhältnisse sehr wenig Und trotz seiner eher zierlichen Abmessungen hat er eine irre Präsenz. Was eigentlich gar nicht zusammengeht. Man erwartet bei einem Sportwagen etwas Großes, Wuchtiges, Brutales. Brauchst du nicht«, stellt Engler klar.

Die Bedeutung des GT Concept reicht weit über den Messeauftritt in Genf hinaus: »Der GT Concept definiert das neue Opel-Gefühl und beeinflusst Modelle der Zukunft«, verspricht Vice President Design Mark Adams. Was zu dem Zeitpunkt noch niemand weiß: Die lange Motorhaube und die markante Signaturlinie prägen schon zwei Jahre später den GT X Experimental. ///

DARUM IN DIE FERNE SCHWEIFEN

Rüsselsheim, Friedrich-Lutzmann-Ring, an einem Montag im August 2018. Im hermetisch abgeriegelten Design-Center, der kreativen Keimzelle aller noch geheimen Opel-Modelle, herrscht ungewöhnlich hektische Betriebsamkeit. Ein sechsköpfiges Kamera-Team hat im »Design Auditorium« seine Ausrüstung aufgebaut – unter strenger Aufsicht des Werksschutzes. »Concept, Teaser, die erste«, ruft ein Regieassistent und überlässt dem Protagonisten die Bühne: Ein Zwei-Meter-Hüne schreitet bedächtig um ein verhülltes Auto. Sanft lupft er das schwarze Tuch und erlaubt einen ersten Ausblick auf das Konzeptauto, das das zukünftige Gesicht der Marke offenbart: »Wie stellen Sie sich einen Opel im Jahr 2025 vor? Hier ist unsere Vision. Der GT X Experimental«, sagt der damalige CEO Michael Lohscheller im ersten »Teaser Video«, wie es noch heute auf YouTube zu finden ist.

Das Konzeptauto ist ein 4,06 Meter langes, kompaktes, vollelektrisches SUV mit fünf Türen, Coupé-Anmutung und vollgepackt mit Innovationen. Lohscheller: »Wir richten den Blick auf ein starkes Markenprofil, das von unseren Werten – deutsch, nahbar, begeisternd – bestimmt wird. Unsere Konzeptstudie zeigt, wie wir diese Werte in unseren zukünftigen Produkten umsetzen werden.«

Der Antrieb: natürlich vollelektrisch, nachhaltig und umweltfreundlich aus einer kompakten 50-kWh-Lithium-Ionen-Batterie der nächsten Generation, induktives Laden inklusive. Das Design: mutige Proportionen kombiniert mit schön strukturierten, fließenden Oberflächen. Seine charakteristische Silhouette wird von einer kraftvollen Grafik bestimmt, die den unteren und den oberen Fahrzeugbereich voneinander trennt. Der untere Teil erscheint in hellem Grau, der obere samt Motorhaube, Scheiben und Dach ist in einem fast schwarzen Nachtblau gehalten. Dazwischen fließt eine strahlend gelbe Signaturlinie von vorne nach hinten, die dem Fahrzeug Struktur und Dynamik verleiht. Das Farbschema ist eine Reminiszenz an die traditionelle Opel-Farbgebung grau/schwarz/gelb.

Die Karosserie legt sich wie eine glatte Leinwand um Details wie die kleinen Kameras,

Die konsequente Weiterentwicklung des GT Concept – nun als Crossover.

die aus der gelben Grafiklinie an den Seiten der Motorhaube hervortreten und traditionelle Außenspiegel ersetzen. »Reduktion auf das Wesentliche« nennen das die Designer. Die 17-Zoll-Räder muten dank ihrer robusten, über den Felgenrand hinausgehenden Gummiummantelung voluminös an.

Der GT X Experimental offenbart erstmals das neue Leitmotiv für die Front- und die Rückansicht künftiger Modelle. Beim »Opel Kompass« kreuzen sich zwei Achsen mit dem Opel-Blitz in der Mitte. Das Markenemblem wird so mehr denn je zum zentralen Merkmal. Die vertikale Achse wird durch die scharfe Bügelfalte in der Motorhaube bestimmt. Die flügelförmigen Tagfahrlichter markieren die Eckpunkte der horizontalen Achse. Das Thema spiegelt sich ebenso in der Rückansicht wider: Der Blitz in der Mitte verbindet auch hier die horizontale Linie der flügelförmigen Rückleuchten mit der vertikalen Linie, die sich von der Dachantennen-Finne bis hinab zur akzentuierten Bügelfalte im Stoßfänger zieht.

Das neue Markengesicht hört auf den Namen »Vizor« – in Anlehnung an das Visier eines Motorradhelmes: Die Scheinwerfer, Tagfahrlichter sowie Kameras und Sensoren der Assistenzsysteme werden gemeinsam mit dem modernisierten Blitz-Emblem von einem dunkel getönten Plexiglas umrahmt.

Nach denselben Prinzipien ist das luftige Interieur des GT X Experimental gestaltet. Dreh- und Angelpunkt ist der Armaturenträger – das »Pure Panel«, das die Gestaltung des Vizors aufnimmt. Ein einziger breiter Bildschirm lässt die Vielzahl an Monitoren, Knöpfen und Bedienelementen der gegenwärtigen Serienmodelle überflüssig werden. Die vier Sitze scheinen zu schweben.

Die Weltpremiere des Konzeptwagens feiert die Marke am 22. August 2018 im Foyer des Adam Opel Hauses. »Dieses Konzeptauto ist ein Manifest für die Marke, es zeigt die Essenz unserer Markenwerte«, schwärmt Lohscheller. Was er zu diesem Zeitpunkt verschweigt. Das Konzeptauto wird fast 1:1 in die Serie überführt – als neue Generation des Opel Mokka. ///

»Pure Panel« heißt der Armaturenträger und nimmt die Gestaltung des Kühlers – »dem Vizor« – auf.

DER SORGT FÜR A UND O

Hannibal, B. A. Baracus, Face und Murdock: Wenn das legendäre »A-Team« aus der gleichnamigen US-Actionserie Menschen in Not hilft und dabei selbst von der Militärpolizei gejagt wird, vertraut es nur einem Einsatzfahrzeug: einem schwarzen GMC Vandura (Baujahr 1983) mit rotem Zierstreifen, der am Heck in einem ebenfalls roten Dachspolier mündet. Rein zufällig ist natürlich die Ähnlichkeit zum »O-Team Zafira Life« aus dem Jahre 2019, den sich Opel zum 120. Geburtstag als Automobilhersteller spendiert.

Das »O« steht dabei – wenig überraschend – für Opel. Die fetten Räder, der geschmackvolle Spoilerdress, ein knalliger neon-gelber Streifen und ein satter, bollernder Motorsound runden den Auftritt des »O-Team Zafira Life« ab. Seine Premiere feiert das coole Unikat im Sommer 2019 beim weltgrößten Opel-Treffen in der Motorsport-Arena Oschersleben vor 50.000 Fans.

Die Action-Variante des Zafira Life bauen die Profis der Opel Special Vehicles (OSV) unter dem damaligen Leiter Volker Strycek auf. Als Basis dient ein Sechssitzer mit langem Radstand und Vollausstattung. Unter der Haube arbeitet ein Zweiliter-Diesel mit rund 180 PS und 400 Newtonmeter Drehmoment. Und der bollert wie ein V8-Benziner – dank eines Soundmoduls. An den A-Team-Van mit seinem 200 PS starken 5,7-Liter-V8-Aggregat kommt der Blitz natürlich nicht heran. Aber das ist gut so. Denn das US-Vorbild stört sich nicht an einem Verbrauch von rund 17 Litern. ///

GG OM 95 E

»BACK TO FUTURE« – DAS MANTRA DES MANTA!

»Boah, E! Was ein Manta« (*BILD*). »Der entölte Blitz« (*Spiegel*). »Ein Blitz ins Herz« (*Kronenzeitung*). Das Medienecho und die Resonanz von Kunden und Fans auf dieses Unikat sind umwerfend, sogar in Märkten, in denen Opel aktuell keine Autos verkauft. Denn mit diesem Prototypen lässt Opel im Frühjahr 2021 eine Ikone auferstehen: den Manta in einer »ElektroMOD«-Version. Eine wegweisende Hommage an den Manta A von 1970 kurz nach seinem 50. Geburtstag, ein Marken-Statement für die Gegenwart und Zukunft und ein Teaser auf die schon geplante Submarke GSe (Grand Sport electric).

Der Manta GSe ist der erste elektrische Restomod (von »Restaurieren« und »Modifizieren«) der Firmengeschichte. Mit sattem Drehmoment an der Hinterachse für schnelle Sprints ohne großes Getöse, stattdessen emissionsfrei. Ein Konzeptauto, das zeigen soll, wie viel Spaß, Style und Emotionalität die Elektromobilität von Opel bringt.

Geboren wird die Idee dafür nicht bei einer hochbezahlten Agentur, vielmehr kommt der Restomod »right out of Rüsselsheim«. Am Stammsitz der Marke wird das gute Stück auch designed, entwickelt und zusammengebaut. Das Projektteam besteht aus einer kleinen Gruppe passionierter Designer, 3D-Modellbauer, Ingenieure, Techniker, Mechaniker, Produkt- und Markenexperten sowie gelernter Journalisten. »Dieser Manta steht für die pure Liebe zum Automobil. Wir schlagen eine Brücke von der Opel-Tradition hin zu einer nachhaltigen Zukunft«, erklärt Pierre-Olivier Garcia, der bei Opel das globale Brand Design verantwortet.

Und das Timing ist nicht ganz verkehrt – kurz nach dem 50. Geburtstag des Manta A, der einst mit Vierzylinder-Benzinmotor gestartet ist. Natürlich gibt es schon vorher etliche schöne Beispiele für Restomods, die in der Szene große Popularität genießen. Und es gibt auch erste originale Oldtimer ohne optische Modifikationen mit einem implantierten elektrischen Antriebsstrang. Allerdings wird nie zuvor eine derartige Marken-Ikone elektrifiziert und gleichzeitig mit den aktuellen Design-Merkmalen in Interieur und Exterieur versehen.

Elektrischer Fahrspaß: Dem Fahrer steht aus dem Stand ein maximales Drehmoment von 255 Newtonmetern zur Verfügung. Das originale Viergang-Getriebe kann er wahlweise per Hand schalten oder einfach den vierten Gang einlegen und automatisch fahren.

Die Front des Manta GSe stammt vom neuen Mokka-e, genau wie das Hightech-Instrumenten-Panel im Innenraum. Er steht damit für elektrisierende Begeisterung: maximale Emotionen bei null Emissionen! Anders ausgedrückt: Das Mantra des Manta lautet »Back to future«!

Der Weg zum Traumwagen beginnt in den heiligen Hallen von »Opel Classic«, dem Heim von mehr als 500 Opel-Oldtimern und -Youngtimern am Stammsitz in Rüsselsheim. Dort findet sich ein orangefarbener Manta A mit schwarzem Vinyldach und Automatik-Getriebe in der Abteilung unrestaurierte Sammelstücke und »Teileträger«. Sprich: zum Ausschlachten freigegeben.

Die Front des Manta A hat zuletzt das Design des neuen Opel-Markengesichts inspiriert – dies greift der Manta GSe auf. Der Opel-Vizor vereint den Fahrzeuggrill, die Scheinwerfer und Sensoren sowie das Markenlogo nahtlos in einem Element. Der Vizor des Manta GSe kann noch mehr. Als digitaler Kühlergrill spannt er sich über die gesamte Fahrzeugbreite und kommuniziert

mit der Umwelt. »My German heart has been ELEKTRified«, läuft da als Schriftzug über die Front oder »I am on a zero e-mission«. Journalisten und Influencer begrüßt das Auto mit ihrem Vornamen – ein beliebtes Fotomotiv. Zentral erstrahlt dort auch das Markenzeichen. Aus dem Kreis zucken gleich zwei Blitze bis in die LED-Tagfahrlichter des Vizors hinein.

Die Designer unter Leitung von Pierre-Olivier Garcia haben sich mit dem legendären Logo der Ikone einen Spin erlaubt und dieses in Form eines QR-Codes gestaltet. Die Liebe zu solchen Details ist schon immer eine Opel-Stärke!

Die Original-Sitze von damals haben keine Kopfstützen. Das ist keine Option für ein modernes, sicheres Auto. Daher hat das Projekt-Team dem Manta GSe neue Recaro-Sitze gegönnt. Die werden in der Konzept-Werkstatt – wie viele der neuen Komponenten – maßgeschneidert. Den neongelben Lack bekommt das Coupé erst, als der Wagen elektrifiziert und vom TÜV abgenommen wird. Im Gegensatz zu etlichen anderen Konzeptfahrzeugen von Wettbewerbern, die nicht fahrbereit sind, hat der Manta GSe eine TÜV-Zulassung. Wichtig für die Glaubwürdigkeit und die Freude am Fahren für hunderte Journalisten und Influencer.

Unter der Opel-typischen schwarz lackierten Haube macht der Vierzylinder-Benziner einem kräftigen E-Motor Platz. Das »e« in GSe steht nun für »Elektrifizierung« statt »Einspritzung«. Power und Drehmoment des 108 kW/147 PS-Synchronmotors muss der klassische Hinterradantrieb auf die Straße bringen. Für gute Traktion und einen niedrigen Schwerpunkt hat das Team die 31 kWh-Lithium-Ionen-Batterie im Kofferraum so weit vorne wie möglich eingebaut.

Im Manta GSe können weiterhin vier Erwachsene reisen, und der Gepäckraum reicht weiterhin für einen zweiwöchigen Italienurlaub. Bei normaler Fahrweise kommt er auf mindestens 200 Kilometer Reichweite. Und wie es sich für einen Opel-Stromer gehört, kann auch der E-Manta »rekuperieren«, sprich Energie beim Bremsen zurückgewinnen.

Die Fotos mit allen Details veröffentlicht Opel im Mai 2021, dem folgen die statische

Neueste Digitaltechnik: keine klassischen Rundinstrumente. Vielmehr blickt der Pilot auf ein breites Opel-Pure Panel, wie es bereits beim neuen Mokka in Serie ist.

Präsentation und die ersten Fahrberichte. Spätere Highlight sind die Einbindung in die Weltpremiere des Opel Astra am 1. September in Rüsselsheim, die Platzierung auf der Elektroautorallye »E-Cannonball« und die erste Testfahrt des langjährigen Markenbotschafters Jürgen Klopp, die das Social-Media-Team gebührend begleitet. In sozialen Medien werden insgesamt 22,7 Millionen Impressions erreicht, dazu kommen mehr als 4,8 Millionen Video Views. Anfang 2022 wird der Manta beim Pariser Festival Automobile International mit dem Grand Prix belohnt, im Mai mit dem Internationalen Deutschen PR-Preis der DPRG (Deutsche Public Relations Gesellschaft).

»Mit dem ElektroMOD zeigen wir: Opel ist mutig und klar. Aufregend anders. Und dass der Neoklassiker von Opelanern designt und gebaut wurde, macht ihn umso besonderer«, sagt Quentin Huber, zu der Zeit Leiter Markenstrategie und Social Media bei Opel. Selbst frühere »Hater« zollen dem Restomod-Projekt Respekt. Bestes Beispiel ist JP Performance, a.k.a. Jean-Pierre Krämer, Deutschlands erfolgreichster Videoblogger im Autobereich. Sein gewohnt ungefiltertes Urteil: »Sieht brutal aus. Fühlt sich an wie in einem Cyperpunk-Film!« ///

FERN GESCHEHEN

Der Experimental hat prominente Vorfahren: Experimental GT (1965) und GTX Experimental (2018).

»Experimental« – so heißt das jüngste Konzeptmodell, das Opel im September 2023 auf der IAA Mobility in München der Weltöffentlichkeit präsentiert. Schon der Name weckt hohe Erwartungen. Zur Erinnerung: Der Experimental GT aus dem Jahr 1965 ist das erste Konzeptauto eines europäischen Herstellers und die Vorlage für den Serien-GT von 1968. Und den GTX Experimental aus dem Jahr 2018 übertragen die Opel-Designer fast 1:1 in den heutigen Serien-Mokka.

Warum trägt diese Studie nun erstmals den Namen »Experimental« nicht nur als Beinamen? Weil Opel damit eine Vision für die gesamte Marke zeigt, nicht nur für eine einzelne Baureihe. »Der Experimental gibt einen Ausblick auf kommende Modelle und Technologien, auf das zukünftige Design, ja, auf eine neue Epoche und die Zukunft der Marke«, verspricht Opel CEO Florian Huettl. »Wir zünden damit die nächste Stufe für die »Bold & Pure«-Designphilosophie«, ergänzt Designchef Mark Adams.

Das Exterior-Design besticht durch eine schlanke Silhouette, glatte Oberflächen und muskulöse Radhäuser. Der Experimental verzichtet komplett auf Chrom. Stattdessen unterstreichen zusätzliche Leuchtelemente und kontrastreiche Grafiken die Proportionen des batterie-elektrischen Crossovers. Luftklappen an Front und Heck sowie ein ausfahrbarer Heckdiffusor verbessern die Aerodynamik. Traditionelle Außenspiegel weichen integrierten 180-Grad-Kameras an den C-Säulen.

An der Front sitzt der leuchtende neue Blitz stolz im Zentrum des »Opel-Kompasses«. Darin eingebettet ist die nächste Generation des Markengesichts, der neue 4D Opel Vizor. Die vierte Dimension steht dabei für wegweisende Technologien, darunter Sensoren, Lidar-, Radar- und Kamerasysteme. Die Front-Grafik wird am Heck aufgenommen. Mit hochmoderner Lichttechnologie und einer transparenten Glasoptik zieht es die Blicke auf sich. Anstelle des Blitz-Logos ziert ein selbstbewusster Opel-Schriftzug das Heck.

Das Konzeptauto mit kompakten Abmessungen erlaubt das Raumgefühl eines Mittelklasse-Fahrzeugs. Das Lenkrad lässt sich wegklappen. Dank Steer-by-Wire-Technologie verzichtet Opel auf mechanische Lenkbauteile. Das senkt das Gewicht. Gleiches gilt für die adaptiven Leichtbausitze mit 3D-Mesh-Gewebe. Die Detox-Philosophie – die Konzentration auf das Wesentliche – zeigt sich auch in der »Pure Experience«: Statt gewöhnlicher Bildschirme gibt eine Augmented-Projection-Technologie alle Informationen wieder. Elektrochrome Materialien lassen die Passagiere im Innenraum in ein atmosphärisches Licht eintauchen. Die reaktiven Stoffe haben praktische Eigenschaften. Befindet sich etwa ein Fahrzeug im toten Winkel des Experimental, erscheint eine farbliche Warnung an der Innenseite der jeweiligen Tür genauso wie im Head-up-Display.

»Dieses atemberaubende Konzeptfahrzeug weist unseren weiteren Weg und zeigt einmal mehr den Pioniergeist von Opel«, fasst CEO Huettl zusammen. Etliche Designelemente werden sich schon in nicht allzu ferner Zukunft in Serienmodellen wiederfinden. ///

Die illuminierte Bügelfalte sorgt für zusätzliche Dramatik.

Die mit Goodyear entwickelten Reifen bestehen aus recyceltem Gummi. Sie sitzen auf 3-Zonen-Ronal-Rädern mit speziellem Aero-Design.

DIE FIRMENLENKER

Fast drei Dutzend Firmenchefs hat Opel seit Adam. Darunter erst eine Frau: Sophie Opel, die die Geschicke der Firma bis zu ihrem Tod gemeinsam mit ihren fünf Söhnen meistert.

Adam Opel (1862 bis 1895)

Sophie Opel (-1913) und Söhne (-1928)

Fritz von Opel, Dezember 1928 bis Oktober 1929

Irving J. Reuter, Oktober 1929 bis August 1930

Manfred Wronker-Flatow, August 1930 bis November 1933

Ronald K. Evans, 29.11.1933 bis Juli 1936

Edwin R. Palmer, Juli 1936 bis 20.05.1937

Cyrus Richard Osborn, 20.05.1937 bis 15.11.1939

Heinrich Wagner, Nov. 1939 bis März 1941 sowie Sept. 1942 bis Okt. 1945

Prof. Dr. Carl Lüer, 21.03.1941 bis 09.09.1942

Ernst Ulrich Neumann, 13.10.1945 bis 31.10.1948

Edward W. Zdunek, 01.11.1948 bis 28.02.1961

Nelson J. Stork, 01.03.1961 bis 01.03.1966

Leonard Ralph Mason, 01.03.1966 bis 30.09.1970

Alexander A. Cunningham, 01.10.1970 bis 31.01.1974

John P. McCormack, 01.02.1974 bis 29.02.1976

James F. Waters Jr., 01.03.1976 bis 31.08.1980

Robert C. Stempel, 01.09.1980 bis 05.02.1982

Ferdinand Beickler, 05.02.1982 bis 31.01.1986

Dr. Horst W. Herke, 01.02.1986 bis 31.03.1989

Louis R. Hughes, 01.04.1989 bis 03.07.1992

David J. Herman, 04.07.1992 bis 18.06.1998

Gary L. Cowger, 19.06.1998 bis 31.10.1998

Robert W. Hendry, November 1998 bis März 2001

Carl-Peter Forster, Februar 2001 bis Juni 2004

Hans H. Demant, Juni 2004 bis Januar 2010

Nick Reilly, Januar 2010 bis April 2011

Karl-Friedrich Stracke, April 2011 bis Juli 2012

STEPHEN GIRSKY

Acting President von GM Europe
Juli 2012 bis März 2013

Offiziell war GM Vice Chairman Steve Girsky (*1962) »nur« Aufsichtsratschef von Opel und nie CEO. De facto führte er aber einige Tage im Juli 2012 auch die Geschäfte von Opel, bevor ein Interim CEO bestellt wird – als Acting President von GM Europe. Ein Amt, das er fast ein Jahr bekleidete.

Der Mathematiker und BWLer war Managing Director bei Morgan Stanley. Er verantwortete bei GM die Allianz mit PSA. Der »harte Hund« (*Focus*) tauschte bei Opel fast die ganze Führungsriege aus und stellte einen neuen Verhaltenskodex auf. Mit Regeln wie: Say what you mean and mean what you say! We find a way or we make one! »Ihr werdet den erfolgreichsten Turnaround in der Geschichte der europäischen Autoindustrie erzielen«, prophezeite er 2012 der Belegschaft.

Im Sommer 2016 verließ der New Yorker GM, nachdem nicht er, sondern Mary Barra zum CEO ernannt wurde. Seitdem ist er als Investor unterwegs. Als Aufsichtsratschef bei Nikola gewann er Michael Lohscheller – zehn Jahre nachdem er ihn zu Opel holte.

THOMAS SEDRAN

Interim-CEO von Juli 2012
bis Februar 2013

Er war Partner bei Roland Berger, Managing Director bei Alix Partners, Vice President Strategy & Operations bei Opel und dort von Juli 2012 bis Februar 2013 auch kommissarischer CEO: Thomas Sedran (*1964).

Der promovierte Wirtschaftswissenschaftler stellte bei der Marke, die unter Imageproblemen, Überkapazitäten und einer Absatzschwäche litt, erste Weichen für den Turnaround. Er sorgte auch für die Profilierung der Marke: Opel kehrte in den Motorsport zurück und engagierte sich bei Fußballclubs wie Mainz 05 und Borussia Dortmund.

Vor schwierigen Entscheidungen drückte er sich nie: Im Dezember 2012 verkündete Sedran in Bochum auf einer Betriebsversammlung das Aus der Produktion – begleitet nur von Bodyguards und PR-Mann Harald Hamprecht. Nach dem Ausstieg bei Opel im Sommer 2013 wirkte der Skifahrer als Europachef der GM-Marken Chevrolet und Cadillac, Managing Partner bei Accenture, VW-Strategiechef, CEO von VW Nutzfahrzeuge und Finanzchef bei der Software-Tochter Cariad.

KARL-THOMAS NEUMANN

CEO von März 2013 bis
Juni 2017

KTN – wie Karl-Thomas Neumann (Baujahr 1961) sich nennt – ist ein »Car Guy«, wie er im Buche steht, ein promovierter Elektroingenieur, der ebenso Spaß hat an Oldtimern (etwa an seinem Diplomat A Coupé) wie an Fragen der Mobilität der Zukunft.

Der passionierte Läufer, Mountain-Biker und Segler versuchte, bei Opel nach Jahren des schleichenden Niedergangs das Ruder herumzureißen. Stimmungsmäßig gelang es ihm, bilanziell nicht. Der Marke mit dem Blitz hat er in seiner vierjährigen Amtszeit aber wieder ein Gesicht gegeben.

Dabei profitierte der Familienvater von seiner 30-jährigen Berufserfahrung – gesammelt bei Motorola, Continental und Volkswagen. Der Chefposten bei Opel war der vorläufige Höhepunkt seiner Karriere. Es folgte ein 14-monatiger Gastauftritt beim Elektroauto-Startup Canoo. Heute ist KTN noch Investor und Aufsichtsratsmitglied – unter anderem bei Polestar, OneD Battery Sciences, Fliteboard, AutoBrains Technologies, Indie Semiconductor und Apex.AI.

MICHAEL LOHSCHELLER

Wie haben Sie das geschafft? Keine Frage hört Opel CEO Michael Lohscheller in seiner Amtszeit häufiger. Denn in seiner Ägide gelingt, was sieben CEOs vor ihm verwehrt bleibt. Nach 19 Jahren Verlusten in Folge – mit einem Minus von im Schnitt einer Milliarde Dollar im Jahr – ist Opel wieder profitabel. Das ist das größte Comeback der jüngeren europäischen Automobilgeschichte!

»Wir träumen nicht, wir liefern«, ist das Mantra des Zwei-Meter-Hünen. Schon im ersten vollen Jahr nach der Übernahme durch die Groupe PSA 2017 vermeldet Lohscheller einen operativen Gewinn von 859 Millionen Euro. 2019 sind es 1,1 Milliarden Euro, der höchste Gewinn der 157-jährigen Firmengeschichte. Die operative Marge liegt bei 6,5 Prozent. Selbst im Corona-Jahr 2020 verbucht Lohscheller ein Plus von 527 Millionen Euro.

Das Erfolgsrezept dahinter hat einen Namen: »PACE!« Es basiert auf den PSA-Plänen »Back in the Game« und »Push to pass«. Damit verwandelte CEO Carlos Tavares, der Architekt der Opel-Übernahme, den einst defizitären Konzern zur Profit-Perle. »Opel wird nachhaltig profitabel, elektrisch und global«, predigt Lohscheller. Der gläubige Christ reduziert Kosten, Komplexität und CO_2-Werte. Sein Team schärft die Markenwerte »deutsch, nahbar, emotional«. Und erreicht mit attraktiven Angeboten, dass Kunden mehr Geld für ihre Opel ausgeben. »Früher waren wir auf Europa beschränkt. Nun können wir hinaus in die Welt«, ergänzt der Diplom-Kaufmann, der zuvor bei Daimler, Mitsubishi und VW wirkt.

Lohscheller gibt das Ziel aus, Opel in Europa bis 2028 in eine rein elektrische Marke zu verwandeln. Dass Opel schon vor der PSA-Übernahme einen Plan dafür hat, sind Hirngespinste. Tatsächlich drohen Strafzahlungen in Milliarden-Höhe. »Was haben wir gezahlt? Nichts! Wir sind jetzt ein Vorreiter in Sachen CO_2. Und das ist eine moralische Verpflichtung«, betont der Veganer. Ein wichtiger Schlüssel zum Erfolg: neue effiziente Plattformen, Hybrid- und Elektro-Modelle und harte Einschnitte im Portfolio.

PACE-Maker: Der Zwei-Meter-Hüne wirkt von Juni 2017 bis August 2021 als CEO.

Samthandschuhe zieht der bodenständige Manager aus Bocholt (Baujahr 1968) auch nicht an, als er sein Führungsteam umbaut. »Die Treppe wird von oben gekehrt.« Lohscheller setzt auf Substanz und Performance, statt auf Kosmetik und Show. Er kennt seine »Pappenheimer«, schließlich ist er schon seit September 2012 Finanzchef. »Wir haben Opel neu aufgestellt. Nach 88 Jahren GM-Zugehörigkeit haben wir uns an vielen Stellen neu erfunden, Bürokratie und Hierarchie abgebaut. Wir mussten endlich Gewinne machen, um kräftig in unsere Werke zu investieren.«

War »PACE!« ein Spaziergang? Im Gegenteil! Hat es Stellenstreichungen gegeben? Mehrere tausend. Immer auf Basis der Freiwilligkeit mit attraktiven Programmen. Ohne Kündigungen. Ohne Werksschließungen. »Damit sichern wir zehntausende Jobs bei Opel, selbst bei unseren Händlern und Zulieferern«, erklärt der 115-fache Marathonläufer.

Lohscheller wird im September 2019 in den vierköpfigen PSA-Vorstand befördert. »Eine Auszeichnung für die ganze Opel-Mannschaft«, wie er betont. »Opel jetzt wieder eine Gewinnermarke. Wir sind die Effizienzweltmeister.«

Der Opel-CEO-Posten war auch für Lohscheller der bisherige Karriere-Höhepunkt. Es folgt ein Gastspiel als Vinfast-Chef (Juli 2021 – März 2022). Seit März 2022 ist er Präsident von Nikola, seit November 2022 zudem CEO.

UWE HOCHGESCHURTZ

Einen spannenderen ersten Arbeitstag als Opel-Chef kann man sich kaum vorstellen: Uwe Hochgeschurtz stellt sich am 1. September 2021 nicht nur selbst in Rüsselsheim hunderten Medienvertretern vor, sondern auch die sechste Generation des Astra. »A new blitz is born« ist das Motto der Weltpremiere in Rüsselsheim.

Blitzlichtgewitter begleitet ihn über seine gesamte Amtszeit: Im November kann er sein schönstes Siegerlächeln aufsetzen, als der Mokka-e das Goldene Lenkrad 2021 gewinnt. Im Januar 2022 freut er sich in Eisenach mit Thüringens Ministerpräsident Bodo Ramelow über den Auftakt der Serienfertigung des neuen Grandland. Im Februar 2022 begrüßt er in Rüsselsheim den damaligen Hessischen Ministerpräsidenten Volker Bouffier zum Hochfahren der Astra-Produktion.

»Wir behalten alle Werke. Wir sind so fit wie nie zuvor in diesem Jahrtausend«, stellt der begeisterte Radsportler gerne klar. Seine Karriere startet der Kölner (Baujahr 1963) in der Automobilindustrie 1990 bei Ford, bevor er 2001 zu Volkswagen und 2004 zu Renault wechselt. Der FC-Köln-Fan studiert Betriebswirtschaft in Wuppertal und Köln, Birmingham und Paris; er spricht französisch wie seine Muttersprache, so wie sein neuer Vertriebs- und Marketingchef Florian Huettl.

Intern stellt er wichtige Weichen für die Positionierung der Marke. Wie beschreibt man Opel mit ein bis zwei Worten? Vergleichbar mit »Freedom« für Jeep und »Dolce Vita« für Fiat? German Energy! Mit den Markensäulen: Detox, Modern German, Greenovation.

Der »Roll-out« der Markenpositionierung beginnt. Dann wird Hochgeschurtz überraschend abberufen. Xavier Chereau, Opel-Aufsichtsratschef und Chief Human Resources & Transformation Officer bei Stellantis, dankt ihm nach neun Monaten für die »herausragende Arbeit«. Konzernchef Carlos Tavares ernennt ihn zum Europa-Chef.

CEO von September 2021 bis Mai 2022.

FLORIAN HUETTL

Detox – die Fokussierung auf das Wesentliche: Das ist nicht nur einer der neuen Markenwerte, der sich im klaren Design widerspiegelt. Für Opel-Chef Florian Huettl ist es auch ein Führungsprinzip. Und das manifestiert sich in seinen klaren Entscheidungen.

Beispiel Insignia: Das Topmodell basiert auf einer alten, nicht elektrifizierbaren GM-Architektur. Es verursacht in der Rüsselsheimer Produktion unnötige Komplexität bei niedrigem Volumen. Ein Bremsklotz beim Hochlauf des neuen Astra, der auch noch deutlich profitabler ist. Ergo: Huettl und sein Team treffen die richtige Entscheidung, die Produktion Ende 2022 vorzeitig einzustellen.

Beispiel China: Huettls Vorgänger Lohscheller kündigt Mitte 2021 den Einstieg in den größten Automarkt der Welt an. Das ist allerdings vor der Corona-Pandemie und der Halbleiterkrise, die zu längeren Lieferzeiten führt. Und insgesamt zu einer Zeitenwende. Huettl setzt klare Prioritäten – und legt die China-Pläne auf Eis. Bestehende Kunden und Märkte haben Vorrang.

Beispiel Digitalisierung und Elektrifizierung: Huettl verfolgt diese strategischen Ziele mit vollem Fokus. Erste Erfolge zeichnen sich direkt ab. Im Jahr 2022 erfolgen schon 14 Prozent aller Verkäufe online, nicht zuletzt dank des Rocks Electric, der exklusiv online vertrieben wird. Und der Marktanteil für batterieelektrische Opel-Pkw ist im Gesamtjahr 2022 in Europa höher als der Gesamtmarktanteil. Sprich: Opel gewinnt dank seiner Elektrooffensive neue Kunden. In Deutschland ist bereits jeder fünfte verkaufte Opel elektrisch, beim Corsa ist es schon jeder dritte.

Opel profitiert auch von seinem komplett elektrifizierten Transporter-Portfolio und ist im Gesamtjahr 2022 die Nummer 1 bei e-Transportern in Europa. »Ab 2024 – pünktlich zum 125. Jubiläum der Opel-Automobilproduktion – wird unser komplettes Portfolio batterieelektrisch verfügbar sein«, freut sich Huettl. Ab

Aufsteiger: Huettl führt Opel seit Juni 2022.

2025 kommt jedes neue Modell ausschließlich elektrisch auf den Markt. Und ab 2028 wird Opel in Europa nur noch batterieelektrische Fahrzeuge verkaufen.

Wichtige Weichen stellt Huettl auch in der Produktentwicklung. Jede Woche verbringt er viel Zeit im Designzentrum. Im Gegensatz zu vielen Wettbewerbern will Opel auch in Zukunft wieder ein Spitzenmodell anbieten; am elektrischen Insignia-Nachfolger arbeiten die Rüsselsheimer mit Hochdruck. Auch das Kleinwagen-Segment gibt Opel nicht auf. Vielmehr verteidigt der Corsa seine Spitzenposition als meistverkaufter Kleinwagen in Deutschland und England. In vielen Monaten ist er sogar das meistverkaufte Fahrzeug über alle Segmente hinweg. Ein Fest für Huettl, dessen erstes Auto ein Corsa A war.

Auch in die Standorte wird kräftig investiert, 130 Millionen allein in Eisenach. »Seit 31 Jahren bauen wir hier in Thüringen Fahrzeuge in erstklassiger Qualität und haben dabei Schritt für Schritt die Wettbewerbsfähigkeit verbessert. Diesen Weg werden wir mit dem elektrischen Nachfolger des Opel Grandland fortsetzen«, sagt Huettl im März 2023.

Sein Führungsteam verjüngt der Wirtschaftswissenschaftler konsequent. Zunächst im September 2022 mit dem Vertriebschef Christophe Mandon, der zwei Jahrzehnte international für die Groupe PSA tätig ist. Und dann ab Januar 2023 mit der Marketing-Chefin Rebecca Reinermann, die zuvor bei FCA, Hyundai und Toyota wirkt. Auf dem wichtigen deutschen Heimatmarkt startet im Juni 2023 mit Mario Köhler ein Vertriebsexperte von Toyota.

Huettl selbst verbringt die ersten 20 Jahre seiner Karriere bei Renault, im Marketing, Verkauf und in der Produktentwicklung. Er sammelt internationale Erfahrungen in Großbritannien, Frankreich, der Schweiz und Russland. Bestens vernetzt ist er auch im Stellantis-Konzern. Im März 2021 wechselt er nach Paris, bei Opel übernimmt er im Januar 2022 Vertrieb und Marketing.

Das Thema Marke ist sein Steckenpferd. Den Opel-Auftritt verjüngt der Familienvater konsequent. Zusammen mit der 2023 frisch installierten Kreativagentur Jung von Matt arbeitet Huettls Team an neuen Kampagnen für den Mokka, Astra Electric und Corsa. Ende Juni stellt er ein modernisiertes Logo vor, das digital noch stärker wirkt und die Umstellung auf eine reine Elektromarke visualisiert. Und auf der IAA in München im September 2023 präsentiert der gebürtige Aschaffenburger mit dem Konzeptauto Opel Experimental ein Manifest für die Marke, eine Vision für das zukünftige Design und die Stoßrichtung für künftige »Greenovations«. All das fasst Huettl intern unter einem klaren, neuen Leitspruch zusammen: »Forever forward!« ///

HOCHSPANNEND: OPEL SETZT DEN GT UNTER STROM

Die Familie Opel hat schon immer ein Gespür und ein Faible für den Sport. Die fünf Söhne Adam Opels – Carl, Wilhelm, Heinrich, Fritz und Ludwig – verschaffen ihren Produkten als erfolgreiche Radrennfahrer große Popularität. Fritz von Opel stellt 1928 auf der AVUS mit seinem Modell RAK 2 mit 238 km/h einen Geschwindigkeitsweltrekord auf. Ein Jahr später bestreitet »Raketenfritz« mit dem Flugzeug Opel-Sander RAK1 auf dem Frankfurter Rebstockgelände den weltweit ersten bemannten Raketenflug. Der sportbegeisterte Enkel des Firmengründers, Dr. Georg von Opel, bleibt dieser Tradition 1971 treu: Der Frankfurter Autohändler will beweisen, dass der Elektroantrieb einem herkömmlichen Verbrennungsmotor ebenbürtig ist. Dazu setzt er 1971 – dem Jahr, in dem die Apollo-15-Astronauten auf dem Mond landeten und die Oberfläche mit dem Elektrofahrzeug Lunar Roving Vehicle erkunden – den Opel GT unter Strom. Am 17. und 18. Mai 1971 fährt Georg von Opel auf dem Formel-1-Kurs in Hockenheim insgesamt sechs Elektroauto-Weltrekorde ein.

Warum wählt von Opel dafür gerade den GT? Ganz einfach: Die ohnehin sehr windschlüpfrige Karosserie des Sportcoupés bietet beste Voraussetzungen für das Experiment und kann relativ einfach aerodynamisch optimiert werden: Stoßstangen, Türgriffe und Rückspiegel sowie die Beule auf der Motorhaube verschwinden. Continental liefert eigens entwickelte rollwiderstandsarme Spezialreifen. Aus einem GT-Serienmodell lässt von Opel den Vierzylindermotor entfernen und implantiert ihm ein neues Herz: zwei Gleichstrommotoren von Bosch, die 120 PS leisten und kurzfristig sogar 160 PS zur Verfügung stellen. Ihre Energie ziehen sie aus vier Blöcken mit Nickel-Kadmium-Batterien, die Varta beisteuert. Die Akkumulatoren stammen aus dem Flugzeugbau und nehmen den Platz des Beifahrers und den kompletten Gepäckraum in Anspruch. Die 280 Zellen wiegen 590 Kilogramm – damit steigt das Gewicht des Elektro-GTs von 900 auf 1.550 Kilogramm – wie bei einem Diplomat B. Unter der nachträglich eingebauten Kofferraumklappe findet die Regelelektronik des Versuchsfahrzeugs Platz, sie wird ebenfalls von Bosch geliefert.

Das Konzept: Gewicht runter, unnötige Ausstattung raus. Georg von Opel höchstpersönlich fährt am 17. Mai 1971 am Hockenheimring mehrere Weltrekorde ein. Schon das erste Experiment gelingt: Der Elektro-GT schafft eine Höchstgeschwindigkeit von 188,86 km/h.

Trotz des massiven Mehrgewichts durch die Batterie erreicht der Elektro-GT damit etwa die Höchstgeschwindigkeit des Serienmodells mit Verbrennungsmotor. Der stehende Kilometer wird mit 115,88 km/h gemessen, die stehenden 500 Meter mit 92,98 km/h, die stehende Viertelmeile mit 85,87 km/h. Über zehn Kilometer fährt von Opel eine Durchschnittsgeschwindigkeit von 126,98 km/h heraus, über zehn Meilen 127,15 km/h.

Baujahr 1971
Antrieb 2 gekoppelte Gleichstrom-Motoren
Leistung max. 118 kW (160 PS)
Höchstgeschwindigkeit 214 km/h

Am 17. und 18. Mai 1971 fährt Georg von Opel in Hockenheim sechs Elektroauto-Weltrekorde ein.

Bei der Reichweite fällt der Vergleich weniger günstig aus: Beim Langstreckentest mit einem konstanten Tempo von 100 km/h reichen die Batterien nur für gut 40 Kilometer. Der Fahrzeugwert wird mit rund 300.000 Mark beziffert. Somit bleibt dem Urgroßvater des Opel Ampera-e eine Serienfertigung verwehrt. Das Problem des Elektro-GTs ist das gleiche wie zu Beginn des 21. Jahrhunderts: Die Batterien sind zu schwer, zu groß und zu teuer, die Reichweite ist zu klein. Trotzdem schreibt Initiator Dr. Georg von Opel Automobilgeschichte: Kein Elektro-Auto ist je zuvor in solche Sportwagen-Dimensionen vorgedrungen. ///

ELEKTRO GT – WEGBEREITER DER E-MOBILITÄT.

ELEKTRO OPEL GT
ELEKTRO OPEL GT

ALLER ANFANG IST WER?

Opel fährt elektrisch. Das gilt tatsächlich nicht erst im Jahr 2022, sondern schon seit Ende der 1960er Jahre – zumindest für Prototypen. Die Marke mit dem Symbol des elektrischen Stroms im Logo fährt frühe Feldversuche mit verschiedenen Generationen seiner Kompaktklasse – Kadett B, Kadett E, Astra F – sowie mit seinen kleinen und mittelgroßen Transportern Combo und Vivaro. Alltagstauglich sind sie nur in beschränktem Ausmaß. Dennoch sind sie die legitimen Vorfahren von Corsa-e, Mokka-e und der heutigen e-LCV(Light Commercial Vehicle)-Flotte.

Stir-Lec I

Den Anfang macht 1968 ein Unikat namens Kadett B Stir-Lec I. Der Prototyp weist bereits das Prinzip des »Range Extenders« auf, wie es später beim Ampera in der Serie verwendet wird. Basis bildet ein Opel Kadett B Coupé. Den Strom liefert ein Stirling-Heißgasmotor im Heck, der einen Generator antreibt und so 14 Bleibatterien speist. Der kleine Elektromotor treibt die Hinterräder an, ein ebenfalls im Heck verbauter Stirling-Motor lädt die Batterien wieder auf.

Als Kraftstoff für den Stirling-Motor dient Gas, der Tank befindet sich über der Hinterachse. Die Höchstgeschwindigkeit liegt bei knapp 90 km/h. Der Prototyp wird nicht getarnt, seine Existenz nicht geheim gehalten.

Impuls I

Gar nicht so sehr die befürchtete Energieknappheit oder die globale Erwärmung, vielmehr die Angst vor Abgasen treibt die Menschen und Medien Ende der 80er Jahre um. Gemeinsam mit der RWE Energie und dem Batteriehersteller SAFT entwickelt Opel daher 1990 ein Elektrofahrzeug auf Basis des Opel Kadett E – den Impuls I.

Die Vorderräder beim Kadett Impuls I treibt ein 100-Volt-Gleichstrommotor an. Bei den Batterien kommen Nickel-Cadmium-Zellen mit flüssigem Elektrolyt der Firma Saft zum Einsatz, heute Partner des Konzerns bei der geplanten gemeinsamen Batteriefertigung im Werk Kaiserslautern. Die 310 Kilogramm schweren Batterien befinden sich – für eine optimale Gewichtsverteilung – im Motorraum und unterhalb des Kofferraums. Sie benötigen ein Volumen von 170 Litern und speichern 14,3 kWh Strom.

Die maximale Leistung des Gleichstrom-Nebenschlussmotors mit 16 kW/22 PS ist in erster Linie für den Einsatz im innerstädtischen Verkehr ausgelegt. Der Impuls I spurtet von null auf 50 km/h in zehn Sekunden. Die Höchstgeschwindigkeit des 1.000 Kilogramm leichten Autos liegt bei 100 km/h. Der elektrische Kadett ist bereits in der Lage, beim Abbremsen erzeugte kinetische Energie teilweise zurückzugewinnen und als elektrischen Strom zu speichern.

Das Laden erfolgt deutlich langsamer als heute: Die Reichweite beträgt rund 80 Kilometer. Nach einer Fahrstrecke müssen die Batterien in etwa fünf Stunden aufgeladen werden. Ein weiteres Manko: Die Nutzlast liegt mit 350 Kilogramm spürbar unter den 490 Kilogramm des Serien-Kadett; das Kofferraumvolumen immerhin ist mit 330 Liter fast auf gleichem Niveau wie beim Serienautos, das über 390 Liter Stauraum verfügt.

Impuls II

Der Impuls II lässt nicht lange auf sich warten: Auf Basis des damals neuen Astra Caravan kommt die Antriebstechnik des im Frühjahr 1990 präsentierten General Motors Elektro-Sportwagens Impact zum Einsatz.

Insgesamt 32 Blei-Säure-Batterien versorgen zwei Drehstrom-Asynchron-Motoren mit Energie. Die beiden Elektromotoren erreichen zusammen eine Leistung von etwa 45 kW/61 PS, mit einer Höchstgeschwindigkeit von 120 km/h. Die Reichweite beträgt 70 Kilometer.

1968

1990

1991

Impuls III

Großer Bahnhof am 2. Oktober 1992 offiziell in Binz auf Rügen: Bundesforschungsminister Heinz Riesenhuber und die aus Mecklenburg-Vorpommern stammende Bundesumweltministerin Angela Merkel geben im Oktober 1992 den Startschuss für einen Elektrofahrzeug-Großversuch – und BMW, Mercedes, VW, Fiat, Neoplan und Opel sind dabei.

Die Rüsselsheimer beteiligen sich mit zehn Astra Impuls III auf Basis des Astra F; die Fahrzeuge legen bis Juni 1996 mehr als 300.000 Kilometer zurück. Dem Serienfahrzeug mit Verbrennungsmotor steht er hinsichtlich der Praxistauglichkeit in nichts nach: Platz für fünf Personen, ein großer, variabler Laderaum sowie eine hohe Zuladung.

Fünf der Elektro-Astra beziehen die Energie dabei von einer Nickel/Cadmium-Batterie (45 kW/61 PS), fünf weitere von einer Natrium/Nickelchlorid-Hochenergiebatterie (42 kW/57 PS). Alle zehn Impuls III verfügen über einen Drehstrom-Asynchron Motor. Die Reichweite beträgt 160 Kilometer, die Höchstgeschwindigkeit liegt bei 120 km/h.

Combo Plus

Ende 1995 bringt Opel die Elektromobilität mit dem Konzeptfahrzeug Combo Plus in das Nutzfahrzeugsegment und liefert damit einen seriennahen Vorschlag für ein umweltverträgliches City-Logistik-Konzept: Beim Combo Plus sorgen zwei Natrium/Nickelchlorid-Hochenergie-Batterien in Verbindung mit einem 45.kW-Drehstrom-Asynchron-Motor für den praktisch geräuschlosen Vortrieb.

Das Besondere an diesem Elektrofahrzeug-Konzept: Die unter dem Wagenboden montierten Batterien können in zehn Minuten gewechselt werden, dann stehen wieder 200 Kilometer Reichweite zur Verfügung.

Das Konzept der austauschbaren Batterien inspiriert immer wieder Hersteller – aktuell den chinesischen Hersteller Nio, der »Power Swap Stations« aufbaut, um in fünf Minuten frisch geladene Batterien für 500 Kilometer Reichweite einzubauen. Das US-Unternehmen Better Place unter Leitung des Ex-SAP-Managers Shai Agassi versucht das bereits ab 2007 versucht. Und stellt Ende Mai 2013 einen Insolvenzantrag gestellt.

Vivaro e-Concept

Umweltfreundliche Mobilität soll auch gewerblichen Kunden im Nutzfahrzeugsektor begeistern. Bereits seit einigen Jahren sind deshalb alle leichten Nutzfahrzeuge von Opel serienmäßig batterieelektrisch verfügbar; Opel ist in diesem Segment im Gesamtjahr 2022 sogar die Nummer 1 in ganz Europa. Ernsthafte Gedanken darüber machen sich die Opel-Strategen schon mehr als ein Jahrzehnt zuvor: Auf der Nutzfahrzeug-IAA in Hannover im September 2010 präsentiert Opel den Vivaro e-Concept – einen vollwertigen Transporter mit zulässiger Nutzlast von 750 Kilogramm und Ladevolumen von fünf Kubikmetern.

Zielvorgabe für die Konzeptstudie ist eine rein elektrische Reichweite von 100 Kilometern. Falls mehr Reichweite benötigt wird, soll ein Verbrennungsmotor anspringen und als Range Extender die Hochvoltbatterien (Lithium-Ionen-Akkus) wieder aufladen, die im Boden des Transporters untergebracht sind und mit dem tiefen Schwerpunkt für günstige Fahreigenschaften sorgen. Aufladen lässt sich der Vivaro e-Concept an einer haushaltsüblichen Steckdose mit 230 Volt. Die Reichweite bei vollgeladener Batterie plus vollem Benzintank liegt bei beachtlichen 400 Kilometern. Der Elektromotor leistet 111 kW (148 PS) und erzeugt ein Drehmoment von 370 Newtonmetern. ///

1993

1995

2010

ELEKTROPIONIER UND INNOVATIONSBESCHLEUNIGER

Er ist der Star auf dem 79. Genfer Automobilsalon im März 2009: der Opel Ampera. »Damit bietet Opel als erster europäischer Hersteller seinen Kunden ein Auto mit Elektroantrieb und einer Reichweite von mehreren hundert Kilometern«, betont Alain Visser, seinerzeit Chief Marketing Officer, heute CEO von Lynk & Co.

Der Fünftürer ist elegant gestylt und alltagstauglich: Er verfügt über vier vollwertige Sitzplätze, großzügigen Stauraum und innovative Voltec-Technologie vom Mutterkonzern GM. Strecken zwischen 40 und 80 Kilometer legt der Ampera rein elektrisch zurück – mit Energie aus seiner 16-kWh-Lithium-Ionen-Batterie, die an einer normalen 230-Volt-Steckdose geladen wird. Für längere Fahrstrecken lädt ein kleiner Verbrennungsmotor mit konstanter, verbrauchsgünstiger Drehzahl die Batterie, aus der wiederum der Elektromotor (111 kW/150 PS) versorgt wird. Reichweiten von über 600 Kilometern sind damit kein Problem. Einmal im Jahr bekommen ganz fleißig ladende Autofahrer dann den Warnhinweis, dass das Benzin schlecht wird – und besser langsam verbraucht werden sollte.

Gebaut wird der Ampera – wie seine Schwestermodelle Chevrolet Volt und Holden Bolt (für den australischen Markt) – im GM-Werk Hamtrack in Detroit. Kunden müssen sich nach der Weltpremiere in Genf noch bis 2011 auf die Markteinführung des Ampera gedulden. Bereits vor dem offiziellen Verkaufsstart registrieren sich mehr als 5.000 sogenannte »ePioneers«, die das Elektroauto unbedingt haben wollen. Das gleiche positive Echo erhält das zukunftsweisende Fahrzeug in den Medien: Eine internationale Journalistenjury kürt den Opel Ampera und sein Schwestermodell Chevrolet Volt zum »Europäischen Auto des Jahres 2012«.

Der Ampera unterstreicht die Rolle, die Opel als Innovationsbeschleuniger für breite Kundenkreise einnimmt. Mit 6.631 Fahrzeugen und einem Marktanteil von 21 Prozent am elektrischen Pkw-Segment wird er 2012 zur meistverkauften Elektrolimousine in Europa. Der größte Markt für Elektrofahrzeuge mit Reichweitenverlängerer, dem sogenannten Range Extender, sind damals die Niederlande, gefolgt von Deutschland und Großbritannien. Seiner Zeit ist der Ampera dennoch voraus: Bei Produktionsende 2015 sind nicht mehr als 10.000 Ampera auf den Straßen unterwegs. ///

Seiner Zeit voraus: 2012 ist der Ampera die meistverkaufte Elektrolimousine in Europa.

REICHWEITEN-CHAMPION

Von London nach Paris, 417 Kilometer, das ist die Strecke, die der Ampera-e noch vor seiner Weltpremiere auf der Mondial de l'Automobile am 1. September 2016 auf öffentlichen Straßen zurücklegt – mit nur einer Batterieladung. Der Bordcomputer zeigt sogar noch eine Restreichweite von 80 Kilometer an. Womit Opel eine starke Botschaft verkündet: Der Ampera-e kann auch bei alltäglichen Verkehrsbedingungen rund 500 Kilometer Reichweite erreichen – mindestens 100 Kilometer mehr als jeder zu der Zeit angebotene Wettbewerber. Selbst nach dem strengen WLTP-Fahrzyklus (Worldwide Harmonized Light-Duty Vehicles Test Procedure) liegt die kombinierte Reichweite bei über 380 Kilometer.

Wer will, der schafft aber noch deutlich mehr: Das Team der renommierten TV-Sendung *VOX automobil* fahren einmal quer durch Deutschland, von Görlitz nach Aachen, ohne nachzuladen. Testchef Albert Königshausen und Moderator Alexander Bloch – seines Zeichens in Personalunion Chefreporter bei *auto motor und sport* – fahren im Wechsel eine Strecke von insgesamt 750 Kilometern. Mit einer Reisegeschwindigkeit zwischen 40 bis 50 km/h dauert die Fahrt insgesamt 25 Stunden und 30 Minuten. Die beiden erfahrenen Journalisten legen natürlich Wert auf effiziente Fahrweise und nutzten konsequent die Bremsenergierückgewinnung des Ampera-e. Nachdem die 60-kWh-Batterie des Ampera-e komplett leer gefahren ist, zeigt der Streckenmesser exakt 754,9 gefahrene Kilometer.

Die hochkapazitiven Batterien liegen extra flach in platzsparender Unterflurbauweise, damit bietet er reichlich Platz für fünf Passagiere und ein Kofferraum mit dem Fassungsvermögen eines ausgewachsenen Kompaktklasse-Fünftürers. Die Leistung des Elektromotors entspricht 150 kW/204 PS. »So gehören souveräne Ampelstarts oder Autobahnauffahrten zu den Paradedisziplinen des Opel Ampera-e. Von null auf Tempo 50 beschleunigt der Elektro-Kompaktwagen mit einer Sportwagenzeit von nur 3,2 Sekunden«, wirbt Opel. Oder wie es die kleinen Kinder des *OPEL LOVE*-Autors formulieren: »Papa, mach' die Rakete.« Der Zwischensprint beim Überholen von 80 auf 120 km/h gelingt dank seiner Durchzugskraft in 4,5 Sekunden. Damit spielt der Ampera-e in einer Liga mit den OPC-Modellen, den sportlichen Speerspitzen von Opel.

An einer Schnellladestation mit 50 kW Gleichstrom geht das Aufladen fix: 150 zusätzliche Kilometer sind nach einer guten halben Stunde möglich. Der 4,17 Meter lange Ampera-e teilt sich die Technik mit dem GM-Schwestermodell Chevrolet Bolt EV und wird bis Anfang 2021 verkauft. ///

Souveräne Ampelstarts oder Autobahnauffahrten sind seine Paradedisziplinen.

Seine Weltpremiere feiert der Ampera-e auf dem Pariser Automobilsalon 2016.

DER STOFF, AUS DEM DIE TRÄUME SIND

In drei Minuten auftanken und dann ohne Benzin mehrere hundert Kilometer weit fahren. Aus dem Auspuff tropft dabei nur pures Wasser. Damit klingt »Abgase« so antiquiert wie das Wort »Dampfmaschine«. Willkommen in der Welt der Wasserstoff-Brennstoffzellentechnologie!

Die Technologie des Null-Emissions-Fahrzeugs funktioniert wie folgt: Im Brennstoffzellen-Stapel reagieren in einem elektrochemischen Prozess Wasserstoff und Luftsauerstoff zu Wasser und erzeugen auf diese Weise elektrische Energie zum Antrieb eines Elektromotors.

Opel gehört zu den Pionieren dieser Technologie. Zusammen mit seinem damaligen Mutterkonzern General Motors wird bereits im November 1997 das Entwicklungszentrum Fuel Cell Activities gegründet. Wenige Jahre später arbeiten dort rund 600 Wissenschaftler und Ingenieure an fünf Standorten in den USA (Rochester, Warren, Torrance), in Deutschland (Mainz-Kastel) und in Japan (Tokio) mit unterschiedlichen Schwerpunkten am gemeinsamen Programm.

In den vergangenen 20 Jahren werden die technologischen Hürden bei der Entwicklung von Brennstoffzellen-Antrieben gemeistert. Doch es bleiben drei Herausforderungen für die breite Marktdurchdringung von Wasserstoff-Fahrzeugen mit Brennstoffzelle: Systemkosten, ein ausreichend großes Netz an Wasserstoff-Tankstellen und die großtechnische Herstellung von grünem Wasserstoff.

»Der Brennstoffzelle gehört die Zukunft«, resümierte der damalige GM-Vizepräsident für Forschung & Entwicklung Larry Burns schon Anfang des Jahrtausends. Das Netz an Wasserstofftankstellen wächst langsam, aber stetig. In Europa sind Anfang 2023 mehr als 160 öffentliche Wasserstofftankstellen mit 700-bar-Technologie in Betrieb, davon allein knapp 100 in Deutschland.

HYDROGEN 1

»HydroGen« ist der Name der Wasserstoff-Brennstoffzellen-Fahrzeuge von Opel – eine Kombination aus »Hydrogen« für das chemische Element Wasserstoff und »Generation« für die Entwicklungsstufe. Die erste Generation des auf dem Zafira basierenden HydroGen1 präsentiert Opel im Jahr 2000 als Vorfahrzeug bei Marathonläufen der Olympischen Spiele in Sydney – der »Grünen Spiele«.

Unter der Haube sitzt als Energielieferant ein Stapel von 200 in Reihe geschalteten Brennstoffzellen. Er erzeugt eine elektrische Spannung zwischen 125 und 200 Volt und liefert 80 kW/109 PS Dauerleistung sowie bis zu 120 kW/163 PS Spitzenleistung. Der von der Brennstoffzelle generierte Strom wird – auf Wechselspannung umgerichtet – einem 55 kW/75 PS starken Drehstrom-Synchron-Elektromotor zugeführt, der die Vorderräder antreibt. Dabei beschleunigt der Versuchsträger gemächlich: 16 Sekunden braucht er von 0 auf 100 km/h. Höchstgeschwindigkeit: 140 km/h. Schließlich schleppt er gut 150 Kilogramm mehr mit sich herum als der 1.425 Kilogramm schwere Serien-Zafira. Der Wasserstoffvorrat ist in flüssiger Form bei minus 253 Grad Celsius in einem Edelstahlbehälter gelagert. Reichweite: maximal 400 Kilometer.

HYDROGEN 3

Der HydroGen3 wird der Presse im Jahr 2002 vorgestellt. Er ist der Nachfolger des HydroGen1. Nummer 2 ist ein interner Prototyp, der nie das Licht der Öffentlichkeit erblickt.

Opel baut eine Flotte von 20 HydroGen3-Modellen auf – und zwar mit zwei unterschiedlichen Speichertechnologien für Wasserstoff: in flüssiger Form und als Gas bei 700 bar Betriebsdruck. Damit bringen GM und Opel als erster Hersteller weltweit ein Wasserstoff-Fahrzeug mit 700-bar-Technologie, die heute Standard ist, auf die Straße. Mit der dritten Generation werden auch erste Fahrzeuge bei Kunden getestet, in Deutschland von Ikea.

Der Brennstoffzellen-Stapel besteht beim HydroGen3 aus 200 in Reihe geschalteten Einzelzellen. Mit ihrer Hilfe wird der Elektromotor angetrieben, der 60 kW/82 PS leistet. Das Aggregat mit einem maximalen Drehmoment von 215 Nm beschleunigt den Brennstoffzellen-Zafira nahezu geräuschlos in 16 Sekunden von null auf Tempo 100. Höchstgeschwindigkeit: 160 km/h. Das Leergewicht liegt bei 1.650 kg. Das Tanksystem fasst 3,3 Kilogramm (Flüssigwasserstoff) beziehungsweise 3,1 Kilogramm (Druckwasserstoff). Die Reichweite liegt bei 290 beziehungsweise 270 Kilometer.

2000

2002

VIVARO-e HYDROGEN

HYDROGEN 4

Bei der vierten Generation des Opel-Brennstoffzellen-Fahrzeugs, dem HydroGen4, sind im Brennstoffzellen-Stapel 440 Zellen in Reihe geschaltet. Mit den im 700-bar-Tank gespeicherten 4,2 Kilogramm Wasserstoff ist eine Reichweite von 420 Kilometer zu erzielen. Der Elektromotor im HydroGen4 liefert eine Dauerleistung von 100 PS und eine Spitzenleistung von 128 PS.

Von Dezember 2008 ist eine Flotte von 30 HydroGen4-Fahrzeugen in Berlin, Hamburg, Düsseldorf und Frankfurt im Einsatz – in dem vom Bundesverkehrsministerium für Verkehr geförderten Demonstrationsprojekts Clean Energy Partnership (CEP). Auf ihre Tauglichkeit im Alltagsbetrieb testen die Fahrzeuge etwa ADAC, Allianz, Coca-Cola und Linde. Der regelmäßige Betrieb der Autos mit einer großen Bandbreite an Nutzungsprofilen ermöglicht es den Ingenieuren, umfassende Leistungs- und Betankungsdaten zu erheben und Erkenntnisse über infrastrukturelle Zusammenhänge zu gewinnen.

Die Basis für den HydroGen 4 ist der Chevrolet Equinox Fuel Cell. Global kommen 119 Exemplare bei Kunden in den USA, Deutschland, Korea und Japan zum Einsatz. Bis Mai 2014 haben sie eine Gesamtstrecke von rund 4,8 Millionen Kilometern absolviert.

2008

2021

Die aus den verschiedenen HydroGen-Generationen gewonnenen Erkenntnisse dienen Stellantis und Opel als Basis zur Weiterentwicklung des Wasserstoff-Brennstoffzellenantriebs. Das jüngste Ergebnis ist der 2021 vorgestellte Vivaro-e HYDROGEN. Er kombiniert alle Vorteile lokaler Emissionsfreiheit mit einer Reichweite von bis zu 400 Kilometern (gemäß WLTP) und einer Wasserstoff-Betankung in nur drei Minuten.

Sein rein elektrischer Motor wird von einer 45 kW starken Wasserstoff-Brennstoffzelle angetrieben. Beim Start oder Beschleunigen unterstützt die unter den Vordersitzen untergebrachte 10,5-kWh-Lithium-Ionen-Batterie. Darüber hinaus bietet der Vivaro-e HYDROGEN den großen Vorteil eines Hybrid-Systems: Bremsenergie wird zurückgewonnen und über den Elektromotor im Generatorbetrieb als Strom in die Batterie gespeist. Und dank der Plug-in-Möglichkeit lässt sich die Batterie auch extern aufladen, sodass das Fahrzeug 50 Kilometer rein batterie-elektrisch zurücklegen kann. Dieser als »Mid-Power-Konzept« bezeichnete Ansatz ist so platzsparend, dass der Vivaro-e HYDROGEN keine Kompromisse beim Raumangebot macht. Bis zu 6,1 m^3 Ladevolumen und 1.000 kg Nutzlast sind der Beleg. Zu den ersten Kunden zählt Ende 2021 Miele. Ab 2024 will Opel die Technologie auch in größeren Lieferwagen anbieten.

Lars Peter Thiesen, Leiter Einführungsstrategie Wasserstoff & Brennstoffzelle, spielt seit mehr als 20 Jahren eine Schlüsselrolle in dem Prozess, den Weg für Wasserstoff im Straßenverkehr in Europa zu ebnen. »Die treibenden Faktoren haben sich geändert: Es begann mit der Begeisterung für diese Technologie aus ihrer Anwendung in der Raumfahrt. Dann ging es in den 90er Jahren um die Reduzierung von Schadstoffemissionen. Nach der Jahrtausendwende wurde das Thema ›Ende des billigen Öls‹ der Treiber. Heute steht der Klimawandel im Mittelpunkt, letztlich also die Reduzierung von CO_2. Opel hat diesen Weg, Wasserstoff als Kraftstoff im Verkehr zu etablieren, als Pionier konsequent mitgestaltet.« Wasserstoff bilde als Träger für erneuerbare Energien künftig das zentrale Bindeglied zwischen den Sektoren Energie, Industrie, Wärme und Mobilität. »Mit dieser Bedeutung für das Energiesystem und die Gesellschaft der Zukunft weist der Wasserstoff weit über die Anwendung in der Autoindustrie hinaus und wird sie in den nächsten 100 Jahren maßgeblich transformieren.« ///

DIE NACHKOMMEN VON SOPHIE UND ADAM OPEL

Pioniergeist, Unternehmermut, Disziplin, Siegeswille, ein rasanter Aufstieg, die Adelung, Reichtum, Luxusleben, Autorennen, Geschwindigkeitsrekorde, sogar einen Playboy von Weltruhm, der das Bild des Deutschen bei den Franzosen änderte, brachte die Familie hervor. Und eine Urenkelin Adams kam auf die schiefe Bahn und ins Gefängnis. Kurz: Die Familiengeschichte derer von Opel bietet genügend Stoff für eine Hollywood-Familiensaga.

Ins Erste Deutsche Fernsehen hat sie es schon mal geschafft – im Jahre 2012 in der Serie »Deutsche Dynastien«, in der auch die Familien Thyssen, Oetker, Guttenberg, Hohenzollern, Otto, das Fürstenhaus Thurn und Taxis, das Haus Faber-Castell oder etwa die Bismarcks porträtiert werden. Der renommierte Regisseur und Dokumentarfilmer Manfred Oldenburg würdigt: »Nur dreißig Jahre lang, von 1899 bis 1929, baute die Familie Opel Autos. Dennoch hat sie es in dieser kurzen Zeit vermocht, Deutschland für immer zu verändern, denn die Opels schufen das erste Volksauto. Aus einem Luxusgut für Millionäre wurde ein alltäglicher Gebrauchsgegenstand, der die individuelle Massenmobilität ermöglichte.«

Nachdem die Familie 1929 ihre Firma für 150 Millionen Reichsmark an General Motors verkaufte, gehörten die Opels mit einem Schlag zu den neun reichsten Familien Deutschlands. Das Geld brachte Wohlstand für nunmehr fünf Generationen, viel Glamour, aber – wie in jeder großen Familie – auch Schattenseiten.

Warum verkaufte der damalige Firmenchef, Geheimrat **Wilhelm von Opel** (1871–1948), überhaupt die Firma 1929 an General Motors – auf dem Höhepunkt ihres Erfolgs? Die Öffentlichkeit spekulierte wild, witterte Vaterlandsverrat. Laut **Carlo von Opel** (geboren 1941) traute Wilhelm seinem Sohn Fritz nicht zu, dass dieser eines Tages die Firma verantwortungsvoll führen könne. Andere Quellen belegen, dass schlichtweg die Weltwirtschaftskrise ihre Schatten vorauswarf: 1928 war zwar noch ein gutes Jahr; Opel baute 42.771 Automobile und stemmte damit als Marktführer einen Anteil von 44 Prozent der deutschen Automobilproduktion. Zusätzlich produzierten die Rüsselsheimer bis zu 4.000 Fahrräder – täglich – und waren damit der weltweit größte Fahrrad-Produzent. Doch der Auftragseingang sackte zur Jahreswende 1928/29 rapide ab und gesamtwirtschaftlich standen die Zeichen auf Sturm. Die Kapazitätsauslastung sank auf rund 50 Prozent, die Firma rutschte in die roten Zahlen. Zudem verlor die stark zersplitterte deutsche Automobilindustrie gegenüber der ausländischen Konkurrenz, insbesondere aus den USA, an Wettbewerbsfähigkeit, was sich auch im sinkenden Exportanteil manifestierte. Zudem starben **Carl** (1869–1927) und **Heinrich von Opel** (1873–1928) recht kurz hintereinander; die zweifache Erbschaftssteuer stellte eine schwere Belastung dar und gaben einen weiteren Anstoß zum Verkauf.

Fritz (eigentlich Friedrich Adam Hermann) **von Opel** (1899–1971) wurde von seinem Vater Wilhelm nicht in die Verkaufspläne eingeweiht, was ihn maßlos enttäuschte und ihn Ende 1929 zur Auswanderung in die USA bewog. »Nach außen war er der erfolgreiche Industrielle, Motorsportler, Hasardeur und Charmeur. In Wahrheit aber war er sehr sensibel, in Gedichte versponnen und reflektierte mehr über sich und die Welt als man ihm zutraute«, sagt seine Großnichte **Ivonne von Schönburg-Glauchau**.

Fritz von Opel studierte an der Technischen Hochschule in Darmstadt und war schon in jungen Jahren im Werk eng eingebunden. Genau wie sein Vater und seine Onkel war er technisch begabt, sportlich und ehrgeizig. In den 1920er Jahren interessierte er sich für die Fliegerei und für Raketentechnik. Auf der Berliner AVUS erreichte er 1928 mit dem Opel RAK 2 stolze 238 km/h. 1929 folgte mit der Opel-Sander RAK 1 der erste öffentliche Raketenflug der Welt. Diese Pioniertat endete mit einer Bruchlandung, sorgte aber weltweit für Aufsehen und machte ihn über die Grenzen Europas hinaus berühmt. Er bekam von der Öffentlichkeit den Spitznamen »Raketen-Fritz« verpasst. »Er spielte jedes Mal mit seinem Leben, das war grenzwertig, waghalsig«, sagt sein Neffe Gregor von Opel.

Wilhelm von Opel

Frederick »Rikky« von Opel

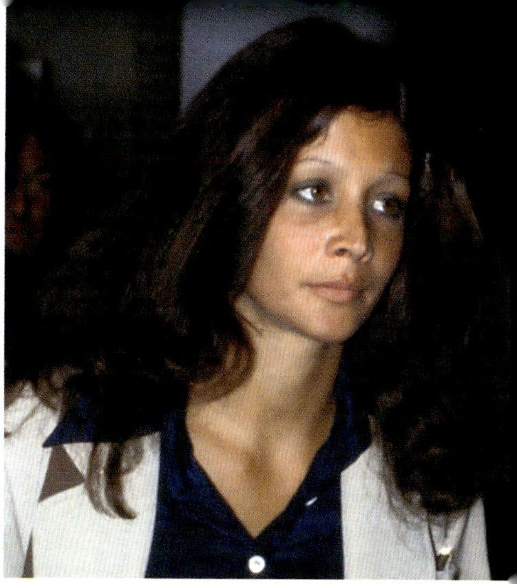

Christine »Putzi « von Opel

Carlo von Opel

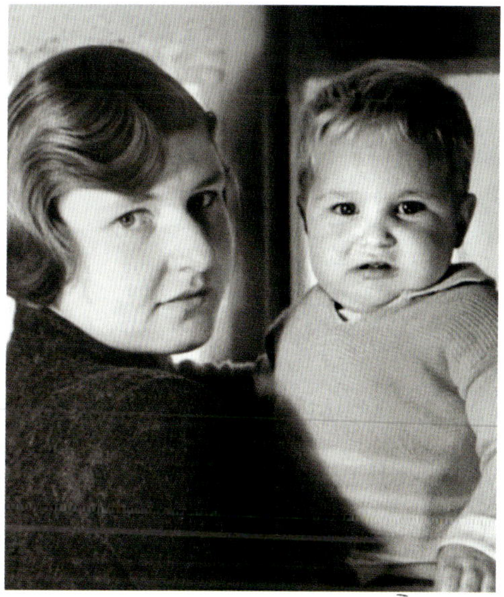

Elinor Sachs, geb. von Opel, mit Sohn Gunter

Den Verkauf der Firma hat er laut Aussagen von Familienmitgliedern nie verkraftet. Übermäßig streng war er mit seinen Kindern »Rikky« (Frederick von Opel) und »Putzi« (Marie Christine von Opel, 1951–2006), berichten Familienmitglieder unisono.

Frederick »Rikky« von Opel (1947), Urenkel Adam Opels und erstes Kind aus der zweiten Ehe Fritz' mit der Diplomententochter Emita Herrán Olozaga, ist der bislang einzige Formel-1-Rennfahrer, der für Liechtenstein startete. Er wird 1972 Gewinner der Britischen Formel-3-Meisterschaft (Team Ensign) und steigt 1973 in die Formel 1 ein. Nach vier Starts in Bernie Ecclestones Brabham-Rennstall folgt das Karriereende. In den 1990er Jahren zog er sich aus der Öffentlichkeit zurück und lebt seither in einem Kloster in Thailand.

Christine »Putzi« von Opel (1951–2006) wurde in Internaten in der Schweiz erzogen. Sie litt sehr unter der Härte ihres Vaters, hatte keinen Schulabschluss und keinen Beruf und genoss lange Jahre ein Leben als Party Girl in St. Tropez. Doch das vermeintliche Paradies wurde zur Hölle: Alkohol und Drogen mutierten zum Ersatz für Geborgenheit. 1978 fand die Polizei in ihrem Haus 1,8 Tonnen Haschisch im Wert von acht Millionen Mark, 1979 wurde sie zu einer zehnjährigen Haftstrafe verurteilt. »Die Medien sprachen nur von ›l'affaire d'Opel‹, hier wurde ein Exempel statuiert. Das war für die junge Mutter eine Tragödie. Putzi ist in falsche Kreise geraten, sie war nicht die nicht treibende Kraft. Immerhin kam sie nach drei Jahren wieder auf freien Fuß«, erinnert sich ihr Cousin Gregor von Opel. 2006 starb Putzi bei einem Autounfall in Südspanien. Mit der Familie hatte Putzi früh gebrochen. Als Kind erfuhr sie vor allem Geborgenheit von Onkel Georg, als Erwachsene stand ihr Cousin Gunther Sachs von Opel zur Seite.

(Fritz) Gunter Sachs (1932–2011), der wahrscheinlich bekannteste Nachfahre von Adam Opel, war der Sohn von Elinor von Opel und des deutschen Industriellen Willy Sachs. Er genoss eine hervorragende Ausbildung, absolvierte eine Feinmechaniker- und Banklehre, studierte Mathematik und Wirtschaft. Bald genoss er vor allem die schönen Seiten des Lebens, als Bobfahrer, Fotograf, Dokumentarfilmer, Kunstsammler und Astrologe. In den 1960er Jahren wurde Sachs in den Medien als Gentleman-Playboy populär. Er propagierte freie Liebe. Schlagzeilen machte nicht nur seine Liaison mit der persischen Ex-Kaiserin Soraya im Sommer 1962. Fotografen verfolgten ihn und seine wechselnden Begleitungen auf Schritt und Tritt. Dem kleinen Hafenort Saint-Tropez verhalf er mit seinem glamourösen Jetset-Leben zur Bekanntheit. Die Ehe mit Filmschauspielerin und Sexsymbol Brigitte Bardot hielt von 1966 bis 1969. Kurz nach der Scheidung heiratete er das schwedische Modell Mirja Larsson. Sachs erschießt sich 2011 im Alter von 78 Jahren – laut Abschiedsbrief aus Angst vor einer Alzheimer-Erkrankung.

Gunter Sachs hinterließ einen Sohn, **Rolf** (geboren 1955), der als Künstler in die Fußstapfen seines Vaters trat. Der studierte Wirtschaftswissenschaftler arbeitete zunächst als Investmentbanker. Seit 1984 ist er als Möbel-

(Fritz) Gunter Sachs (von Opel) mit Brigitte Bardot

Rolf Sachs

designer und seit 2006 auch als Bühnenbildner aktiv. Aus der Ehe (1985 – 2014) mit der aus Teheran stammenden Maryam Banihashem stammen die drei Kinder Philipp, Frederik und Roya Sachs. Seit 2015 ist Mafalda Prinzessin von Hessen seine Lebensgefährtin,

Seine Großmutter, Gunter Sachs' Mutter **Elinor** (1908–2001) kam als Tochter des 1917 geadelten Industriellen und Geheimrats Dr. Wilhelm von Opel zur Welt. Ihre Kindheit verbrachte sie mit ihrem Bruder Fritz von Opel in ihrem Geburtsort Rüsselsheim. Schon 1925 – im Alter von 17 Jahren – organisierte ihr Vater Wilhelm eine Zweckehe mit dem Sohn seines Freundes Ernst Sachs, dem Schweinfurter Industriellen Willy Sachs. 1935 reicht sie die Scheidung ein – auch wegen Sachs' Nähe zu den Nazis – und nahm kurz darauf wieder ihren Geburtsnamen an. Am Neujahrstag 2001 verstarb sie im Alter von 92 Jahren und wurde am 5. Januar im Opel-Mausoleum nahe des Rüsselsheimer Werksgeländes beigesetzt – in der letzten freien Grabkammer.

Gunter Sachs' Onkel **Georg Friedrich Karl Adam Opel** (ab 1918 von Opel; 1912 – 1971), Enkel von Adam Opel und Sohn von Carl Opel, hat 1929 zunächst eine technisch-kaufmännische Lehre im Werk Rüsselsheim gemacht, bevor er zum Studium nach England geht. Der Verkauf der Opel AG hat ihn als 16-Jährigen zum Millionär gemacht. Er fühlt sich der Tradition verpflichtet und investierte zusammen mit seinem Onkel Fritz Opel (ohne Beteiligung seines Vetters Fritz von Opel) in die Opel Automobile Verkaufsgesellschaft – einem Frankfurter Opel-Autohaus auf der Mainzer Landstraße: Wenn er schon Opel-Modelle nicht bauen konnte, dann doch wenigstens verkaufen. Mit Erfolg: Die Autohaus-Gruppe war für viele Jahre der zweitgrößte Händler Deutschlands. Der Erfolg füllte den Opel-Spross aber nicht aus.

Georg war ein besonders vielseitiger und erfolgreicher Sportler: Schütze, Radfahrer, Reiter, Auto- und Motorradfahrer, Skiläufer, Boxer, Tennisspieler, Flieger und Unterwasserfischer. Als Auto-Rennfahrer brach er mehrere Weltrekorde, als Skifahrer erfand er mit Partnern die erste Sicherheitsbindung. In Erinnerung bleibt er auch als siebenfacher deutscher Meister im Rudern. Später wurde Georg von Opel Sportfunktionär: im Deutschen Ruderverband, im Deutschen Schützenbund. Er ist Mitbegründer und Präsident (1951 – 1969) der Deutschen Olympischen Gesellschaft (DOG) sowie Mitbegründer der Deutschen Sporthilfe. Von 1946 bis 1969 war Georg von Opel Aufsichtsratsvorsitzender von Continental Gummi-Werke sowie Gründungspräsident des Verbandes der deutschen Opel-Händler (VDOH). Georg reiste viel, suchte Herausforderungen, bestieg den Kilimandscharo, verliebte sich in den schwarzen Kontinent, brachte die Wildtiere Afrikas nach Deutschland: Was mit drei Elefanten in Kronberg im Taunus begann, entwickelte sich schnell zum größten Privatzoo Deutschlands. Georg

Gregor von Opel

Georg von Opel

Georg von Opel Jr.

engagierte sich stark für Umweltschutz und erneuerbare Energien und gründete den Georg von Opel-Preis für Nachhaltigkeit. »Georg von Opel ist das auffälligste Beispiel für einen unbändigen Tatendrang, der in der Familie Opel erblich zu sein scheint«, würdigt die *ZEIT*. Aus drei Ehen entstammen vier Kinder – Carlo, Heinz, Georg sowie Gregor.

Carlo von Opel (* 1941, eigentlich Karl Wilhelm Heinrich Fritz Adam) – Sohn von Georg und seiner Cousine Irmgard von Opel – ist Unternehmer und Landwirt. Der Nachfahr der Autopioniere widmet sich auf seinem Gestüt Petersau der Pferdezucht. Und gründete dort 1962 die erste deutsche Produktionsanlage für Kartoffelchips. Der Name der Firma – CHIO – besteht aus den Initialien Carlo, (Bruder) Heinz und (Mutter) Irmgard von Opel. Bis 1978 war er dort Geschäftsführer, im gleichen Jahr wurde die Firma an funny-frisch verkauft.

Gregor von Opel (*1968) – Urenkel des Firmengründers Adam von Opel, Sohn von Dr. Georg von Opel – fühlt sich dem Erbe seines Vaters sehr verpflichtet – und steht mit Stolz hinter dem Namen Opel und der Automobilmarke wie kein anderes Familienmitglied. Und dies, obwohl er gerade einmal drei Jahre alt war, als sein Vater 1971 im Alter von 59 Jahren tragisch starb – an einem Herzanfall während einer Autofahrt. »Bedauerlicherweise habe ich keine eigene Erinnerung an meinen Vater, aber sein Leben ist sehr gut dokumentiert, auch dank der Erzählungen der Familie. Ich führe sein Erbe weiter«, sagt der

Fragt man Gregor von Opel danach, was sein Bruder Georg beruflich macht, dann ist die einsilbige Antwort: »Geld!«

Unternehmer. Als 18-Jähriger, direkt nach dem Abitur auf einem Schweizer Internat, übernahm Gregor von Opel die Firma des Vaters – eine Kette von 30 Autohäusern mit Schwerpunkt im Rhein-Main-Gebiet. 2006 musste er die Autohaus-Gruppe aus wirtschaftlichen Gründen verkaufen. Somit ist er das letzte Familienmitglied, das hauptberuflich etwas mit Autos der Marke mit dem Blitz zu tun hatte. Heute leitet Gregor von Opel das eigene »Family Office«, einen Unternehmensverbund in den Bereichen Immobilien und Beteiligungen. Daneben führt er die zweite Hinterlassenschaft seines Vaters erfolgreich weiter – den Opel Zoo in Kronberg im Taunus mit 1.600 Tieren und jährlich mehr als 600.000 Besuchern.

In seinem Büro prangt ein Spruch des Vaters: »Wie komm' ich am besten den Berg hinan? Steig nur hinauf und denk nicht dran.« Neudeutsch: »Just do it«, erklärt der Sohn das Motto des Vaters. »Wir waren eine typische Unternehmerfamilie. Nie übertrieben verwöhnt. Leistung zählte. Und die Verantwortung für den Besitz.« Schon zu seiner Zeit bei Opel sei sein Vater »als Erster gekommen und als Letzter gegangen«. Er führt als Vorsitzender die Stiftung Spazierengehen weiter, die sein Vater gegründet hatte. Und mit seiner Firma Opelit setzt Gregor von Opel die Fahrrad-Tradition seines Ur-Großvaters Adam fort. »Wir verkaufen die gesamte Palette an Fahrrädern, von Kinder- über Renn- bis zu Trekkingrädern mit und ohne Motor«. Gregor von Opel hat fünf Kinder. Einer seiner Söhne

Irmgard von Opel

Ivonne Gräfin von Schönburg-Glauchau
und Mann Johannes

Heinz von Opel

praktizierte auf Anraten seines Vaters jüngst ein Praktikum in der Motorsport-Abteilung bei Opel in Rüsselsheim, sein Sohn Artur hielt zuletzt eine Rede anlässlich einer Feier zum Gedenken Adam Opels in Rüsselsheim.

»Ich bin noch nie ein anderes Auto als einen Opel gefahren«, sagt er stolz. Auch bei Klassik-Rallyes mit hohen Luxus-Sportwagen-Dichten hält er die Fahne der Familie hoch. Zu seinem Fuhrpark gehören unter anderem ein GT, ein seltenes dunkelrotes Admiral A Cabrio sowie weitere Pretiosen mit dem Blitz wie Laubfrosch und Doppelphaeton aus dem Jahr 1914. Auf die wirtschaftliche Entwicklung der Automobilmarke Opel seit 2018 blickt er mit Genugtuung: »Die Geschichte der Marke Opel hatte viele Höhen und Tiefen, wie das in mehr als 160 Jahren einfach passieren kann. Seitdem Opel zur Groupe PSA und zu Stellantis gehört, ist die Marke wieder nachhaltig erfolgreich und hat ein so starkes Modellportfolio, wie schon seit sehr langer Zeit nicht mehr.«

Fragt man Gregor von Opel danach, was sein zwei Jahre älterer Bruder **Georg von Opel** (*1966) beruflich macht, dann ist die einsilbige Antwort: »Geld!« Die von Opel prahlen nicht mit ihrem Wohlstand. Georg von Opel ist Investor. Der »Mann mit dem guten Riecher« (*Handelsblatt*) hat nach dem BWL-Studium an der University of Rhode Islands 1989 rund 150 Millionen Dollar von seinem Vater geerbt. Heute taxiert FORBES sein Vermögen auf 2,3 Milliarden Dollar. Wie er sein Erbe so eindrucksvoll vermehrt hat? Er investiert in Hotel- und eine Restaurant-Kette, in Einkaufscenter und ein Energieunternehmen. Zu seinem Immobilienbesitz zählen Anwesen in England (London und Hampshire), Mallorca und in der Region Engadin in der Schweiz. 2018 gründete der Kunstsammler mit der Westerberg Limited ein Unternehmen, das mit Rennpferden handelt. Der Vater von fünf Kindern hat mit seiner Frau die »Georg und Emily von Opel Foundation« gegründet, die sich der Pflege und Ausbildung benachteiligter Kinder und Jugendlicher in Entwicklungsländern widmet.

Das ist noch so ein wiederkehrendes Verhaltensmuster derer von Opel: Sie kommen ihrer Unternehmer-Ehre nach und lassen auch andere weniger vom Glück Gesegnete daran teilhaben. Gute Beispiele sind die »Stiftung-Elinor-Kirchner-von-Opel-und-Gunter-Sachs« für Personen oder Projekte, die sich »in Beziehung zur Stadt Rüsselsheim im Sinne der Gemeinschaft« verdient machen.

Eine weitere erfolgreiche Nachfahrin von Sophie und Adam Opel ist die Ururenkelin des Rüsselsheimer Autobauers und Tochter Heinz von Opels, **Ivonne Gräfin von Schönburg-Glauchau** (* 1973). Sie führt mit ihrem Mann Johannes Graf von Schönburg-Glauchau in vierter Generation das Schloss Westerhaus, ein Weingut, das **Heinrich Opel**, einer der fünf Söhne Adam Opels, im Jahr 1900 erwarb. Seine Frau Emilie war eine von mehreren Töchtern des Großherzoglich-Hessischen Ökonomierates Friedrich Weber (1841 – 1917), Pächter der hessischen Staatsdomäne Mönchhof bei Kelsterbach und nachmaliger Besitzer des Hofgutes Petersau. Die Gründergeneration der Automobildynastie suchte einen herrschaftlichen Landsitz und übernahm Schloss Westerhaus mit der historisch bedeutenden Einzellage Ingelheimer Schloss Westerhaus, heute als »VDP. Grosse Lage« höchstwertig klassifiziert. »Leidenschaft für Wein ist unabdingbar, dazu kommen dann noch 95 Prozent Demut«, sagt Ivonne Grafin von Schönburg-Glauchau, die mit ihrem Mann regelmäßig die Tore öffnet für Ausfahrten der Alt Opel IG. Besonders beliebt sind nicht nur bei Freunden der Marke der Opel Rosé Sekt und »Opel Five« Secco – mit einem Foto der fünf Söhne Adam Opels als Logo.

Aline Rodde von Opel

Sonja von Opel

Christoph von Opel

Zum Besitz gehört seit 1912 ein Gestüt mit markanter Reithalle. In den 1930er Jahren errang **Irmgard von Opel** (* 1907 Rüsselsheim, † 1986 Ingelheim), die Tochter Heinrichs, internationale Bekanntheit als erfolgreiche Springreiterin. Von ihrem Vater gefördert, war das Reiten von Kindheit an ihre Passion. Als sie 1937 ihre Karriere beendete, war es ihr gelungen, mit zahlreichen Siegen in eine Männerdomäne einzudringen. Laut Berichten ihrer Freunde und Angehörigen war sie eine beeindruckende, dynamische Persönlichkeit. Von »Opel'schen Eigenschaften« ist die Rede, den Voraussetzungen für sportlichen, geschäftlichen und gesellschaftlichen Erfolg seien.

Als 1928 ihre Eltern starben und 1929 das Rüsselsheimer Werk an General Motors verkauft wurde, fiel ihr in noch sehr jungen Jahren die Verantwortung für ein beträchtliches Vermögen zu. Das Hofgut Westerhaus mit Gestüt, das Hofgut Petersau und die Nackenheimer Kapselfabriken gehörten zu dem Wirtschaftskomplex, den sie sich im Laufe der Jahre aufbauen und erhalten konnte. Zusammen mit **Georg von Opel**, den sie am 1939 in zweiter Ehe heiratete, durchreiste sie 1938 Ägypten und den Sudan sowie 1939 die Rocky Mountains. In den Jahren 1941 und 1943 wurden dem Paar die Söhne **Carlo** und **Heinz** geboren. 1978 gibt Irmgard die Leitung des Gestüts an ihren Sohn **Dr. Heinz von Opel** (*1943) weiter. Seit Oktober 1999 sind Tochter **Aline** (*1971) und Schwiegersohn Peter Rodde in die Gestütsleitung aufgerückt. Heute ist es eines der besten Vollblut-Gestüte Deutschlands.

Alines Schwester **Sonja von Opel** (*1976) hat ihr Leben ebenfalls dem Sport verschrieben – allerdings nicht dem mit Motoren oder Pferden, sondern dem Laufen. Mit einer Marathonbestzeit von 2:52 Stunden und als erfolgreiche Ultraläuferin gibt sie ihr Wissen und ihre Liebe zum Laufen in Laufcamps, Vorträgen, Büchern und vor allem als Online-Coach von über 100 Athleten pro Saison mit großer Begeisterung weiter. Als Geschäftsführerin der »Sonja von Opel Sports GmbH« bewegt sie nicht nur ihre Athleten vom Schreibtisch aus, sondern veranstaltet das ganze Jahr hindurch Laufreisen, Trainingscamps und Sportevents. Ihre Passion (»Wir leben nicht, um zu laufen. Wir laufen, um zu leben«) teilt sie mit ihrem Ehemann, Martin Grüning. Mit dem Langstreckenläufer, Journalisten und Sachbuchautor verfasste sie zuletzt das Buch: »Marathon kann jeder«. Zwischenzeitlich trainierte sie Ex-Opel-Chef Karl-Thomas Neumann für eine persönliche Bestzeit beim London Marathon.

Auch Sonjas Bruder **Christoph von Opel** (*1980) liegt das Unternehmertum im Blut. Er ist seit 2010 Geschäftsführer bei Schimmelreiter, einer Agentur für Kommunikation und Design mit Sitz in Wiesbaden, die er mit seiner Frau Charlotte von Opel betreibt. Nach einer erfolgreichen Ruderkarriere und einem BWL-Studium in Ingolstadt heuerte der Ururenkel von Adam Opel 2008/09 beim Konzern in Rüsselsheim an – als erstes Familienmitglied seit dem Verkauf des Unternehmens an GM rund 80 Jahre zuvor. »Ich habe die Zeit bei Opel geliebt. Sie hat meine Passion für die Marke weiter gestärkt«, sagt er heute. Regelmäßig tritt er als Vertreter der Familie bei Festveranstaltungen der Stadt Rüsselsheim zu Ehren von Sophie und Adam Opel auf.

»Die Zugehörigkeit zur Familie Opel ist ganz klar mehr Segen als Last«, resümiert Ivonne von Schönburg-Glauchau. »Und auch unsere Kinder sind – jetzt schon als fünfte Generation – im Herzen mit Opel verbunden.« ///

Wahrzeichen der Stadt und der Region (von links nach rechts, von oben nach unten): Opel Hauptportal, Opel Turm, Poststempel 1934 »Auto-Stadt«, Opel Villen, Campus F-Bau/»Die Werkhalle«, Opel Rennbahn, Opel Zoo in Kronberg im Taunus, Testzentrum Dudenhofen, Opel Bad Wiesbaden.

DIE STADT UND DIE REGION

RÜSSELSHEIM – die »Perle am Untermain«, wie die Stadt schon im vergangenen Jahrtausend auf Postkarten beworben wurde. Der Ort, in dem der Rüsselsheimer Schlossersohn Adam Opel 1862 mit dem Bau von Nähmaschinen begann. Und der durch Automobile der Marke seit 125 Jahren internationale Bekanntheit genießt.

Rüsselsheim ist als fränkische Siedlung in der ersten Hälfte des 6. Jahrhunderts entstanden, 1435 wird hier die Riesling-Rebe erstmals urkundlich erwähnt. Heute ist Rüsselsheim am Main mit rund 67.000 Einwohnern die größte Stadt des Kreises Groß-Gerau im Regierungsbezirk Darmstadt. Sie liegt zwischen Frankfurt und Main und Mainz, 15 Autominuten entfernt vom Frankfurter Flughafen und 20 Minuten von der hessischen Landeshauptstadt Wiesbaden – mitten in der Wirtschaftsregion Rhein-Main.

Schon 1934 positioniert sich die Stadt sogar auf ihrem Poststempel sehr klar: »Rüsselsheim. Die Auto-Stadt mit der alten Festung.« Opel ist nicht in Rüsselsheim, Opel ist Rüsselsheim. Ende der 70er Jahre arbeiten mehr als 42.000 Menschen »beim Obbel« und eine Vielfaches davon indirekt für die Marke.

Opel hat eine eigene S-Bahn-Haltestation fürs Werk. Und wer am »Bahnhof Rüsselsheim« aussteigt, läuft direkt auf ein Bronzestandbild des Firmengründers zu, 3,35 Meter hoch und 4,5 Tonnen schwer, aufgestellt 1937 zum 75. Firmenjubiläum und 100. Geburtstag seines Gründers. Dahinter steht das mächtige Backsteingebäude mit dem einstigen Hauptportal – inzwischen im Eigentum der »Motorworld«, die hier auf 60.000 Quadratmetern eine lebendige Erlebniswelt schaffen will. Das Team um Niederlassungsleiter Maximilian Dünkel plant ein Oldtimer- und Sportwagenzentrum, Handel, Gastronomie sowie Dienstleister rund um die Mobilität.

Das Werk hat sich über die Jahrzehnte nach Westen ausgedehnt, über allem erhebt sich der von weitem sichtbare Opel-Turm. Auf der anderen Seite der Bahnlinie – ebenfalls nur einen Steinwurf vom Bahnhof entfernt – hat Unternehmer Alexander Hoebig damit begonnen, den »Campus F-Bau« mit neuem Leben zu erfüllen. Im Mittelpunkt steht »Die Werkhalle« – eine Location für Events, Gewerbe, Pop-up und Co-Working mit besonderem Charme.

Im klassizistisch anmutenden Opel-Mausoleum am westlichen Rand des Opel-Werks sind rund 30 Mitglieder der Familie beigesetzt. Die Opel-Villen der Firmengründer am Mainufer bieten heute Raum für eines der besten Restaurants der Stadt sowie für Ausstellungen und Veranstaltungen der Stiftung Opelvillen.

Der Einfluss der Familie ist bis heute auch abseits des Werksgeländes allgegenwärtig: Vom Süden her kommt man über die vierspurige Adam-Opel-Straße in die Stadt. Außerdem gibt es die Georg-Opel-Straße und den Dr. Fritz-Opel-Platz. Den Namen des Firmengründers tragen auch eine Schule (benannt nach Sophie Opel), ein Stadion, früher sogar ein Freibad direkt daneben, die Brücke nach Flörsheim, Vereine (SC Opel und OPEL 1888 Rüsselsheim e. V.), eine Reithalle (benannt nach Irmgard von Opel), nicht zu vergessen die wenige hundert Meter entfernte Opel-Rennbahn, die 1919 zwei Kilometer südlich von Rüsselsheim eröffnet wird und damit die erste zweckgebunden errichtete Motorsport-Renn- und Teststrecke Deutschlands ist, die schnellste Europas noch dazu. Stillgelegt wird sie 1946.

In Flörsheim am Main trägt die Anlage vor dem Ruderhaus den Namen Dr. Georg von Opels, als Dank dafür, dass er sie nach dem Krieg gespendet hat. Wer über die sogenannte Messeautobahn A648 nach Frankfurt am Main hineinfährt, gelangt zum Katharinenkreisel, den viele alteingesessene Frankfurter noch als »Opel-Rondell« kennen. Den Namen verdankt der Knotenpunkt dem dort bis Ende der 80er ansässigen Opel-Autohaus.

In Dudenhofen bei Offenbach liegt das 1966 eröffnete Testzentrum, in Kronberg der prachtvolle Opel Zoo. »Opel Arena« heißt von 2016 bis 2021 das Stadion des Bundesliga-Clubs 1. FSV Mainz 05. In Wiesbaden erinnert das Opelbad am Neroberg an Geheimrat Wilhelm von Opel, dessen Stiftung das Schwimm- und Sonnenbad 1933 ermöglichte.

Opel und »Opel Town« haben Typen geboren. Dazu gehört auch der »Rüsselsheimer Bub« und spätere Arbeits- und Sozialminister Norbert Blüm, der einmal sagt: »Ich hätte die CDU nie überlebt, hätte ich nicht bei Opel in der Werkzeugmacherlehre Ausdauer geübt.« /

DIE VITA DER MARKE

1862 Firmengründung in Rüsselsheim: Adam Opel baut erste Nähmaschine

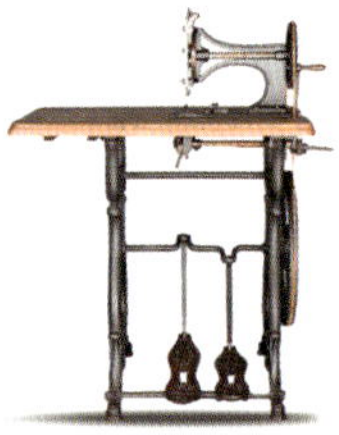

1868 Erste eigene Werkstatt, erster Mitarbeiter

1868 Adam Opel heiratet Sophie Scheller; Bau Fabrikgebäude

1877 15 Jahre Nähmaschinenproduktion; Jahresproduktion: 14.000 Stück

1926 Opel ist größter Fahrradhersteller der Welt

1928 Opel ist größter Fahrzeugbauer im Deutschen Reich mit 44 Prozent Marktanteil

1929 General Motors übernimmt für 33,35 Millionen Dollar 80 Prozent der Adam Opel AG

GM
GENERAL MOTORS

1929/1930 Weltwirtschaftskrise treibt Opel in die roten Zahlen. Verlust (1930): 14 Millionen Reichsmark. 1931 hat Opel nur noch 5.900 Mitarbeiter

1930 Opel stellt den Lkw »Blitz« als Zwei- und Zweieinhalb-Tonner vor

1944 Werk Rüsselsheim wird stark zerstört; die Lkw-Fabrik Brandenburg ebenso

1946 Start der Nachkriegsproduktion mit dem Blitz 1,5-Tonner und Frigidaire-Kühlschränken (Fertigung in Rüsselsheim bis 1962)

1947 Wiederaufnahme der Pkw-Produktion mit dem Olympia

1949 Erstveröffentlichung der Mitarbeiterzeitung *Opel Post*

1953 Premiere des Olympia Rekord, auch als Kombi – dem ersten »Caravan«

1956 Eröffnung des neuen Fertigungswerks K40; 100.000 Fahrzeuge im Jahr

1886 100.000 Nähmaschine verlässt das Werk.

1886 Opel baut die ersten Fahrräder

1895 Adam Opel stirbt mit 58 Jahren. Sophie übernimmt mit den Söhnen Ludwig, Fritz, Heinrich, Wilhelm und Carl die Geschäfte

1884 Die Fabrik verfügt über eine 40 PS Dampfmaschine und beschäftigt 240 Arbeiter

1899 Start der Automobilproduktion: Patentmotorwagen »System Lutzmann«

1924 Erstes Fließband in Deutschland: Start der »Laubfrosch«-Großserienproduktion

1911 Ein Brand zerstört weite Teile der Fabrik. Ende der Nähmaschinenproduktion

1909 Demokratisierung des Automobils: 4/8 PS »Doktorwagen«

1904 Erste Eigenkonstruktion: Motorwagen 10/12 PS

1901 Start der Motorradproduktion

1935 Marktstart des P4, dem ersten »Volkswagen«

1935 Marktstart des Olympia, dem ersten Großserien-Pkw mit selbsttragender Ganzstahlkarosserie

1936 Eröffnung des Lkw-Werks Brandenburg

1940 Anordnung der Reichsregierung: Autohersteller wie Opel müssen die Produktion auf Kriegsgüter umstellen

1937 Opel ist mit 130.267 gebauten Fahrzeugen größter Autohersteller Europas und siebtgrößter weltweit

1937 Erster deutscher Hersteller mit mehr als 100.000 produzierten Fahrzeugen p.a.

1937 Opel verkauft die Fahrradproduktion an die NSU-Motorenwerke

1956 Ein Kapitän L ist der zweimillionste Opel

1959 Opel beherrscht ein Viertel des deutschen Neuwagenmarktes. Kapitän P2,6 erobert Spitze der Oberklasse.

1962 100 Jahre Opel. Eröffnung des Werks Bochum; Produktionsstart Kadett A

1964 Start der KAD-(Kapitän, Admiral, Diplomat)-Reihe; Auslieferung fünfmillionster Opel

1966 Eröffnung Komponentenwerk Kaiserslautern und Testzentrum Dudenhofen

1968 Marktstart GT

1970 Marktstart Manta

1971 Zehnmillionster Opel läuft vom Band: ein Rekord C Caravan

1993 Qualitätsprobleme und Imageverluste; López-Affaire: Einkaufschef José Ignazio López wechselt zu VW. Andauernde Probleme führen Opel in die Krise

1990 Der erste Vectra aus dem neuen Werk in Eisenach läuft vom Band

1998 Neue Firmenzentrale: das Adam Opel Haus in Rüsselsheim

1999 100 Jahre Automobilproduktion & 50-millionster Opel; Markstart Zafira

2000 HydroGen1: Brennstoffzelle im Zafira

2013 Investition von vier Milliarden Euro in Standorte und für 23 neue Modelle und 13 neue Motoren

2012 150 Jahre Firmenjubiläum; Markstart Adam

2014 Werk Bochum wird geschlossen

2017 Opel wird Teil der Groupe PSA nach 88 Jahren Zugehörigkeit zu General Motors

2019 120 Jahre Automobilbau & höchster operativer Gewinn in der Firmengeschichte (1,1 Milliarden Euro)

PSA
GROUPE

1979 Marktstart Kadett D, erster Opel mit Frontantrieb

1980 – 1982 Ölkrise belastet die gesamte Autoindustrie; Opel macht erstmals seit Jahrzehnten Verluste

1981 Neue Lackiererei in Rüsselsheim

1982 Produktionsstart Corsa im neuen Werk Saragossa

1985 Opel ist der erste Hersteller mit kompletter Katalysator-Modellreihe

1990 Markstart Calibra, dem erfolgreichsten Coupé der 1990er Jahre

1990 Opel Impuls-Programm: Intensivierte Forschung am Elektroantrieb

2000 Klaus Franz wird Betriebsratsvorsitzender und übernimmt bis zum seinem Austritt 2011 auch eine medienpräsente Rolle

2002 Investition von 750 Millionen Euro in Rüsselsheim, das modernste Automobilwerk der Welt

2009 Finanzkrise; Verkauf an Zulieferer Magna scheitert; Abbau von europaweit 9.000 Stellen angekündigt

2011 Markstart Ampera, das erste voll alltagstaugliche Elektroauto für vier Personen

AMPERA

2021 Opel wird Teil von Stellantis, der Fusion von Groupe PSA und FCA

2022 75-millionster Opel ist ein Grandland GSe aus Eisenach

2024 100 Prozent des Portfolios sind elektrisch bestellbar

STELLANTIS

DIE HÜTER DER OPEL-SCHÄTZE

Leif Rohwedder: Der Journalist verantwortet seit Februar 2022 Opel Classic.

Fototermin im alten Teil des Werks Rüsselsheim, am Gebäude K6, der Heimat der historischen Sammlung von Opel. Nicht nur die Sonne strahlt – die automobilen Schätze sorgen wieder einmal für Begeisterung. Nirgendwo sonst lässt sich die inzwischen 162-jährige Geschichte des Unternehmens so intensiv und positiv erleben wie hier.

Beherzt schwingt sich Leif Rohwedder für den Fotografen hinter das riesige Lenkrad des 260-PS-Rennwagens. Das mächtige Fahrzeug, »Grünes Monster« genannt, ist eins der wertvollsten Stücke aus der Schatzkammer von Opel Classic, die der Norddeutsche seit Februar 2022 verantwortet. Er ist nunmehr der vierte Classic-Chef in der Geschichte der Rüsselsheimer Traditionsmarke.

»Alte Autos waren schon immer meine Leidenschaft. Und Opel ist eine der traditionsreichsten und spannendsten Marken unserer Industrie«, schwärmt Rohwedder. Der studierte Kommunikationsdesigner und Journalist kommt 2016 von der Redaktion *AutoBild* zu Opel und verantwortet hier sechs Jahre lang die visuelle Kommunikation der Presseabteilung. Auch in seiner Freizeit spielt Technikgeschichte eine große Rolle. Beispielsweise wenn er Vorträge für die Automobilhistorische Gesellschaft hält oder gleich ganze Bücher schreibt – wie das preisgekrönte Werk *Autoboote*.

Knapp 500 Pkw und Lkw zählt die Sammlung – etwa ein Exemplar des ersten Opel-Patentmotorwagens oder den mit Echtgold verzierten 1956er Jubiläums-Kapitän. Dazu viele Prototypen wie den Experimental GT oder Trixx. Nicht zu vergessen Fahrräder, Seifenkisten, Motorräder, Nähmaschinen, Kühlschränke, Modellautos, Pokale, Werbeschilder und einen Opel-Flugmotor.

Übernommen hat Leif Rohwedder die Verantwortung von Uwe Mertin, der sich kurz zuvor in den verdienten Ruhestand verabschiedet. Zehn Jahre lang ist er Classic-Chef. »Das waren vielleicht die schönsten zehn der fast 30 Jahre bei GM und Opel«, sagt Mertin. Schon er übernimmt ein gut bestelltes Haus: In ihrer heutigen Form werden die Opel-Oldtimeraktivitäten 1990 etabliert – von PR-Mitarbeiter Heinz Zettl. Ihm folgt 2008 der ebenfalls pensionierte Wolfgang Scholz als zweiter Chef von Opel Classic.

Flagge zeigt Rohwedder wie schon seine Vorgänger bei allen wichtigen Oldtimer-Veranstaltungen – ob beim Klassikertreffen an den Opelvillen in Rüsselsheim oder bei Oldtimer-Rallyes wie der Bodensee-Klassik oder der Paul Pietsch Classic. Außerdem kümmert sich ein versiertes Mechaniker-Team der Servicewerkstatt um den fachgerechten Erhalt und die liebevolle Pflege der Oldtimer.

Privat besitzt Leif Rohwedder natürlich auch einen Klassiker mit Blitz am Bug, einen Astra GTC mit Panorama-Scheibe. »Eher ein kommender Klassiker – aber nach etwas richtig Altem halte ich auch Ausschau«, verrät Rohwedder. Sein Traum: ein 1970er Commodore GS/E Coupé. ///

HÜTER DER OPEL-TRADITION, TEIL 2: JENS COOPER

Jens Cooper: Der gelernte Werkzeugmacher hat seine Leidenschaft zum Beruf gemacht: »Opel ist mein Leben.«

Jens Cooper ist das wandelnde Opel-Archiv. Kaum einer kennt die Opel-Historie besser als er. Kaum ein Privatmann hat eine größere, einzigartigere Sammlung an Opel-Fotos und -Zeichnungen. Und kaum jemand ist besser in der Opel-Szene verdrahtet – weltweit.

Einstige Opel-Entscheider trifft er gerne in seinem Urlaub, selbst wenn sie auf anderen Kontinenten leben. »Das sind immer wieder großartige Gespräche, wenn ich mit Designern wie Erhard Schnell, Hideo Kodama, Rainer Schmidt, George Gallion oder Murad Nasr zusammengetroffen bin. Alle haben sie so viel Spannendes zu erzählen«, schwärmt Cooper.

Die legendäre »Schwarze Witwe« – ein auf Basis des Rekord C aufgebauter Renntourenwagen – hat Cooper in der Opel-Classic-Werkstatt zum Leben erweckt. Denn das Original ist Ende der 60er Jahre auf ungeklärte Weise verschollen. Wie in den 60er Jahren diente als Basis der Opel Rekord C, der unter dem damaligen Opel-Designer Anatole Lapine zum ersten Opel-Tourenrennwagen nach dem Krieg erschaffen wirde. Cooper besucht Lapine noch zu Lebzeiten in Baden-Baden, holt verschollene Details ans Licht, lässt sich etwa die Hinterachsaufhängung auf einer Speisekarte skizzieren, um den Opel-Oldie danach originalgetreu aufzubauen.

Auch in seiner Freizeit dreht sich bei dem gelernten Werkzeugmacher und Mechaniker alles um die Marke mit dem Blitz. Lieblingsbeschäftigung: Oldies aufspüren und restaurieren. Seinen eigenen goldenen GT entdeckt er in Italien. In Coopers privater Garage stehen zudem ein Commodore A und ein Rekord C Sprint. Unter anderem. Cooper ist kein Mann der lauten Töne; er prahlt nicht mit seinen Schätzen.

Das Licht der Welt erblickt Cooper 1967 in Washington, D. C., als Sohn eines Angehörigen der US Air Force und einer deutschen Mutter. Bei Opel in Rüsselsheim arbeitet er seit 1. September 1983, dem Tag, an dem er seine Ausbildung zum Werkzeugmacher startet. »Und natürlich möchte ich hier auch gerne in Rente gehen.« Bei den Recherchen für das Buch *GT LOVE* lernt er den GT-Fahrer und Ex-Vier-Sterne General Don Kutyna kennen, den einstigen Vorgesetzten seines Vaters. »Das war ein sehr emotionaler Moment.« Und davon hat Cooper bei Opel sehr viele. Er hat seine Leidenschaft zum Beruf gemacht. »Opel ist mein Leben!« ///

Das Opel-Classic-Team um Elektro-GT, »Grünes Monster« und Astra OPC X-Treme (von links): Thorsten Götz (Kfz-Meister), Harald Hamprecht (Vice President Communications), Werner Hoffäller (Kfz-Mechaniker), Leif Rohwedder (Leiter Opel Classic), Filippo Gurgoglione (Kfz-Mechaniker), Uwe Mertin (Leiter Opel Classic bis 2021), Fabian Nebe (Kfz-Mechaniker), Katrin Obry (Koordinatorin), Werner Bachmann (freier Mitarbeiter) und Jens Cooper (Projektleiter Opel Classic).

DER ADMIRAL DES OPEL-HANDELS

Er ist ein Pionier des Autohandels in Deutschland, ein Vorzeigeunternehmer und Marineoffizier ehrenhalber. **Albert K. Still** hat aus der AVAG Holding eine der größten Handelsgruppen Europas geschmiedet. Schon 2006 verabschiedet sich der Grandseigneur aus dem operativen Geschäft, im Februar 2021 auch aus dem Amt des Aufsichtsratsvorsitzenden des Familienunternehmens. Seine Handschrift aber prägt den größten Opel-Händler Deutschlands heute und auch in Zukunft. Und er legt das Geschäft in die erfolgreichen Hände seiner Söhne Roman und Albert C. Still.

»Ich schaue zufrieden auf meine Arbeit zurück«, sagte der heute 80-jährige Gentleman mit dem schneeweißen Haar. Seit über 50 Jahren prägt er die Entwicklung des Augsburger Familienunternehmens und führte die Automobilhandelsgruppe als Vorstands- und Aufsichtsratschef zu einem der absatz- und umsatzstärksten Automobilhändler in Deutschland.

Als Stills Großvater Albert Sigg 1915 eine Schmiedewerkstatt in Augsburg gründete, ahnte niemand, dass sich daraus ein europäischer Mobilitätskonzern voller Innovations- und Finanzkraft und vorbildlicher Kundenorientierung entfalten würde. Und der Marke Opel haben die Stills stets die Treue gehalten.

Seit 1963 ist die AVAG Opel-Vertragshändler. 1972 stieg Albert K. Still in die Geschäftsleitung ein. Zu diesem Zeitpunkt beschäftigte das Autohaus 52 Mitarbeiter und machte einen Umsatz von rund zehn Millionen Mark. Heute sind es mehr als 5.600 Mitarbeiter, die an über 200 Standorten in sieben Ländern über zwei Milliarden Euro Umsatz erwirtschaften. »Und wir sind stolz auf unsere Augsburger Wurzeln.« Die Stadt am Lech mit ihrem Umland hatte zuletzt einen Opel-Marktanteil von rund 17 Prozent – rund dreimal so viel wie der bundesweite Schnitt. Im Vor-Corona-Jahr 2019 hat die AVAG in Deutschland knapp 28.000 Autos mit dem Blitz verkauft, europaweit insgesamt mehr als 40.000. Im Jahr 2022 waren es 25.000 in Deutschland und rund 30.000 europaweit.

Aus dem operativen Geschäft hat sich Still schon 2006 verabschiedet und übernahm zu diesem Zeitpunkt den Vorsitz des Aufsichtsrates. Seit 2014 führen die Söhne Albert C. und Roman Still gemeinsam das Familienunternehmen als Vorstandssprecher in vierter Generation erfolgreich weiter – zusammen mit den Vorständen Markus Kruis und Ulf Pfeiffer.

»Albert K. Still ist eine herausragende Unternehmerpersönlichkeit aus Augsburg mit großen Verdiensten für die Automobilbranche. Dabei hat er stets mit schwäbischer Sorgsamkeit, der notwendigen Voraussicht und Handelsgeschick agiert«, lobt Johannes Hall, Nachfolger Stills als Aufsichtsratschef.

Für sein Lebenswerk wurde Still längst mehrfach ausgezeichnet: 2016 hat ihn der damalige Bayerische Ministerpräsident Horst Seehofer mit dem Mittelstandspreis der Bayerischen Mittelstandsunion geehrt. Das Fachmagazin *Automobilwoche* ernannte Albert Still 2011 zum Händler des Jahrzehnts. Von der IHK Schwaben gab es außerdem 2008 den Goldenen Ehrenring. Langjährige Wegbegleiter überschlagen sich mit Lob. Autohaus-Herausgeber Prof. Hannes Brachat etwa meint: »Sir Albert Still ist der Auto-Fugger von Augsburg. Einer der genialsten Autohändler der letzten fünfzig Jahre. Seine Gaben sind einmalig, weil bodenständig, mitmenschlich, mit hohem Realitätssinn, Schnelldenkertum und besonders klugem, überblickendem Geist auch für Veränderungen ausgestattet.«

Zu Kopfe gestiegen sind ihm all diese Würdigungen nicht. Das attestieren ihm auch Händlerkollegen wie Ulrich Brass: »Bei allem wirtschaftlichen Erfolg ist Albert Still bescheiden und für seine Händlerkollegen stets nahbar und ein willkommener Ratgeber geblieben – auch während seiner langen Tätigkeit im Vorstand des Opel-Händlerverbands.« Alberts Sohn Roman sitzt heute im deutschen Händlerverband und auch im European Retailer Board.

Die Stills fahren natürlich immer Opel – obwohl die Gruppe inzwischen auch einige andere Fabrikate vertreibt. Sein Traumauto hat sich Albert Still längst gegönnt: »Ein silberfarbener Diplomat V8, Baujahr 1972, mit schwarzem Vinyldach. Wenn ich mit dem bei einem feinen Hotel vorfahre, stellt er jede britische Luxuskarosse in den Schatten.«

Albert K. Still (Mitte) und seine Söhne Albert C. (links) und Roman

Die Familie habe einen »kleinen Stall von 40 Oldtimern«. Sie stehen neuerdings im AVAG-Auto-Museum in Mühlhausen bei Augsburg. Highlights sind der Opel Laubfrosch von 1930, die Oberklassefahrzeuge Diplomat, Admiral und Kapitän und ein Opel 1,2 Liter von 1935.

Sein größter Erfolg? »Beruflich gesehen die AVAG insgesamt. Was Größeres gibt's für mich nicht. Privat natürlich seit rund 30 Jahren meine Frau Katja an meiner Seite. Und meine drei Kinder und sieben Enkelkinder.«

»Wir freuen uns sehr, dass unser Vater heute mehr Zeit für seine Familie und für das Reisen hat. Das hat er sich verdient. Wir sind sehr stolz auf ihn und haben alles von ihm gelernt«, sagen seine Söhne Albert C. und Roman Still unisono. Für diesen Übergang an seine Nachfolger zollen ihm auch Branchengrößen höchsten Respekt, denn so mancher Familienbetrieb zerbricht im Streit. »Albert Still ist eine beeindruckende Persönlichkeit und ein Vollblutunternehmer, der es auch noch geschafft hat, einen reibungslosen Übergang der Unternehmensführung auf seine Söhne zu organisieren. Meine höchste Anerkennung!«, sagt Ex-Opel-Vertriebs- und Marketingchef Peter Christian Küspert.

»Ich habe Nachfolger, die es sogar noch einen Schnaps besser machen als ich«, sagt Still und lehnt sich sichtlich zufrieden und lächelnd im Stuhl zurück.

Albert C. Still ist CEO und verantwortlich für das gesamte Auslandsgeschäft der AVAG. Irena (27), eine seiner Töchter, ist seit 2022 Geschäftsführerin in einem AVAG-Autohaus und damit die fünfte Generation in der Geschäftsleitung. Sein Sohn Albert (25) studiert. Roman Still ist ebenfalls CEO und für das Stellantis-Geschäft in Deutschland zuständig. Seine Söhne Josef (21) und Benedikt (18) sind noch in der Ausbildung.

Könnte sich Großvater Albert rückblickend einen anderen Beruf vorstellen als Opel-Händler? »Als Jugendlicher habe ich von einer Karriere als Marine-Offizier geträumt. Als 60-Jähriger durfte ich sogar mal an einer Marine-Wehrübung teilnehmen und habe den Ehrentitel ›Oberleutnant zur See‹ erhalten.« Wer ihn besser kennt, wird zustimmen: Ihm gebührt der Status eines Opel Admirals. So wie inzwischen auch seinen Söhnen. ///

HÄNDLER – DIE GESICHTER DER MARKE

Kurt Kröger, geschäftsführender Gesellschafter von Dello.

DIE MACHT IM NORDEN

Er ist einer der ganz Großen im deutschen Automobilhandel: Kurt Kröger, Geschäftsführender Gesellschafter der Hamburger Ernst Dello-Gruppe, einer der größten Mehrmarken-Betriebe Deutschlands und weltweit einer der größten Opel-Händler. Kröger trägt mit seinen 86 Jahren seit 1987 die Verantwortung bei der norddeutschen Autohaus-Gruppe. 1898 hatte der Unternehmer Ernst Dello mit August Praesent das erste Autohaus Hamburgs gegründet. 1903 übernahm das Haus die Opel-Generalvertretung in der Hansestadt.

Operativ teilt sich Kröger heute die Führung bei Dello, Dürkop und dem Autohaus Hansa Nord mit Christian Cuypers, Björn Böttcher und Björn Hallmann. Gemeinsam kümmern sie sich um die mehr als 1.550 Mitarbeiter an 55 Standorten in Hamburg, Schleswig-Holstein und sieben weiteren Bundesländern. Sie verkaufen jährlich rund 18.000 Neu- und 22.000 Gebrauchtwagen, inzwischen nicht nur Opel, sondern auch Stellantis-Marken wie Peugeot, Citroën, Fiat, Alfa und Jeep sowie einige Asiaten, BMW, Mini, Jaguar, Land Rover. Jährlicher Umsatz: fast 800 Millionen Euro. Als Kröger im Jahr 1987 sein Amt antrat, waren es noch zehn Häuser mit einem Umsatz von 125 Millionen Euro.

»Ich war immer mit Herz und Seele Mann der Basis, nie Theoretiker«, sagt der passionierte Golfspieler und Hobbypilot. (»Fliegen ist für mich befreiend wie Urlaub.«) Das Unternehmen hat er konsequent auf Wachstum und Effizienz getrimmt. Dabei verfolgt er eine klare Strategie: »Nach zwei Jahren muss ein Betrieb schwarze Zahlen schreiben, sonst drohen Konsequenzen.« Als Mitinhaber neben der Familie Ravenborg, Nachfahren des Gründers Praesent, müsste Kröger eigentlich längst nicht mehr arbeiten. Doch noch immer ist er täglich mehrere Stunden aktiv.

»Jeder Hamburger kennt Dello«, sagt der Wirtschaftsjournalist Henning Krogh, der in der Hansestadt geboren wurde. »Dello, für mich ist das Opel. Und wenn ich mit Kurt Kröger spreche, dann höre ich immer einen ehrbaren Kaufmann heraus.« ///

DIE MACHT IM OSTEN

»**Opel** ist eine von neun Marken, die wir im Verkauf führen. Aber sie liegt uns besonders am Herzen. Nicht zuletzt, weil sie unsere volumenstärkste ist«, sagt Helmut Peter. Kein Wunder, dass sie auch wieder einen besonderen Platz im jüngsten Betrieb in Erfurt bekommen hat: Im April 2023 hat der Unternehmer dort das größte Stellantis-Mobilitätszentrum der Welt eröffnet, auf 35.000 Quadratmetern, inklusive Karosserie- und Lackierzentrum. Investition: 15 Millionen Euro.

Das ist der schon sechste Opel-Standort seit 2006 und das 30. Autohaus in Thüringen, Sachsen-Anhalt und Niedersachsen. Erschaffen hat der 66-Jährige sein Handelsimperium mit seinem Sohn Andreas, der seit 2005 die Geschäfte mit ihm führt. Gestartet hat er 1990 mit einer Mercedes-Werkstatt. Heute zählt das Imperium 800 Mitarbeiter und unter anderem zwei Karosserie- und Lackierzentren, die Truck- und Trailermarke »TruckWorks«, vier ADAC-Mobilitätsstandorte sowie eine Europcar-Vermietung. Seit der Gründung haben die

Helmut und Peter Werner leiten seit 2005 gemeinsam die Geschäfte.

Starke Familie: Maik Siebrecht mit Vater und Söhnen.

ERFROLGREICHE NIEDERSACHSEN

Peters mehr als 150 Millionen Euro investiert. Von 2020 bis 2022 gelang ihnen eine Umsatzsteigerung von 30 Prozent. Pro Jahr verkaufen sie über 3.000 Neu- und Gebrauchtwagen von Opel. Nebenbei wirkt Peter in Ehrenämtern, etwa als Präsident des Landesverbandes des Kfz-Gewerbes Thüringen.

Das Motto der Peters: »Menschen machen Geschäfte!« Natürlich spiele auch das Internet eine Rolle, aber die persönliche Verbindung sei der Schlüssel zum Erfolg. »Die Kontakte zu den Opel-Urgesteinen Andreas Marx sowie zur Regionalleiterin Heike Herzog sind es gewesen, die uns immer wieder zu Investitionen in die Marke motiviert haben.« Auch ans erste Treffen mit dem Opel-Händlernetzentwickler erinnert sich Peter noch genau: »Im Mai 2004 kam Olaf Ehlig in unsere Zentrale nach Nordhausen und wartete geduldig vor meiner Tür. Meine ersten Worte: ›Ihr von Opel fehlt mir gerade noch.‹ Aus diesen Worten wurde eine langjährige Freundschaft.« ///

»**Die Marke** Opel liegt mir besonders am Herzen, denn sie begleitet mich seit meiner Kindheit«, sagt Opel-Händler Maik Siebrecht. »Händler« ist dabei arg untertrieben, denn er ist Geschäftsführer eines Konzerns mit 340 Millionen Euro Umsatz: »Bei uns gibt's alles aus einer Hand«, freut sich Siebrecht. Neu- und Gebrauchtfahrzeuge, Sonderbauten, Folierung, Werkstattservice, Leasing, Finanzierung und Versicherungen. Und wenn mal ein Mitarbeiter in eine Krise mit seiner Ehefrau schlittert, dann gibt es kostenlose Eheberatung vom Chef persönlich.

»Geht nicht, gibt's nicht!«, lautet so auch das Motto von Siebrecht, der seit 1994 die Geschicke der Autohaus Siebrecht-Gruppe führt. Rund 400 Mitarbeitern arbeiten an den Standorten in Uslar, Einbeck und Holzminden zwischen Harz und Weserbergland und verkaufen rund 15.200 Opel-Neu- und 2.000 Gebrauchtwagen im Jahr. Schon seit 1926 verkauft das Familienunternehmen in vierter Generation Autos mit dem Blitz.

»Wir entwickeln Mobilitätskonzepte und verstehen uns als Komplettanbieter«, erklärt Siebrecht. Bester Beleg ist die im Mai 2023 eröffnete »Siebrecht Factory« in Uslar mit 4.000 Quadratmetern Hallenfläche und 25.000 Quadratmetern Außenfläche. »Als einer der größten deutschen Automobilhändler schaffen wir damit eine einmalige Lösung. Vom Autovermieter bis hin zum großen Fuhrparkmanagement, eben alles aus einer Hand – angefangen von der Zulassung bis hin zur Auslieferung. Das ist unsere Spezialität.« Rund 1.000 Langzeit-Mietwagen stehen aktuell Geschäftskunden zur Verfügung, und 25 eigene Autotransporter versetzen ganze Flotten.

»Die Familie Siebrecht trägt den Opel-Blitz im Herzen – und das seit über 100 Jahren. Mit ihrem Engagement und ihrer Professionalität sind die Siebrechts und ihre Mitarbeiter ein herausragender Opel-Partner«, lobt Ex-Opel Deutschland-Chef Andreas Marx. ///

WILLKOMMEN IM DOM

In der Eifel steht das größte private Opel-Museum der Welt.

In der Einsamkeit der Nordeifel, oberhalb der Urftalsperre auf dem Berg Erpenscheid, liegt Burg Vogelsang. Ein historisch vorbelasteter Ort, eine von drei »Ordensburgen«, die die Nazis 1934 errichtet, um dort bis 1941 Führungskräfte linientreu zu schulen. Später nutzen amerikanische, britische und belgische Streitkräfte den Bau, der einer mittelalterlichen Burg nachempfunden ist. Seit Frühjahr 2023 wird die 34.000 Quadratmeter-Anlage gänzlich unmilitärisch genutzt: für das Degener Oldtimer Museum, die weltweit größte private Sammlung für Modelle mit dem Blitz.

»Willkommen im DOM«, begrüßt Martin Degener seine Besucher. Freunde der Marke aus ganz Europa sind schon zu dem früheren Opel-Händler ins münsterländische Vreden gepilgert. »Burg Vogelsang wird jetzt ein neuer Wallfahrtsort für Opel-Fans und Liebhaber des alten Bleches.« Mehrere hundert historische Opel gehören zur Sammlung des heute 74-Jährigen und seines vier Jahre älteren Bruders Josef. 150 sollen in Vreden bleiben; in Vogelsang will Familie Degener rund 250 Oldies präsentieren.

Wie kommt es zu dieser Liebe zu Opel? Schon Vater Anton war seit 1933 Opel-Händler. Die Degener-Brüder sind in seiner Werkstatt groß geworden. »Nach dem Krieg gab es bei uns in Vreden keinen Kindergarten«, erinnert er sich. »Ich konnte früher schweißen als schreiben.« Wann seine Sammelleidenschaft begonnen hat? Vor mehr als einem halben Jahrhundert. Der gelernte Kfz-Mechaniker und Einzelhandelskaufmann übernahm nach dem Tod seines Vaters 1970 im Alter von 22 Jahren den Betrieb. Als einer seiner ersten Kunden 1970 seinen Rekord in Zahlung gab, brachte Degener es nicht übers Herz, ihn zu verschrotten. »Unsere Großmutter Katharina hat immer gesagt: Man wirft nicht weg, was nicht verschlissen ist. Das war das Evangelium. Und einen Opel kriegt so schnell nichts kaputt.« Worauf ist Degener besonders stolz? Dass er lückenlos ein Exemplar jedes Opel-Modells besitzt, das zwischen 1948 und 1980 entstanden ist. Sein größter Schatz? Der milchkaffeebraune 1950er Olympia seines Vaters. »Auf dem haben mein Bruder und ich fahren gelernt. Heimlich durch die Felder unserer Heimatstadt.« Dieser Opel ziert das DOM-Logo.

Wer hier nur originalgetreue Restaurierungen oder ein Hochglanz-Museum erwartet, der wird enttäuscht. Ausgediente Perserteppiche und Möbel geben dieser Garage voller Geschichten ihren eigenen Charakter. Und die Ausstellung wächst und wächst. Rund 30 Oldies kommen in Kürze auf einen Schwung dazu; Hilmar Born hat in Herne-Süd ein kleines Museum betrieben und will nun mit fast 70 Jahren kürzertreten. »Hilmars Opel-Museum wird weiterleben, nur unter anderem Namen hier bei uns im DOM.« ///

ALLES FÜR DEN CLUB

24. Juni 1972, mitten in Deutschland, in Oberursel, auf dem Gelände eines Maschinenbauunternehmers: Etwa 25 Opel fahren vor, fast ausnahmslos Olympia und Kapitän der Baujahre 1950 bis 1953, einige Vorkriegs-Admiral und ein Opel P4 – beim ersten Treffen einer kleinen Truppe von Fans klassischer Opel. Wenig später formalisieren sie ihre Liebe zum Automobil aus Rüsselsheim und lassen die Alt-Interessengemeinschaft als Verein eintragen. Heute, mehr als ein halbes Jahrhundert später, zählt der Club 2.800 Mitglieder aus über 20 Nationen – und ist der weltweit größte und älteste Verein für alle Freunde der Marke Opel.

»Ob jemand einen Opel fährt oder ob jemand einen Opel sucht oder sich grundsätzlich für die Marke Opel interessiert – bei uns ist jeder herzlich willkommen«, sagt der Erste Vorsitzende Heiner Schnorrenberg. »Das gemeinsame und erklärte Ziel war und ist es, die Erhaltung, die Pflege und auch den funktionellen Betrieb der gesamten Opel-Produktpalette aktiv zu betreiben.«

Club-Mitgründer Eckhart Bartels, der im ersten Vierteljahrhundert die Vereinsgeschicke bestimmte, war einer der ersten in Deutschland, der das Thema historische Opel-Fahrzeuge anpackte, Gleichgesinnte um sich scharte und eine Art Selbsthilfegruppe gründete, um sich in Sachen Autos und Ersatzteile auszutauschen. Ein damals sehr exotisches Hobby: Alte Autos fuhr, wer sich kein neues leisten konnte, hieß es in den Wirtschaftswunderjahren. »Heute ist die Alt-Opel IG ein Synonym für die Liebe zum automobilen Kulturgut und feinste Ingenieurskunst aus Rüsselsheim«, sagt Bartels. Für den Schatz an Erlebnissen und Erfahrungen wäre sogar der Kofferraum seines 1951er Kapitäns zu klein. Das äußert sich nicht zuletzt darin, dass Bartels zusammen mit Rainer Manthey seit 1999 Herausgeber des *OPEL-Jahrbuchs* ist.

Die Verdienste der Alt-Opel IG um die Traditionspflege der Marke mit dem Blitz kann man gar nicht zu hoch loben. Kein Wunder, dass zwischen dem Konzern und seinem treuesten Club enge Bande gepflegt werden, sei es bei Messepräsentationen oder gemeinsamen Ausfahrten. Bis zum Beginn der Pandemie präsentierte sich der Club jährlich auf rund einem Dutzend Oldtimer-Fachmessen. Sechs Mal im Jahr gibt die Gemeinschaft das Klub-Magazin *Der Zuverlässige* heraus. Die Alt-Opel IG ist im Grunde so etwas wie ein zweites, »lebendes« Konzernarchiv: Für jede Modellreihe gibt es einen Typreferenten, der die Historie und Technik des jeweiligen Modells kennt wie kein anderer und sich ehrenamtlich für die Typgruppe einsetzt. Bald 50 solcher Typreferate stehen helfend bereit. Sie bilden das Herzstück des Vereins, stehen ihren Vereinskameraden zu Fragen rund um klassische Opel mit Rat und Tat zur Seite, sei es, wenn das Blech klemmt, bei aufwendigen Restaurierungen oder wenn unverzichtbare Ersatzteile fehlen. Die Mitglieder sind regional organisiert, einmal im Jahr findet ein überregionales Jahrestreffen statt – eine »Blaupause« für viele weitere Oldtimer-Klubs. Ihren 50. Geburtstag feierten die Enthusiasten mit einem großen Fest im Allgäu in Altusried über das Himmelfahrtswochenende 2022. Auf dem Parkplatz einer großen Freilichtbühne präsentierten die fast 400 angereisten Klubmitglieder Opel-Modelle aus allen Epochen. Nachwuchssorgen für die Clubarbeit plagen Bartels nicht: »Unsere Mitgliederzahlen wachsen stetig. Die gesellschaftliche Anerkennung dafür, was das Auto unserem Land an Wohlstand brachte, wird bleiben.« ///

Die Alt-Opel IG zählt heute 2.800 Mitglieder aus über 20 Nationen.

Eckart Bartels (zweiter von rechts) hat den Club vor 51 Jahren mit Gleichgesinnten gegründet.

Das verkündet der Hersteller 2016 mit dem Verweis auf die Weltpremieren auf dem anstehenden Pariser Automobilsalon. Damit nicht genug: »Opel tritt mit visionärer Nähmaschine ins Fashion Business ein«. Das puristische Design des »GTs unter den Nähmaschinen« vereine »skulpturales Design mit deutscher Ingenieurskunst«. Opel beweise ab sofort auch in der Fashion-Industrie, dass wegweisendes Design aufregend und zugleich erschwinglich sein kann. Aufgrund der hohen Nachfrage habe sich die Geschäftsleitung entschlossen, zwei Nähmaschinen ins Portfolio aufzunehmen und noch mehr Kunden für die Marke zu begeistern. Die Nähmaschinen würden nicht nur eine höhere Lebensdauer als alle bisher dagewesenen Geräte aufweisen, sondern sich auch durch höchste Präzision bei gleichzeitig maximaler Geschwindigkeit auszeichnen. Oder um es in Anlehnung an den berühmten GT-Slogan zu sagen: »Nur Nähen ist schöner.«

Einem investigativen deutschen Wirtschaftsjournalisten ist diese Ankündigung viel zu dünn. Binnen einer Stunde nach Veröffentlichung bombardiert er die Pressestelle mit einem Katalog an Zusatzfragen: Wann ist Produktionsstart? Wo ist der Produktionsort? Arbeitet Opel mit einem Partner zusammen? Was wird der Preis sein? Und was die angepeilte Produktionsmenge? Auf das Datum der Pressemitteilung hat er nicht geachtet: 1. April 2016.

OPEL
0
5
10
15
cm

Opel feiert seinen 150. Geburtstag – und macht sich mit einer Studie selbst ein schönes Geschenk. Der einst weltgrößte Fahrradproduzent erinnert sich seiner Wurzeln und schlägt einmal mehr mit einer Studie eine Brücke von der Vergangenheit in die Zukunft: Auf dem Genfer Automobilsalon 2012 präsentiert Opel die Studie eines modernen E-Bikes. Das RAD e ist die erste E-Bike-Studie, die auf Konstruktions- und Produktionsmethoden der Automobilindustrie zurückgreift – und ergänzt die Elektromobilitätsstrategie des Herstellers perfekt.

Die Technik: Der Pedelec-Antrieb des RAD e basiert auf einem 250-Watt-Elektromotor. Gespeist wird er von einer Lithium-Ionen-Batterie. Bei einem Durchschnittstempo von 20 km/h soll das RAD e rein elektrisch bereits bis zu 45 Kilometer weit fahren. Maximale Ladedauer: 2,5 Stunden. Das Design zeigt »selbstbewusst Elemente der skulpturalen Opel-Designphilosophie mit geschwungenen Formen«. ////

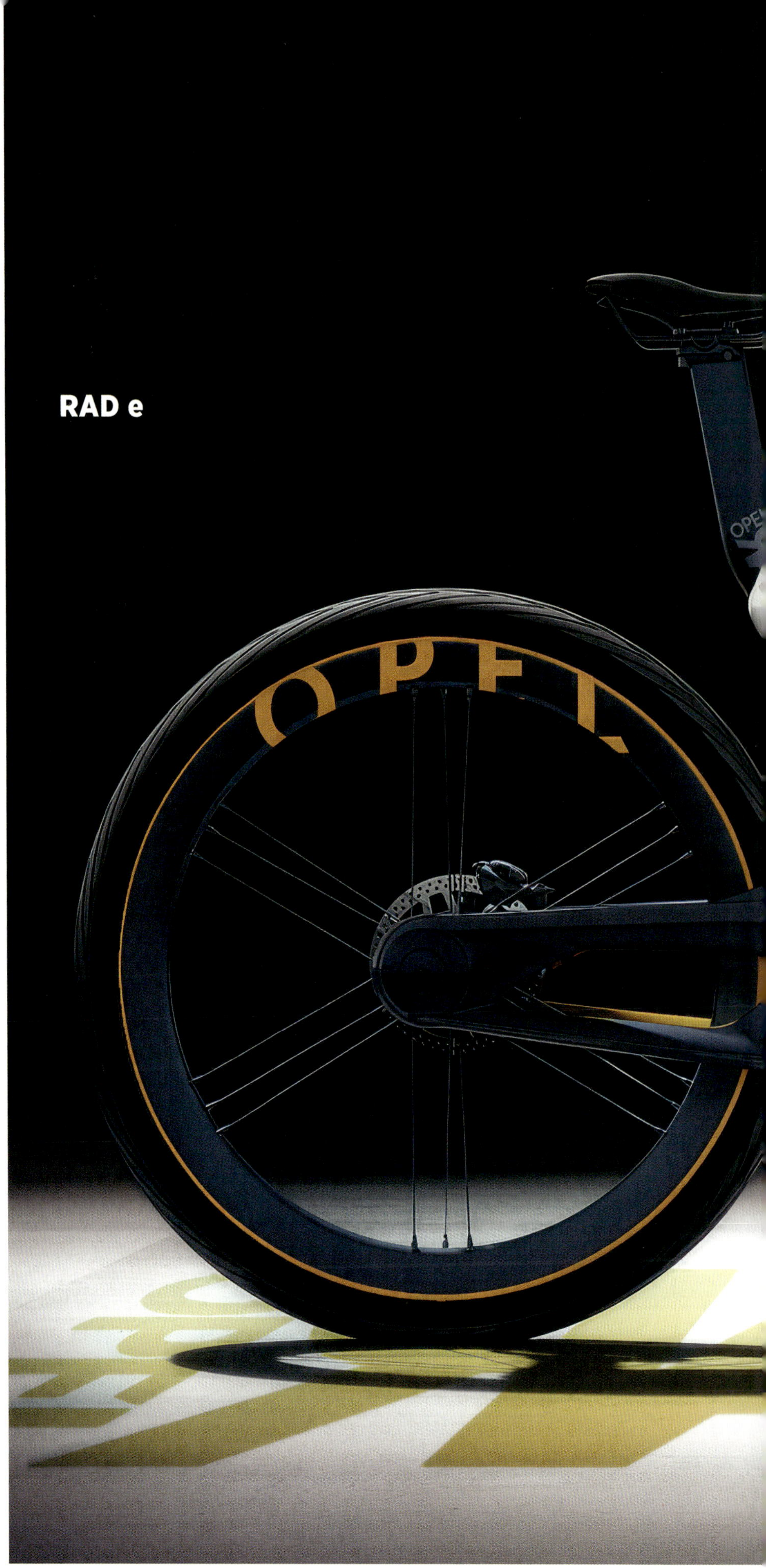

OPEL

①

②

③

④

⑤

⑥

⑦

1. Mit Delius-Klasing-Geschäftsführer Tim Ramms auf der Paul Pietsch-Classic 2018.
2. Mit den Kollegen Jean-Philippe Kempf, Peter Vos und Martin Golka (v. l.).
3. Mit Johan Willems, dem langjährigen PR-Chef von Opel, im schönsten Stadion der Welt.
4. Mit *auto motor und sport*-Chefredakteur Digital Gerd Stegmaier und Opel PR-Mann Patrick Munsch.
5. Mit dem langjährigen *auto motor und sport*-Chefredakteur Ralph Alex nach der Klassik Tour Kronberg 2019.
6. Mit weiteren Mitgliedern des Opel Automobile Executive Committees (v. l. n. r.): Ralph Wangemann, Tobias Gubitz, CEO Florian Huettl, Christophe Mandon, Stefan Zimmermann.
7. Mit Moses Pelham und David Hamprecht, der schon länger in der Opel PR-Abteilung arbeitet als sein älterer Bruder.

DER AUTOR

HARALD HAMPRECHT, BAUJAHR 1974 – GELERNTER JOURNALIST, KAUFMANN UND OPEL-KOMMUNIKATIONSCHEF.

Hamprecht ist ein »Rüsselsheimer Bub«. Schon sein Vater Werner hatte zwei Jahrzehnte für Opel gearbeitet. Die Leidenschaft für den Blitz wurde ihm somit in die Wiege gelegt. Er absolvierte bereits sein Schülerpraktikum bei Opel und verdiente dort auch sein erstes Gehalt – in einer Ausbildung zum Industriekaufmann. Während seines Studiums der Betriebswirtschaftslehre an der Johannes Gutenberg-Universität in Mainz jobbte er als Werkstudent in Rüsselsheim, verteilte anfangs Pressespiegel in der Abteilung Öffentlichkeitsarbeit, organisierte später Veranstaltungen und schrieb Pressemitteilungen und Reden.

Das journalistische Handwerk erlernte Hamprecht von der Pike auf. Seine erste Redakteursstelle hatte er beim Anlegermagazin *Telebörse* der Verlagsgruppe Handelsblatt. Die Liebe zum Schreiben und zum Automobil brachten ihn zur *Automobilwoche* und später zur Motor Presse Stuttgart, wo er bei *auto motor und sport* zunächst als Chefreporter arbeitete und ein knappes Jahr später zusätzlich die Redaktionsleitung sämtlicher Auto-Online-Portale übernahm.

In seiner Zeit als Chefredakteur bei *Automotive News Europe* schrieb Hamprecht an seinem ersten Auto-Buch mit: *Legends on Wheels*. Später veröffentlichte er zusammen mit Jens Cooper *GT LOVE* – eine Liebeserklärung an den Opel GT. Ein besonders schönes Exemplar der Opel-Ikone in Monzablau steht in Hamprechts Garage.

Seit Mai 2012 arbeitet Hamprecht in der Öffentlichkeitsarbeit von Opel. Mit Stolz erfüllt den zweifachen »Pressesprecher des Jahres« in Deutschland, dass das Opel-PR-Team 2015 den renommierten European Excellence Award gewann – als »Pressestelle des Jahres« über alle Branchen hinweg in ganz Europa.

Seit Januar 2019 verantwortet Hamprecht als Vice President Communications und Mitglied des Executive Committees der Opel Automobile GmbH die globale Kommunikation der Marken Opel und Vauxhall. In seiner Zeit bei Opel erlebte Hamprecht sechs CEOs, Milliardenverluste, Stellenstreichungen, die Schließung des Werks Bochum, die Übernahme durch die Groupe PSA, die Fusion der Groupe PSA und FCA zu Stellantis und das wohl erfolgreichste Comeback einer Marke in der europäischen Automobilindustrie. Das PR Journal würdigte ihn für seine Resilienz als den »Standhaften«. ///

LITERARISCHE QUELLEN:

- »125 Jahre Opel. Autos und Technik« von Hans-Jürgen Schneider
- »GT LOVE – 50 Jahre Opel GT« von Jens Cooper und Harald Hamprecht
- »Opel. Motorsport mit Tradition« von Axel Lengert, Jan-Henrik Muche, Albert Königshausen, Friedbert Weber
- Opel. Pkw Modellprogramm 1899–1995
- Opel. Räder für die Welt.
- Opel Fahrzeug-Chronik Band 1-3, Eckhart Bartels/ Rainer Manthey
- Opel-Mediaseite media.opel.de
- Opel Post: opelpost.com

BILDNACHWEIS

alle Fotos: Opel Automobile GmbH, außer:
Frederic Schlosser: S. 157, 158 u., 159, 161, 162, 163, 165, 167 o., 230, 231, U4 o.;
Carlos Barba: S. 175 o.r.;
Stefan Arndt: S. 176 u.;
Richard Shaw: S. 177 o.r.;
Enes Cucevic: S. 226, 227, 228, 229;
ullstein bild/Breuel-Bild: S. 247 u.l.;
Sammlung Leif Rohwedder: S. 247 o.r./u.r., 250 l.;
Jean-Pierre BONNOTTE/GAMMA/Gamma-Rapho via Getty Images: S. 248 l.;
Byron Slater Photography: S. 248 r.;
Gregor von Opel: S. 249 l./M.;
Barino Consulting: S. 249 r.;
Ivonne Gräfin von Schönburg-Glauchau: S. 250 M./r.;
imago/Frank Sorge: S. 251 l.;
Christian Martin Weiss: S. 251 M.;
Christoph von Opel/privat: S. 251 r.;
MotorWorld: S. 252 o.l.;
Heimatverein Rüsselsheim 1905 e. V.: S. 252 o.r.;
Die WerkHalle: S. 252 M.;
Opel Zoo: S. 252 u.l.;
Martin Kraft CC BY-SA 3.0: S. 252 u.r.;
Familie Still: S. 261;
Dello/Kurt Kröger: S. 262;
Helmut Werner: S. 263 l.;
Maik Siebrecht/Autohaus Siebrecht-Gruppe: S. 263 r.;
Eckart Bartels: S. 265

Bibliografische Information der Deutschen Nationalbibliothek
Die Deutsche Nationalbibliothek verzeichnet diese Publikation in der Deutschen Nationalbibliografie; detaillierte bibliografische Daten sind im Internet über http://dnb.dnb.de abrufbar.

1. Auflage
ISBN 978-3-667-12755-6

Text: Harald Hamprecht
Lektorat: Hanno Vienken
Einbandgestaltung, Layout und Lithografie: Jörg Weusthoff, Weusthoff & Reiche Design, Hamburg
Gesamtherstellung; Couleurs Print & More, Köln
Printed in Slovenia 2023

Delius Klasing Verlag GmbH, Siekerwall 21, D - 33602 Bielefeld
Tel.: 0521/559-0, Fax: 0521/559-115
E-Mail: info@delius-klasing.de
www.delius-klasing.de

DANKSAGUNG

Diese Liebeserklärung an Opel – die Marke, die Modelle und Menschen – ist ein Gemeinschaftswerk. Ohne die Leidenschaft, das Wissen und die Kontakte vieler OPEL LOVERS hätte es nicht entstehen können. Ein dickes Dankeschön allen, die dazu einen Beitrag geleistet haben. Besonders hervorzuheben sind:

- ➜ Leif Rohwedder, Leiter Opel Classic,
- ➜ Carmen Russo, Leiterin des Opel-Medienarchivs,
- ➜ Jens Cooper, ein weiterer Hüter der Opel-Tradition im Opel-Classic-Team,
- ➜ Friedhelm Engler, fast 30 Jahre als Designer bei Opel tätig, fast ein Dutzend Modelle tragen seine Handschrift,
- ➜ Ralph Alex, langjähriger Chefredakteur von *auto motor und sport* und neuerdings Thriller-Autor (zuletzt *Die Psy Company*),
- ➜ Edwin Baaske, mein »Buchmacher« beim Delius Klasing Verlag, der mir zum zweiten Mal das Vertrauen für ein solches Projekt schenkte,
- ➜ dem grandiosen Grafiker Jörg Weusthoff, mit dem Delius Klasing hier einmal mehr zusammengearbeitet hat.

Last, but not least, und ganz gleich, wie kitschig es klingen mag, danke ich meiner Ehefrau Nadja und meinen Kindern Tamara und Benedict, die in den vergangenen Monaten besonders viel Geduld aufbringen mussten, in der ohnehin zu knappen Familienzeit.

Möge diese Love-Story die Herzen der Leser so sehr erwärmen wie meines.

Harald Hamprecht

Sommer 2023